《视频新媒体技术与应用》编委会 / 编

视频新媒体技术与应用

钱代友 贺 波 / 著

浙江人民出版社

图书在版编目（CIP）数据

视频新媒体技术与应用 / 钱代友，贺波著 ；《视频新媒体技术与应用》编委会编. — 杭州 ：浙江人民出版社，2024.3

ISBN 978-7-213-11344-4

Ⅰ. ①视… Ⅱ. ①钱… ②贺… ③视… Ⅲ. ①视频制作-多媒体技术 Ⅳ. ①TN948.4

中国国家版本馆CIP数据核字(2024)第035267号

视频新媒体技术与应用

钱代友 贺波 著 《视频新媒体技术与应用》编委会 编

出版发行 浙江人民出版社（杭州市体育场路347号 邮编 310006）

市场部电话:(0571)85061682 85176516

责任编辑 诸舒鹏

责任校对 汪景芬

责任印务 程 琳

封面设计 王 芸

电脑制版 杭州天一图文制作有限公司

印 刷 杭州钱江彩色印务有限公司

开 本 680毫米×980毫米 1/16

印 张 23.75

字 数 291千字

插 页 2

版 次 2024年3月第1版

印 次 2024年3月第1次印刷

书 号 ISBN 978-7-213-11344-4

定 价 89.00元

前　言

当今社会，数字技术的快速发展，给我们带来了前所未有的信息沟通渠道，赋予我们更加丰富、多元化的表达方式和互动方式。在这个多元化的媒介环境中，视频新媒体已经崛起为最活跃、发展最快速的媒体形态之一。在这个时代，人们不再满足于阅读文字或观看图片，而是更加注重视频表达的形式和效果。视听内容愈加丰富多彩，播放设备更为普及方便，人们愈发追求真实、直观、易记和情感张力。可以说，视频新媒体已经成为人们获取新闻资讯、参与社交、学习教育、文化娱乐、商业营销等多方面活动的重要途径。

如何制作优质的视频，并将其有效地传播和推广，已成为视频新媒体相关机构和从业者必须掌握的技能。本书由此而生，旨在为广大相关机构与人员提供较全面、实用的视频新媒体知识和应用技能。相比市面上现有的相关书籍，本书的编写，秉承了“深度＋全面、理论＋实践、原则＋方法”的理念：既注重技术理论阐述，又深入剖析实践案例；既注重原理原则，也注重提供实现方法。书中的案例和实践经验主要来自著者的工作单位杭州趣看科技有限公司的实际工作和各编委单位的实践项目。本书重点介绍视频新媒体生产与传播技术的基础知识和前沿技术，介绍一些先进的生产技术和传播策略，分享一些典型实际应用案例，为读者提供实用的生产和传播技术内容。本书是一本全面、系统、实用、可操作性强的视频新媒体生产和传播技术与应用指南，希望读者能从中收获丰富、充实的视频新媒体技术应用实践经验。具体来看，本书有如下四个特点：

1. 全面性：本书涵盖了视频新媒体生产与传播的方方面面，包括行业现状、用户需求、生产流程、制作技巧、传播渠道等内容，能够为读者提供全面的知识体系。

2. 实用性：本书结合了大量实际案例，能够帮助读者更好地理解和掌握相关知识，并在实际工作中取得更好的成果。

3. 先进性：本书紧跟时代发展潮流，介绍了最新的视频新媒体生产与传播技术及其趋势，能够帮助读者保持对行业的敏锐度和竞争力。

4. 专业性：本书由一批视频新媒体行业产、学、研等领域资深的专家学者和业务翘楚编写，具有较高的专业性和权威性，能够为读者提供较高专业度的技术体系与应用方案。

本书内容一共分为如下七章：

第一章：视频新媒体概述。这部分介绍了视频新媒体的发展历程、特点和分类，涵盖视频新媒体生产和传播领域的基础知识、生产技术、传播策略、社会影响和未来展望等多个方面，可以帮助读者建立起较为全面的视频新媒体概念和知识体系。

第二章：视频直播技术与应用。这部分详细介绍了视频直播流媒体、直播连线、防盗链、直播风险与防范等技术实现和应用，就视频直播实操从团队、设备、出镜、拍摄、镜头的采编发技巧和实现方法进行了提炼。

第三章：短视频技术与应用。这部分就短视频传播平台、内容分类、特点以及如何打造爆款短视频进行了总结，就短视频的制作模式与工具进行了详细梳理，就短视频内容定位和展现形式进行了分析。

第四章：演播室技术与应用。这部分重点就各类演播室形态、制播技术进行了详细阐述，详细解析了各类演播室的建设和应用原则，并通过典型案例进一步还原演播界面现场实时制作的业务特点。

第五章:智能媒资技术与应用。这部分基于前沿AI技术,描述了媒资业务中的各类智能技术的应用与实现,展示了智能媒资的实际应用效果。

第六章:视频新媒体内容营销应用。这部分详细阐述了内容营销背景下的视频直播、电商直播、短视频营销的策略,分享并分析了各类营销方法和工具的有机结合。

第七章:视频新媒体策划与创意。这部分将带领读者进一步深入做好视频新媒体的策划和创意,对选题策划的原则、维度、来源进行分类阐述,并分析典型案例应用。

本书适合的读者对象包括但不限于专业媒体机构人员、视频制作机构人员、数字营销从业者、广告传媒人员、新媒体从业者等。同时,本书也适合作为高校、职院职校的媒体传播和影视制作等相关专业的教学参考书,能够让学生较快速地掌握视频新媒体生产和传播相关知识与应用技能。由于视频新媒体技术和应用日新月异,编著者写作时间有限,参考了部分网上资料,对此表示感谢,本书内容难免仍有遗漏或舛误,期待有关专家和读者指正,我们会不断迭代更新。

最后,祝愿视频新媒体技术和应用不断创新发展,人类“视界”更易连、更好看。

钱代友　贺　波

2024年2月于杭州

目录

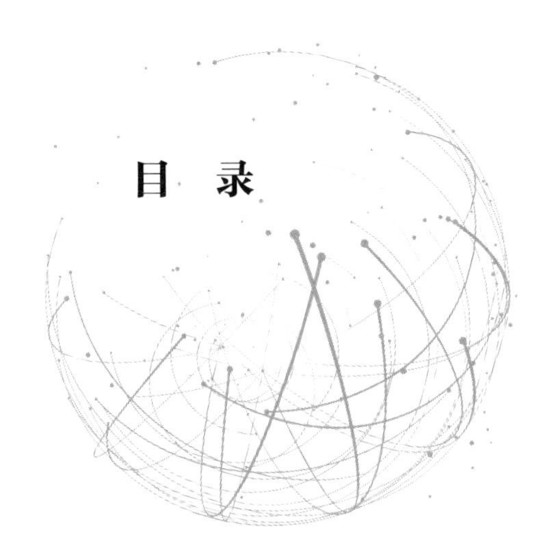

第一章
视频新媒体概述

1.1 视频新媒体发展现状

2023年8月28日，中国互联网络信息中心（CNNIC）在北京发布第52次《中国互联网络发展状况统计报告》。报告显示，截至2023年6月：

（1）我国网民规模达10.79亿，较2022年12月增长1109万，互联网普及率达76.4%。

（2）我国网络新闻用户规模达7.81亿，占网民整体的72.4%。

（3）我国网络视频（含短视频）用户规模达10.44亿，较2022年12月增长1636万，占网民整体的96.8%。其中短视频用户规模为10.26亿，较2022年12月增长1454万，占网民整体的95.2%。网络直播用户规模达7.65亿，较2022年12月增长1474万，占网民整体的71.0%。

表 1.1-1　2020 年 12 月—2023 年 6 月各类互联网应用用户规模和网民使用率

应用	2020年12月		2021年12月		2022年12月		2023年6月	
	用户规模(万)	网民使用率	用户规模(万)	网民使用率	用户规模(万)	网民使用率	用户规模(万)	网民使用率
即时通信	98111	99.2%	100666	97.5%	103807	97.2%	104693	97.1%
网络视频（含短视频）	92677	93.7%	97471	94.5%	103057	96.5%	104437	96.8%
短视频	87335	88.3%	93415	90.5%	101185	94.8%	102639	95.2%
网络新闻	74274	75.1%	77109	74.7%	78325	73.4%	78129	72.4%
网络直播	61685	62.4%	70337	68.2%	75065	70.3%	76539	71.0%
网络购物	78241	79.1%	84210	81.6%	84529	79.2%	88410	82.0%

资料来源：据 CNNIC 第 47—52 次《中国互联网络发展状况统计报告》整理。

一、直播发展日趋成熟，拉动企业营收，内容的专业化、公益化成为重要趋势

在特殊的国内外经济形势下，直播带货的强力助推有效帮助企业实现了产品售卖和品牌放大，成为整个视听行业最显著的标签；全时慢直播、直播综艺等作为直播内容层面的新流行形态，在舆情营造、价值观引导、媒介消费习惯等层面带来了不可低估的影响；直播在教育、金融、媒体等领域的成功实践，使直播“以实时互动为核心”的工具属性愈发强化，也深度激发其“新基建”角色在健康医疗、文体旅游等板块上的发展潜力。可以说，直播作为新媒介，其影响力早已今非昔比，但是在禁止违规打赏、数据造假、假冒伪劣、软色情传播、低俗内容生产等方面需要监管层继续发力，以确保直播行业行驶在健康、绿色的快车道上。

2022 年，我国网络表演（直播与短视频）行业市场规模达 1992.34 亿

元。[①]在市场主体方面，具有网络表演（直播）经营资质的经营性互联网文化单位有6263家（数据截至2022年末），MCN机构数量超24000家。主播账号累计开通超1.5亿个，内容创作者账号（指账号曾有过短视频内容创作发布行为）累计超10亿个。纵观直播的发展，其中有两点值得注意。一是专业化内容愈发受到青睐。抖音数据显示，在2022年包括戏曲、乐器、舞蹈、话剧等艺术门类的演艺类直播在抖音开播超过3200万场，演艺类直播打赏金额同比增长46%，超过6万名才艺主播实现月均直播收入过万元。而到2023年9月，抖音平台上的民乐直播场次超过414万，累计观看人次突破128亿，同比增幅均超200%。[②]二是公益化直播内容广受关注。数据显示，阿里公益与淘宝直播共同主办的“热土丰收节”有超过1万名乡村主播参与活动。淘宝直播开展多达20余万场村播，吸引超过7亿人次消费者观看，带动400万单订单量。

二、短视频与直播、电商、媒体相互加成，抖音、快手、微信视频号等视频平台成为重要的电商与舆论引导阵地

短视频作为基础的用户表达和内容消费形式，贡献了移动互联网的主要时长和流量增量。第十届中国网络视听大会发布的《中国网络视听发展研究报告（2023）》数据显示，短视频应用的人均单日使用时长达168分钟。

短视频与主流媒体双向赋能，成为舆论引导的重要阵地。短视频的兴起，为主流媒体扩大传播影响力提供了新的契机，各大媒体纷纷将其作为创新转型的突破口。主流媒体与短视频平台在内容、技术、渠道上深度融合，更好地发挥舆论引导作用。微博、抖音、快手、哔哩哔哩四大

---

① 中国演出行业协会网络表演（直播）分会等编制：《中国网络表演（直播与短视频）行业发展报告（2022—2023）》，2023年5月11日发布。

② 资料来源：抖音集团2022年11月8日发布的《2022抖音演出直播数据报告》。

平台共有媒体号8028个，平均粉丝量138万人，百万粉丝账号数量占比19.5%，千万粉丝账号数量占比2.8%。其中，《人民日报》抖音号、“央视新闻”抖音号的粉丝数量截至2024年1月分别为1.7亿、1.6亿，排在所有媒体号的前两位。

短视频与直播、电商相互加成，抖音、快手、微信视频号等平台成为重要的电商阵地。与此同时，短视频侵权问题引发社会关注，推进版权内容合规管理成业界共识。

快手、抖音、微信视频号三大平台根据自身特色，分别朝着信任电商、兴趣电商、社交电商三种不同路径发展。快手的信任电商生态以用户、电商内容创作者为核心，依靠创作者持续的内容产出与用户建立强信任关系，从而积累私域流量，提升电商转化率。抖音的兴趣电商生态则通过生动、真实、多元的内容，配合算法推荐技术，让用户在“逛”的同时，发现优价好物，激发消费兴趣，创造消费动机，从而实现“兴趣推荐+海量转化”。微信是中国最大的社交媒体平台之一，拥有庞大的用户基数，这为商家提供了广阔的市场空间。基于微信强社交平台的属性，微信视频号社交电商的逻辑在于，用户可以通过点赞、评论、转发等方式与商家进行互动，且能够将这些功能无缝整合到公众号、朋友圈的流量池中。三大短视频平台上线“商城”入口，与搜索、店铺、橱窗等“货架场景”形成互通，“货找人”和“人找货”相结合，覆盖用户全场景的购物行为和需求。其中抖音平台用户通过内容消费产生商品消费，短视频带来的商品交易总额同比增长161%。

三、短视频侵权问题引发社会关注，推进版权内容合规管理成业界共识

短视频用户规模持续增长，带动对内容的需求迅速上升。在短视频平台上，与影视剧相关的解说、盘点、混剪吐槽等内容符合用户观看需求，热度较高。大量短视频账号在未经授权的情况下免费搬运、传播并

获利，对版权所有者造成利益侵害。众多影视公司、长视频平台多次通过各种渠道反对相关影视作品遭短视频剪辑、搬运、传播等侵权行为。对此，短视频平台积极出台一系列应对措施，包括为二次创作内容购买版权、及时处理违规视频和账号等，致力于创造良好版权环境。2022年7月，爱奇艺和抖音集团宣布达成合作，爱奇艺将长视频内容授权给抖音进行二创、推广等。2023年4月，抖音与腾讯视频宣布达成合作，双方将围绕长短视频联动推广、短视频二次创作开展探索。腾讯视频将向抖音授权其享有长视频的信息网络传播权及转授权，并明确了二创方式、发布规则。抖音集团旗下抖音、西瓜视频、今日头条等平台用户都可以对这些作品进行二次创作。

四、视频新媒体用户规模持续攀升，平台“三足鼎立”格局确立

截至2023年6月，微信月活用户规模已经达到13.27亿，同比增长2%，环比增长0.3%。而抖音集团旗下今日头条、抖音/抖音火山版、西瓜视频的月活数也达到9亿左右，TikTok的活跃用户数在2021年达到10亿。快手在2023年第二季度平均日活跃和月活跃用户数再创历史新高，分别达到3.76亿与6.73亿。平台“三足鼎立”的格局已经确立。视频成为兵家必争之地，微信视频号在2020年1月内测，现在的视频号已经汇聚了专业媒体、明星名人、网红KOL（Key Opinion Leader指在特定领域拥有影响力的人）和企业品牌等所有常见类型，内容生态日趋完善。值得一提的是微信视频号与中央电视台合作2022年虎年竖屏春晚，超过1.2亿人在线观看。截至2022年6月，微信视频号活跃用户规模已经高达8.13亿。当然，这三大平台的日活用户具有高度重合性，因为中国短视频用户总数规模约为9.62亿，这三大平台总用户数量加起来超过了13.24亿，显然有高度重合的用户。此前，相比抖音和快手的发展速度，微信视频号一直不温不火。但大致从2022年开始，经过连续不断的线上明星演唱会，微信视频号逐渐打开局面，算是踩到了发展的节点，进入高

速发展阶段。虽然和抖音相比，微信视频号目前仍然存在短板，但稳居前三大短视频平台的地位已经确立，未来背靠微信这一超级生态，还将有更大的发展空间。

五、视频新媒体用户消费习惯的多圈层变迁表明，视频新媒体正逐步取代传统媒体成为使用率最高的媒体形态

近年来，以共同爱好为基础的文化圈层迅速崛起并持续发展。在此背景下，媒体不再仅仅局限于传统的新闻报道领域，而是不断与这些新兴文化圈层相互融合，进一步实现内容突破、视听界限的打破以及互动模式的革新。此外，网络媒体正推动建立不同文化圈层之间的良性对话体系，积极促进文化交流与沟通，建立和谐多元的文化探讨氛围。

从消费习惯来看，“95后”对适合碎片化时段的快餐式短视频的需求预计将进一步增加。短视频已经成为各大视频网站的必备内容，并可能最终改变视频行业的原有形态。

根据CNNIC2023年8月发布的《第52次中国互联网络发展状况统计报告》，在各类媒体形态中，使用视频类网站、客户端或App的网络视频用户为10.44亿，在整体网民规模的占比已从5年前的93.4%上升至最近3个月的96.8%；而新闻客户端的用户使用比例也从5年前的15.1%提高到近3个月的72.4%。

六、用户视音频消费逐渐向强虚实融合、沉浸式实时互动场景延伸

实时全真互联时代，视音频已成为人们获取、发布、交换信息的重要方式。中国网络视听用户高饱和的渗透率水平，使得用户更加关注视音频服务的体验感。得益于流媒体、编解码、实时通信、三维渲染等底座能力与关键技术的持续突破，视音频服务体系实现了从直播到实时视音频的深化发展。实时性与互动性的长足优化，逐步激活了更多场景下的视音频互动模式，驱动用户的视音频消费习惯向更加真实、更加沉浸式的实时视音频服务迁移。虚拟现实、实时音视频作为一种通用型能力，撬动了传统行业中众多强实时、强互动场景的数字化升级，也使得实时视音频的消费趋势进一步从消费互联网向产业互联网延伸发展。

1.2 视频新媒体的主要特征

一、“重新理解”视频新媒体，而非“重新定义”

显然，在“传统媒体”(报刊、广播、电视)与“新媒体”的比较阵容中，“传统媒体”枝叶凋零，而“新媒体”的内涵又显得过于包罗万象，难以清晰分野。

事实上，在传播研究领域，很多概念并不需要被“重新定义”，而是需要“重新理解”，跳出原有思维框架、无限接近规律本身的再度诠释。而其中的问题、争议甚至早在上一代更迭中就已有迹可循。

雷蒙德·威廉斯(Raymond Williams)早在电视诞生之初就将电视称作“戏剧化社会中的戏剧”。而尼尔·波兹曼(Neil Postman)这段针对电视的经典批判，即便放在现在社交媒体的语境下也不过时：“……导致理性与秩序、逻辑的社会公众话语权不断瓦解甚至崩塌，导致一切公共话语以肤浅、碎片化、娱乐的方式出现。”历史也验证了，每一代新媒体形式一旦出现，都会带来新一轮的对陌生载体的膜拜与批判。

因此，对于媒介领域的变迁，海外互联网学者达成了共识，即避免网络研究中单纯的二元对立，如新媒体与旧媒体、现实与虚拟、线上与线下等现象和概念的对立。学者们更倾向于认识新旧之间具有的传承关系，现实与虚拟之间存在的辩证关系，以及线上与线下的互存关系。因此，绝对意义上的“新媒体”指向并不合理。

任何时代都会有新媒体出现，报纸时代的广播就是新媒体，广播时代的互联网就是新媒体。在移动互联网日益普及的状况下，再出现的媒体形式也必然更新与取代目前的“新媒体”概念。“新媒体”可以是一个研究范畴,其研究的对象并非一种新的媒体,而是随着社会的发展,不断进入"媒体"范畴内的新技术、新实体、新分类、新范畴。

而所谓视频新媒体,从字面上来看,包含视频与新媒体,是将传统的媒体形态和内容形式进行视频化、数字化、网络化、交互化、社交化的一种新型媒体形态。随着移动互联网的普及和智能手机的广泛使用,用户对于获取信息和娱乐的需求也在不断增长,这为视频新媒体的发展提供了广阔的市场和用户基础。同时,视频新媒体技术也在不断创新和进步,出现了许多新的媒体形式和互动方式,如短视频、直播、虚拟现实、增强现实等,为用户提供了更多的选择和体验。

二、视频新媒体的特征

特征一:信息的无界,传播介质的高渗透性、多模态化

传统媒体与新媒体的差异在于信息的"有界"与"无界"。[①]传统媒体的信息传播受到限制,大众用户可以明确看到信息的起点和终点,如观看一档节目、一期报刊等。而新媒体则打破了这些界限,通过各种平台和设备进行分发传播,内容形式多样,如直播、短视频、Vlog等,这些内容可以在网络上随时更新与扩展,给消费者带来一种连续不断的感觉。

新媒体的"无界"还体现在传播方式的变革上。传统媒体的传播方式是单向的,用户只能被动接受信息。而新媒体则实现了多节点多网状的开放式传播,传受关系从单向走向多方互动。这种传播方式使得信息消费者可以更加主动地获取信息、制作信息、传播信息。同时制作与传播的信息表现出来的多模态化,因其碎片化且不连续,带来了用户对信息真实性和可信性的困惑与焦虑。在面对大量涌现的信息时,用户需要不断评估信息的真实性和可信度以及如何处理和理解这些信息。这也可能导致消费者对信息产生怀疑和困惑,甚至对外部世界感到迷茫和恐惧。

---

① 参见喻国明、曲慧编:《网络新媒体导论》,人民邮电出版社2021年版。

因此，我们需要认识到新媒体的“无界”特性带来的挑战和影响，并采取适当的措施来应对这些问题。例如，可以通过提高自己的媒介素养来辨别信息的真实性和可信度，以及通过多渠道获取信息来增加对外部世界的了解。

特征二：人人都是传播者，低成本参与视频采编

得益于数字技术的不断进步和社交媒体的兴起，视频拍摄和制作变得更加容易和简单。过去，需要专业的摄像机和专用编辑设备才能完成的视频制作，随着智能手机的普及和升级，人们可以随时随地进行拍摄和制作。此外，随着视频制作软件的不断优化，普通人也可以轻松掌握视频剪辑技巧，将自己的视频制作得更加精美。而社交媒体的兴起也为人们提供了更多的传播渠道，虽然网络媒介的终端也是如大众媒介一样以原子形式存在的，如手机、电脑、平板电脑，也同属传播个体所有。不同的是，网络终端的所有者能免费地自由使用传播媒介，即拥有网络媒介的传播权。

在初代网络社交媒介出现之后，“人人都是传播者”也只是理论上的一种可能，因为这时传播的主要方式还是文字。书写文字本身有一种精英逻辑在里面起着作用，绝大部分人还是“沉默的大众”，仅能做的是点赞、转发、阅读，不是内容创造者，更不是发言的主体。

自4G（第四代移动通信技术）开始，视频直播与短视频成为一种让普通老百姓毫无障碍地把自己的生存状态和所思所想向大众群体进行分享的工具，这种工具的便捷性使得人类历史上第一次把社会性传播的发言者门槛降到如此之低，拥有智能手机的用户无论是否可以描摹书写、遣词造句，你只需按下拍摄键就开始了内容创造，这开启了一个革命性的转变，使得海量普通大众真正成为传播者。抖音、快手等平台涌现的草根创作者就是这种变革的实际体现。在智能手机普及率极高的今天，拿起手机拍摄一段视频并上传到网络并不是一件技术门槛很高的事

情，甚至基于AIGC（AI-Generated Content，即利用人工智能技术生成内容）的视频创作也将变得更为广阔且高产。技术正在释放网络用户更多传播者的主体性。

特征三：传播的“三阶秩序”，新的“需求、主体、渠道”重构生产与传播格局

哈佛大学伯克曼互联网与社会研究中心资深研究员戴维·温伯格（David Weinberger）最新提出了理解互联网时代信息与知识重组的“三阶秩序”：第一层是实体秩序，是约定俗成的秩序，对事物本身的排列；第二层是理性秩序，是根据预先设计好的秩序或分类体系，将有关事物的信息分配到相对应的、固定的位置；第三层是数字秩序，是混沌和无序的，因为它没有预定的秩序，也超越了分类体系的限制，是在利用信息时根据需要重新排列组合，是一种特定的、满足个性需求的新秩序。

当下的社会，正处在第三层秩序全面取代第二层秩序的阶段。因此，新的“需求”“主体”“渠道”分别重构着新知识生产与消费，三个维度的变迁是我们理解互联网时代知识生产格局的基本逻辑基础。

表1.2-1　传统电视与视频新媒体的传播特质及受众特性比较

类别		传统媒体	视频新媒体
传播特质	传播介质	无线、有线或卫星传输，接收终端为电视机	电视、电脑、手机等，渗透性高
	传播内容	专业人员制作的模式化的节目	UGC（User Generated Content，用户生产内容）、PGC（Professionally-Generated Content，专业生产内容）、PUGC（Professional User Generated Content，专业用户生产内容）
	播出方式	栏目化、频道化传播	直播、短视频
	传播访问	受地域、监管等限制的全球化	传播无界
	传播模式	单向、闭合	多向、开放

续表

类别		传统媒体	视频新媒体
受众特征	收视环境	居家、车内等相对封闭的环境	以个人为受众单位
	消费体验	贴近日常生活，不需要集中注意力观赏，低仪式感	融入日常生活，彻底丧失仪式感
	传受关系	互动程度低，受众参与度低	互动程度高，受众与传播者融合，难以区分，受众向用户转换
	用户规模及构成	受众规模大，各年龄层均有，现趋于中老龄化	规模增长迅速，年龄结构年轻化

1.3　视频新媒体内容生产与传播的新趋势

技术革新为视频新媒体（直播、短视频）实现用户的内容生产和社交传播奠定了基础，形成了多元主体互动链的内容生态圈。内容生产者运用视觉冲击和情感刺激以期在碎片化的有限观看时间内吸引、黏住用户来增加流量，并对用户进行价值主张的引导或经营上的转化。作为新兴传媒艺术的视频逐渐凸显社会记录功能和审美艺术价值。

一、社交连接视频内容生产链

随着技术的发展，社交网络从最初仅满足网民的社交需求，发展为以图片社交、职场社交、兴趣社交、电商社交等为代表的多种社交平台，并呈现类型化和集群化趋势。麦克卢汉认为媒介技术的发展是神经系统的外化。在Web2.0时代，媒介将网络时代内容（运用）与形式（技术）之间的相互依赖性展现到了极致，社交媒介不再仅仅是传递信息的工具，而成了人们表达自己、交流思想和建立联系的渠道。这种形式的媒介技术使得人们能够更加便捷地分享自己的想法和感受，同时也能够更好地了解他人的想法和感受。这种相互依赖性使得人们更加紧密地联系在一起,形成了一个更加紧密的社会网络。社交媒介技术也将计算机媒介功能的中心从储存转移到了生产。这意味着大众用户不再仅仅是被动地接受信息,而是成为信息的生产者和传播者。这种转变使得用户能够更加积极地参与到信息传播的过程中,同时也为信息的多样性和丰富性提供了更多的可能性。媒介技术的变化也带动了从个人无意识转移到集体身份在场以及连接本身的变化,用户更加注重与他人的联系和互动。这推动着集体身份和共同价值观的形成,同时也为增强社会的凝聚力和向心力提供了更多的支持,并使用户在连接及分享中,延宕内容的生产链条,不断扩展信息的传播范围和深度,不断丰富和完善自己的想法与观点。

视频已然成为新的社交模式,在以集群化为特征的传播生态中表现出极大的影响力。如果说视频内容生产最初的模式是用户生产内容,那么在经过社交分发、智能分发后,其内容生产的模式已转变为普通用户在互动分享中对视频内容的再生产。

视频的上传与开播只是传播的开端,而社交性将其携入传播的链条中。普通用户通过点赞、评论、转发等行为与视频的发布者进行互动,在此过程中,用户会分享对视频内容的情感、评价、个人经验等,这些内容不仅为后来观看视频的用户提供附加信息,而且也是对原视频内容的再生产,从而扩展了其原本的意义范围。这也意味着,视频新媒体可以在不同的人际关系圈层中、场景中得以反复传播,并产生风格迥异的内容。受众是视频内容的生产者与传播者,又是接收者和消费者,盘踞于网络节点的受众拥有多种身份和角色。也正是由于这种多元主体的互动性,视频新媒体生产与传播链得以实现,并形成一个开放的内容生态圈。在这个生态圈中,每个主体都扮演着不同的角色,不断互动、交流和分享,从而形成一个丰富多样的内容传播生态。

二、视频视觉下的情感刺激、引导群体产生分享行动

视频新媒体内容通过营造视觉奇观的方式,刺激用户情感,以视觉

冲击和感官体验的内容生产方式崛起(俗称“技术流”),越来越多地为视频生产者所青睐。如视频生产者用夸张的表达激发用户对视频内容的肯定并产生情感和行为的认同。视频中的数字图像有别于传统的模拟图像。一般来说,数字图像不仅能够传达信息,还蕴含着身份认同。例如,“军装照人脸融合”“60秒变老的模样”“一镜到底运镜Vlog”“国风变身”等视频平台上的图像所呈现的技术逻辑,饱含了用户在对自我形象塑造的同时获得自我身份的认同感。也正是大量这种编码逻辑的视觉图像进入社交,营造了一种集体狂欢。

视频的强社交性,使得用户间的互动分享行为能够以更具冲击力的方式刺激视频内容的传播。在视频社交圈中,用户以大量的文字评价建构了以文字、表情符号等为代表的视觉奇观,因情绪渲染扩散的情感会引起群体的集体认同,从而形成共同的情感反应,在分发算法的加持之下,上升为热点。而成为热点的视频在众多参与者的互动中激发了用户的好奇与从众的心理。无论个体本身背景如何,当他们被集合为群体时,他们便获得了一种集体心理,表现出与独处时不同的感情、思想和行为。

视频通过营造视觉奇观的方式,将拥有共同感官和情感体验的群体集合起来。即便个体在独处时只对视频内容加以关注而并无点赞、转发、评论或分享等行为,但被集体情感刺激后,原有的“关注”便会转为“喜好”,原本没有的“需求”便会发展为“想要推荐给亲朋好友”的欲望。在奇观环境下由个体情感发酵而成的集体情感成为新的符号资本,进一步强化人们的心理需求,最终引导群体产生分享行为。

三、从商业变现到多元价值迭变

视频新媒体兴起的最初价值主要是商业变现,比如语音聊天室、歌舞秀、带货等。可以说,商业变现功能是视频直播、短视频与生俱来的特点。然而,随着视频新媒体持续不断的发展,简单的“吸引流量”不再是其价值创造的唯一关注点,记录生活和社会变化,创作有文化艺术内涵的内容也成为其价值体现的方式。例如一些具有中华文化之美的视频，其内容的审美艺术价值已经超越了本身“吸引流量”的功能，成为传播好中国声音、讲好中国故事的典范。

当一种媒介技术嵌入实践，为了使其在社会中得到广泛接受与认可，构建其合法性是非常关键的。因此，尽管商业变现在视频新媒体的兴起中扮演了重要角色，但这并不是其唯一的价值要素，至少从视频数据和当代故事的讲述上，商业价值并未成为主导性要素。在这种价值驱动下，视频将成为社会生活记录者、个体生活的体验者和时代审美文化的传达者，并不断拓展其传播的边界，助力于形成更高级形态的传媒艺术。这一过程也可被视为对技术的驯化，在用户的不同娱乐、社交与学习等动机中，也正是这种驯化使得视频新媒体在社会发展中扮演越来越重要的角色，影响人们的生活方式和社会文化的发展。

四、短视频与直播的协同传播，更复杂传播场域的融入

短视频与直播的协同传播，以更复杂传播场域的融入，进一步推动了视频新媒体的发展。这种协同传播不仅在内容上实现了更广泛的覆盖，而且在形式上也更加多样化。

短视频最初只是一种亚文化形式，用于草根阶层个体精神的视频化表达。后来，这种亚文化便被驯化为消费文化，成为被国内大多数网民使用的重要文化传播形式。这种文化形式更积极地介入复杂的社会生活，主要体现在融合传播下的业态创新增强了对生活呈现的视角和方式。为扩大传播范围并获得最好的传播效果，短视频的传播需要尽可能地依托于多个平台进行融合传播。由此，短视频发展出顺应时代潮流的如“短视频＋直播”“短视频＋电商”等内容呈现方式，依托直播平台、电商平台等多个平台不断拓展渠道并增强其影响力。在不同的现实情境中，用户利用视频直播探索新的媒介体验方式。受新冠肺炎疫情的影响，在人们禁足居家期间，直播迎来了爆发式的增长，“直播＋教育”“直

播＋健康”“直播＋会议”等多种直播业务场景的再创造，使得在线看直播成为一种生活的常态。

近年来，各个短视频平台都在尝试“短视频＋直播”“直播＋短视频”双融合的模式，这一模式也初见成效。短视频成为为直播助力的最佳方式，例如，在直播前可通过在各平台发布直播预告短视频的方式使直播成为热点话题，这也达到了刺激用户情感和营造氛围的效果。

在5G技术的支撑下，视频生产将呈现更深的社会介入度及更加智能化的传播格局，具有融合化、智能化、沉浸化、移动化发展新动态。

视频本身有助于个体生活介入能力的提升。如果说目前视频更倾向于呈现轻松化、娱乐化、碎片化的内容，那么随着5G技术的发展，视频将承担更多的内容传达、更深刻的内容呈现。视频的叙事能力更加强化，社会图景的呈现视角更加开阔，个体体验表达层次的可能性更加丰富，介入社会的进路更加多样。

1.4　视频新媒体与媒体元宇宙、AIGC

一、元宇宙技术在媒体中的运用——沉浸式叙事，新闻报道创新

混合现实技术作为元宇宙的核心技术，正在驱动一场元宇宙时代数字新闻业（数字媒体）的变革。在近十年的新闻实践中，AR、VR、MR、数字人等技术的应用已经初露锋芒，沉浸式新闻正在改写新闻的定义。沉浸式新闻，突出的是用户的参与、观感和体验，强调的是用户在与发生的事实之间的互动关系中的判断和理解。传统的新闻重视的是告知功能，沉浸式新闻驱动的是共情与临场体验，虚拟现实技术调动并强化了用户的自我感知、存在感，也可能调动用户的记忆，包括刻板印象。

元宇宙新闻媒体业务技术特色——虚实相融、多人交互。

随着元宇宙的不断发展，媒体领域的技术也正在面临着革新。众多

原本属于科幻作品的元素正随着科技的发展走进我们的生活。元宇宙，一个新兴的概念，正随着共享的基础设施、标准及协议的支撑，以及众多工具、平台不断融合、进化而逐渐发展成形。元宇宙是整合多种新技术而产生的新型互联网应用形态，而其重要的两个技术特点就是虚实相融和多人交互。

虚实相融，即虚拟和现实的融合，元宇宙基于扩展现实技术提供虚实相融的沉浸式体验。扩展现实技术，包含VR和AR技术，可以将虚拟和现实相融合，为人们提供沉浸式的体验。

多人交互，即为众多不同地点、场所中的人提供一个共存的交互场景，该场景是对现实场景的模拟，也是对现实场景的增强。不同的人可以在同一场景下实现对话、社交、互动等操作。

元宇宙新闻媒体业务应用——虚实融合数字内容创新生产与传播。

在元宇宙发展的浪潮中，虚拟技术将得到极大程度的发展。在媒体制作节目中，虚拟记者、虚拟主持、虚拟偶像将会更多地出现，同时，虚拟场景也会有质的飞跃，虚拟晚会、虚拟综艺、虚拟新闻采访以及虚拟影视创作都会有出现的可能性。在如今的节目制作当中，技术的应用正在越来越多地改变人们的观看体验。现在节目中，VR技术、AR技术、三维虚拟技术应用层出不穷，而随着元宇宙技术的不断发展和革新，极有可能诞生新的制作理念和制作方式。

此外，元宇宙还会推进媒体创作交互形式的发展，会逐渐诞生元宇宙的采访、会议、协同工作，甚至还会出现元宇宙中的导播制作、节目观看等，届时我们所看到的节目形态也会大不相同。借助元宇宙技术，人与人的距离将会极大地“缩短”，人与人的互动也会更加频繁，实现跨内容场景的交互。

二、AIGC与内容科技的变革

AIGC（AI-Generated Content），即人工智能自动生成内容，又称“生成式AI”(Generative AI),被认为是继专业生产内容(PGC)、用户生产内容(UGC)之后的新型内容创作方式。其萌芽可以追溯到20世纪50年代。2023年上半年,各大公司抢滩大模型、GPT商用化探索、算力基础设施看涨……如同15世纪大航海时代的开启,人类交往、贸易、财富有了爆炸性增长,空间革命席卷全球。

AIGC的爆发得益于算法技术的发展,包含对抗网络、流生成模型、扩散模型等深度学习算法。这些算法在数据权重的选择、从噪声中构建数据样本、不同语言文本翻译、图像文字特征值匹配、空间计算等方面有着广泛应用。在多模态技术支持下,预训练模型已从单一的NLP或CV模型发展到了多种语言文字、图像、音视频的多模态模型。2021年OpenAI团队发布了AI绘画产品DALL-E,它可以通过使用者的语言描述去自动生成对应图像,使得CLIP模型在图片和对话之间找到交接点。总的来看,AIGC的爆发得益于生成算法和预训练模型创新,进而形成了参数丰富、训练量大、生成内容稳定高质量的流水线。

AIGC可以生成新闻报道和媒体评论,从而提高新闻报道的效率。此外,AIGC还可以作为当前新型的内容生产方式,为媒体的内容生产全面赋能。写稿机器人、采访助手、视频字幕生成等相关应用不断涌现,并渗透到采集、编辑、传播等各个环节,深刻地改变媒体的内容生产方式,成为推动媒体融合发展的重要力量。AIGC正加速3D模型、虚拟主播乃至虚拟场景的构建,通过与AR、VR等技术的结合,实现视听等多感官交互的沉浸式体验。具体来看:

“AIGC＋新闻”:AIGC参与新闻产品渗透的全过程。AI剪辑环节,通过使用AI视频字幕生成、AI拆条、AI识别等工具节省人力时间成本,最大化素材二创价值。为以AI合成主播为核心的新闻报道领域,带来更好的视觉化体验,大幅提高生产力。

“AIGC＋生产与传播一体”:前期的剧本方面,AI通过对海量用户数据进行分析、归纳，按照预设风格快速生产剧本，缩短创作周期。拍摄期间，AIGC通过合成脸与合成场景，打破物理场景的限制，拓宽了作品想象力的空间。

“AIGC＋服务”：借助AIGC技术，面向政务、文体旅、大健康等行业服务领域，通过生成趣味性图像和视频、打造虚拟偶像、数字化身等方式，拓宽了自身的辐射边界。

不仅是降本增效，更是个性化内容生成。AI不仅能够以优于人类的制造能力和知识水平承担信息挖掘、素材调用、复刻编辑等基础性机械劳动，而且能够从技术层面实现以低边际成本、高效率的方式满足海量个性化需求。

1.5 视频技术标准规范的演变

自20世纪90年代以来，ITU-T和ISO制定了一系列音视频编码技术标准（信源编码技术标准）和建议，这些标准和建议的制定极大地推动了多媒体技术的实用化和产业化。进入21世纪以来，MPEG-4AVC/H.264是代表最新技术水平的一项国际标准，编码效率比MPEG-2提高一倍以上，压缩效率可达到100—150倍。缺点是实现复杂度较高，存在复杂的知识产权问题。

在这一系列标准之下，关于视频质量的参数，包括链接、分辨率、帧数等，在过去十多年时间里，有非常多的协议进行演进，包括HDMI，分辨率从1080p到4k甚至8k，帧率也从25、30帧到现在的60帧。SDR等技术的演进非常快速。从视频标准来看，更多关注的是视频编码标准，它的编码标准演化周期较长，在通常情况下，7—10年形成一个演化周期。[①]

① 参见艾瑞《2023年中国智能视频编码行业白皮书》。

随着技术的不断发展,越来越多的视频压缩标准可以针对具体应用提供越来越高的压缩效率和越来越丰富的工具。另外,向网络化发展的趋势意味着许多产品越来越需要支持多种标准。高清编解码技术是芯片技术的关键,同时高清编解码带动高清行业的繁荣。

AVS是我国牵头制定的第二代数字音视频信源编解码标准,具有自主知识产权,被批准为国家标准。它的编码效率与竞争性国际标准MPEG-4/H.264相当,代表了国际先进水平,广泛应用于广播、通信、视频、娱乐等各个领域。它具有四大特点:①性能高,编码效率比MPEG-2高2倍以上,与H.264的编码效率相当;②复杂度低,算法复杂度比H.264低;③实现成本低,软硬件实现成本都低于H.264;④专利授权模式简单,费用明显低于同类标准。应该说,数字音视频编解码标准的出台和初步应用是我国音视频领域近年来最引人注目的进展。

至今全球AVS芯片厂商已经超过20家,我国20多个省市和其他5个国家采用AVS播出的数字视频节目已经超过1000套。

H.265编码技术优势凸显。H.265编码技术是ITU-TVCEG继H.264之后制定的新的视频编码标准。2012年6月25日,国际电信联盟(ITU)在其网站公布了工作计划项目,原定于2008年至2010年推出的《高效视频编码》(简称HEVC或H.265)技术标准于2013年1月推出。在技术上,H.265在现有的主流视频编码标准H.264上保留了一些较为成熟的技术并继承其现有的优势,同时对一些其他的技术进行改进,可能体现在提高压缩效率、提升错误恢复能力、减少实时时延、减少信道获取时间和随机接入时延以及降低复杂度等方面。H.265算法标准的视频压缩效率将比H.264提高大约一半,即在保证相同视频图像质量的前提下,视频流的码率减少50%,可以实现1—2Mbps的传输速度传送720p。采用H.265技术的视频压缩比H.264提升30%—50%,根据测算可能带来的投资节省高达20%,甚是可观。

站在视频用户体验角度来看，通过窄带高清编解码技术，在不增加视频的分辨率、帧率的情况下，通过做窄带高清、色彩增强、细节增强、超分辨率、超帧率等处理，在一些视频呈现的维度能做得更好。在内容的展示方面，用户喜欢色彩更鲜亮更加真实还原的内容。这就涉及HDR高动态范围，包括宽色域——可以把内容的色彩真实展现出来。同时，从1080P到4k的直播间，帧率也慢慢从25、30fps提高到了50、60fps。

1.6 视频新媒体关键技术

■ 云计算技术

弹性服务：服务的规模可快速伸缩，以自动适应业务负载变化。

资源池化：资源以共享资源池的方式统一管理。利用虚拟化技术，将资源分享给用户，资源的放置、管理与分配策略对用户透明。

按需服务：以服务的形式为用户提供应用程序、数据存储、基础设施等资源，并可以根据用户需求，自动分配资源。

泛在接入：用户可以利用各种终端设备随时随地通过网络访问云计算服务。

■ 多层图像融合算法优化

图像融合算法一般是在底图A0上，选择多张图片A1、A2、A3……逐一进行Alpha通道合成，即在一个循环中将所有图片与底图进行合并。

■ 超高清三维实时渲染技术

三维实时渲染引擎支持千万级三角面的实时渲染。超高清(4k,8k)视频的渲染需要性能强劲的GPU进行渲染，使用多颗性能一般的GPU分别处理不同的任务(例如渲染、图像处理)。

■ 超高清编解码技术

目前基于H.265或AVS实现4k视频编解码。

■ 多时间轴拟合技术

来源于网上的多个媒体流，将其时间轴映射到统一的时间轴上，从而可以实现多通道时间同步、画面叠加、混音等处理。

■ IP化超高清视频传输与低延时互动技术

基于同IP网端内实现4k视频100毫秒的端到端传输延时，基于跨网下200毫秒内延时，一般有NDI、SRT、NVI等协议。

■ 安全播控方法

对输出视频定时进行抽帧，分析其图像是否存在色情或其他敏感内容，如果存在，自动将输出视频切换到预设的安全通道。

■ 多视频时间轴校准

在源直播视频上有时间，通过解析画面，获取时间，结合码率中的视频戳，推断视频采样的绝对时间。

■ AI三维重建技术

在AR/VR虚拟演播场景建模的技术应用，实现基于图片、空间数据AI分析实现三维数字空间的打造。

■ 海量超高清视频内容分析检索

云端需要对同时收录的大量超高清视频进行及时的视频内容分析，建立索引，以便用户查询。

■ 其他技术

分布式流计算，媒资的编目检索技术，WEB前后端分离、前端模块化技术，安全播控方法，灵活可配置的融合CDN调度机制，转推流调度机制，视频防盗链加密策略，分布式并行转码，等等。

第二章

视频直播技术与应用

2.1　视频直播概述

一、云直播技术

云直播技术核心是围绕视频直播全流程一体化生产与传播，包含视频直播管理系统、直播发布系统、数据分析系统、实时视频直播播控系统等功能，同时配备云上云下的制播、包装、虚拟、特效系统一体化、精细化、移动化协助能力。可分为满足热点选题的全方位直播、突发事件爆点新闻移动化快播、长时间跟踪报道系列型直播、演播室与前方连线的互动化直播、快速移动演播室内容生产直播。

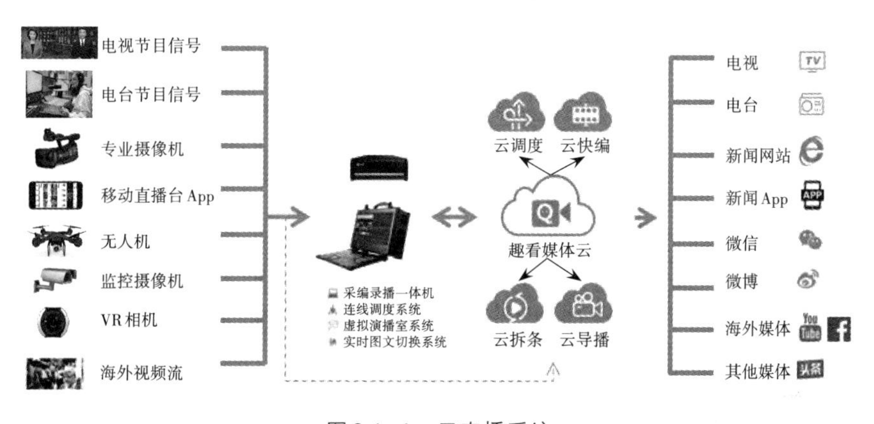

图 2.1-1　云直播系统

一场直播往往包含从现场采集到现场制播、导播、音控、包装、分发的全流程，这个过程充分利用广覆盖的公有云服务，实现网络电视台、新闻客户端、门户网站、微博、微信互动平台的视频直播发布，做到新闻视频的移动首发，抢占先机。而通过运营数据化分析，为每一场直播提供了全方位、立体化的数据报表，使得直播运营更精准、有数可依、有据可查，实现现场的可视、可控、互动。

在云直播中，具体来讲包含视频直播运营管理系统、直播发布系统、直播鉴黄系统、数据分析系统、实时视频直播播控中心系统等方面的建设。

视频直播运营管理系统：实现对基于视频云上的直播进行统一管理、管控、维护。

直播发布系统：将直播发布至直播App以及第三方内容合作平台，如抖音、快手、微博、微信等，实现内容的全渠道发布。

直播安播系统：实现对直播内容的播出控制，同时减少人工内容鉴定，提高内容智能化识别鉴定和预警。

数据分析系统：基于对采集到的数据进行分析，通过不同模型及算法实现对用户画像的刻画、行为轨迹的分析等多维度的分析，为产品优化、精准营销以及面向用户的智能化服务提供服务。实现对直播运营数据的全方位分析并报表。

实时视频直播播控中心系统：对视频云平台上的所有直播进行集中式播出管控，实现直播内容的安全化播出管控，实现对平台视频直播质量实时分析。

二、直播推流标准规范

表 2.1-1　直播推流协议表

协议	协议类型	传输方式	延时	协议特点及应用
RtmpS	流媒体	TCP	—	加密，标准协议，加密场景
RTMP OVER SRT	数据传输协议	UDP	500—1000ms	低延时、抗抖动，OTT/跨区传输
WebRTC	流媒体协议	RTP	200—1000ms	低延时、抗丢包、音视频通话
GB28181	流媒体协议	UDP/TCP	—	国家统一标准、监控摄像头
RTSP	流媒体协议	UDP	500—1000ms	监控行业普适性高、监控摄像头

表 2.1-2　直播清晰度—码率—帧率对照表

类别	Mobile/PC 流畅	Mobile/PC 标清	Mobile/PC 高清	Mobile/PC 超清
分辨率(px)	640×360	854×480	1280×720	1920×1080
帧率(fps)	25	25	25	25
推荐码率(kbps)	500	800	1500	3000
编码格式	H.264			
类别	显示屏 4k	显示屏 4k	显示屏 4k	显示屏 4k
分辨率(px)	3840×2160	7680×4320	3840×3840	7680×7680
帧率(fps)	30	30	30	30
推荐码率(mbps)	20	100	30	120
编码格式	H.264/H.265			

表2.1-3 码率—清晰度—流量对照表

类别	码率(kbps)	分辨率(px)	时间(h)	流量(G)
标清	1000	720	1	0.45
高清	1500	720	1	0.675
超清	3000	1080	1	1.35

注:计算公式为:流量=(视频比特率+音频比特率)/8×直播时长。例如一场2个小时的直播,直播过程中平均视频比特率为1200kbps,音频平均比特率为96kbps,则直播过程中消耗的流量为(1200+96)/8×3600×2=1166400k=1139M=1G 135M(或1.11G)。

三、直播安全播出播控标准规范

在《广播电视安全播出管理规定》(国家广播电影电视总局令第62号,以下简称《规定》)中,广播电视安全播出突发事件分为破坏侵扰事件、网络安全事件、自然灾害事件、技术安全事件、其他事件五类;突发事件级别分为特大(Ⅰ级)、重大(Ⅱ级)、较大(Ⅲ级)、一般(Ⅳ级)四级。

直播延时:《规定》指出,广播电台、电视台直播节目应当具备必要的延时手段和应急措施,加强对节目的监听监看,监督参与直播的人员遵守直播管理制度和技术设备操作规范。行业通用处理的延时为播后延时,一般在10秒。

热备:《规定》指出,播出、集成、传输、分发、发射、接收的广播电视节目信号受到侵扰或者发现异常信号时,应当立即切断异常信号传播,并在可能的情况下倒换正常信号。行业通用处理会采用双击热备的形式。

巡检:《规定》指出,定期开展安全播出风险、保障能力自查或者委托专业机构进行评估,发现、消除安全隐患。

保障服务:《规定》指出,广播电视重点时段和重要节目播出期间,在人员、设施等方面给予保障，做好重点区域、重点部位的防范和应急准备。

2.2　视频新媒体直播的特点

视频新媒体直播的出现，不单单是传播载体的革新，更是一场传播的革命，是新闻生产、分发、用户接收信息习惯的一次变革。新媒体视频直播新技术带来传统新闻直播转型，为自媒体直播赋权：一方面，内容上继承并发展了传统电视新闻直播，突出新闻性、实时性和现场感，主要体现在以移动直播为代表的典型应用上；另一方面，追求移动化、场景化、社交化用户体验，呈现平台更加多元，则以三维虚拟演播室的新媒体应用为代表。

一、强过程感：用户直击全过程，参与并推动直播

视频新媒体直播打破了严肃精英的电视直播方式，不仅能够传达核心信息，还可展示直播者获取信息的准备过程。以中央电视台驻叙利亚记者徐德智进行的“美军空袭叙利亚”的移动直播报道为例，在长达近三个小时的直播中，记者大多数时候都不在镜头前，镜头对准记者大马士革驻地公寓阳台外的城市街道，但直播间内的用户可以听到记者在镜头外打电话了解信息、和北京总部沟通、准备电视直播的声音。

视频新媒体直播与电视新闻直播的最大区别就在于，将单一、线性、灌输的传播模式，变为记者与用户、用户与用户多向交互的传播模式。交互即为用户参与，参与就会获得过程感，但这种过程感实际上是基于直播间这一公共领域。

2022年，俄乌发生冲突。主流媒体快速反应，在微信视频号、快手、抖音、微博等渠道发起直播，通过慢直播＋现场记者直击的方式，将镜头对准乌克兰首都基辅、乌克兰著名旅游城市敖德萨、刚刚宣布独立的顿涅茨克等城市。还有一些媒体或在直播间邀请军事、国际政治专家解读俄乌局势,或直播连线当地留学生、拍客带来独家一手画面。

移动互联网时代重大时政新闻报道,新媒体视频直播已然成为主流的视听方式,面对重大新闻,发挥小屏的快捷、灵活优势开展直播,是主流媒体抢抓新闻第一落点,抢占互联网主阵地的必要举措。俄乌冲突,主流媒体通过小屏开展连续、滚动、实时的直播,第一时间在新媒体场域满足受众对一手信息的需求。

二、持续的在场感:实时发生、零时差对话的交互场景

视频新媒体直播的在场感分为两种:一是生理感觉的在场,二是心理感觉的在场。前者可以通过AR/VR带来的沉浸式感官体验实现。后者实际上是用户在参与直播这一事件中,获得的围观和扮演角色的心理满足。用户不是物理空间意义的身体在场,而是在网络虚拟空间中实现的情感在场。

三、即时互动性:用户交互成为直播内容,无限衍生新内容

新媒体视频新闻直播互动的快反馈、直接交流,打破了时空的滞后性,带来了用户对话题内容的无限衍生,用户之间的屏内交互与直播画面一起,成为同一场域内的直播内容。多元话题吸引多元注意力,最终实现的是用户活跃度的提升和信息传播的散点化,用户得以各抒己见、各取所需。在用户互动的形式上,典型的便是以弹幕为特色的直播间现象了。同时,由于用户关注新闻视频直播的时间是碎片化的,视频新媒体直播的内容会被切分成不同观众不同维度的碎片,这就急需记者进行前后面向用户内容消费的体验度进行专业化的处理。

2.3 直播流媒体技术

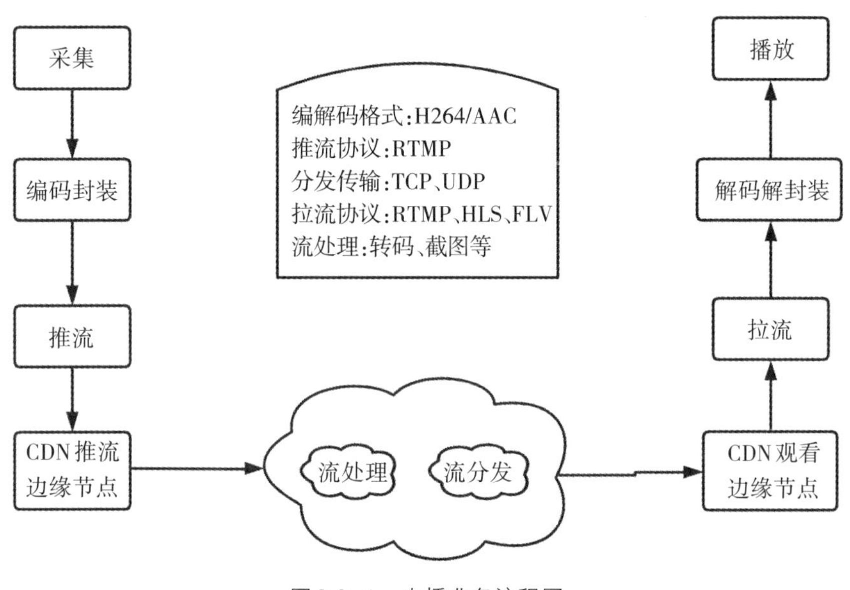

图2.3-1 直播业务流程图

从上图可以看到直播的业务流程可以分为这样几步:采集→编码和封装→推流到服务器→服务器流分发→播放器流播放。

现场主播通过设备采集视音频内容后,进行编码封装,推送直播流。通过编码把原始音频PCM、视频YUV编码为AAC和H.264等;通过封装:把AAC和H.264封装成MP4或FLV等格式;而推流则是直播的第一公里,直播的推流对这个直播链路影响非常大,如果推流的网络不稳定,无论我们如何做优化,观众的体验都会很糟糕。推送协议主要有RTMP、SRT/HLS/NDI等几类。

在协议选择完成后,还需要对视频参数进行响应选择。播放端推流的话,有的是通过客户端。此外帧率的选择,对于不是很重要的内容,有些会选择15帧,但最为常见的是25帧,这是通用的一个帧率,能够保证画面的相对流畅。对于体育赛事这种要求极致流畅的,可能会采用50帧或60帧,编码格式一般选择H.264和H.265。而在分辨率的选择上,不是越大越好,在码率和成本固定的情况下,分辨率越大,整个客观质量反而有可能下降。同样情况下,码率越大,也会带来其他问题,比如卡顿率会提升,成本会提升,但对于画质的提升,其实存在码率变大后效果越来越小的情况。一般720P是1—3M。画面简单就1M,画面复杂就2—3M,根据实际情况可以实测。

视频流通过流媒体服务再通过云上CDN内容分发网络,再下发至观众的设备中进行播放。可通过融合CDN技术,解决多个网络边缘节点分发的问题。可充分利用主流CDN厂商优质节点,通过智能融合CDN调度系统,实时监测全网质量,故障检测智能切换,实现全面覆盖各地区各运营商网络,提升观看体验。

流媒体服务器的作用是负责直播流的发布和转播分发功能。流媒体服务器有诸多选择,如Wowza、Nginx。

在面向大众用户传播方面,视频直播的访问控制领域拥有非常多的方案。如Refer UA黑白名单、IP黑白名单等,可以做到基础的防护,但是伪造比较容易。另一种常用于流媒体链加密的方式为URL防盗链,这种方式的优点是标准鉴权和自定义算法都是通过算法加密,伪造困难,但是无法防止复制已经加密的URL,把URL发布到社交平台或者盗链网站直接播放。再深一点的控制方式则可以通过二次鉴权和业务方的远程鉴权,前者可以通过限制相同加密URL的访问频次来限制复制URL的行为,后者是完全由业务中心来判断请求是否合法,可以更加灵活地控制和分析。当然还可以通过云端一体的视频加密解决方案,如行业通用DRM加密,支持多终端、多平台、全方位进行版权保护。该加密方法拥有独立加密密钥,避免单一密钥泄密引起大范围的安全问题,采用加密转码与解密播放方式,可使动态密钥管理更安全地保护视频资源,有效防止视频泄露和盗链问题。另外,数字水印技术在直播视频中的应用,也可实现大型赛事直播版权视频内容搬运侵权的取证、溯源和追责。

同时面向大众用户传播,直播的并发量承载也是非常关键的。一般通过DNS调度、302调度、HTTPDNS调度方式来实现并发承载。从接入的方便性来说的话,DNS调度是最容易的,这是广泛应用于互联网的一种调度。DNS调度用的是直接转发方式(Forward)。用户发起的请求经本地DNS解析后,再将解析请求传至CDN调度服务功能模块,取得相应消息后,再返还给用户,但缺点是反应非常慢。比较快的是302调度,但仅限于HTTP的协议,并且影响首屏。同时,302调度用的是间接转发方式(重定向Redirect),用户请求按照预设应该直接回到源站下载内容源,但几百万个请求同时到源站会让源站压力比较大,同时网间流量会有所浪费。HTTPDNS调度反应速度非常快,不存在首屏影响,只需要客户端做一些接入,综合而言是这三种调度方式中最佳的。此外从技术侧看,基于不同调度场景的需要,DNS调度和HTTP调度在CDN中是结合使用的。目前网络拥堵,即便通过扩容互联网带宽、流量控制及建设IDC的解决方案,也无能为力。但两者结合,却能够降低网间流量、节省互通费用,有效提升用户上网体验。同时这也为融合CDN创造了市场需求,通过融合CDN技术打破单个CDN厂商的节点资源以及调度能力,突破地域时间以及不同运营商的限制。除了技术侧上的调度,往往在直播前提前分配好资源,做好大型活动赛事优先级保障,能够非常有效地防止T级带宽突发带来的风险。

视频直播中除了要求视频流可以进行转码、截图等功能外,一般还需进行录制、直播转点播的操作,将录制的视频转置到点播系统,进行后续的点播和云剪辑操作，方便直播与视频内容生产和传播的联动。从视频流到视频点播是一个“多途径视频生成—多端视频上传—多模板转码视频处理—智能媒资管理应用—多平台分发播放—播放数据回溯”的全链路的视频业务服务过程。

本书介绍的视频直播流媒体技术的重点关联性技术为音视频传输协议和H.264/AAC编码技术，下面就常用协议和编码进行简述：

H.264：同时也是MPEG-4第十部分，是一种面向块，基于运动补偿的视频编码标准，是由ITU-T视频编码专家组（VCEG）和ISO/IEC动态图像专家组（MPEG）组成的联合视频组（Joint Video Team，简称“JVT”）提出的高度压缩数字视频编解码器标准。这个标准通常被称为H.264/AVC（或AVC/H.264、H.264/MPEG-4AVC、MPEG-4/H.264AVC）以明确说明它两方面的开发者。

AAC：Advanced Audio Coding，也叫进阶音讯编码，是有损音讯压缩的专利数位音讯编码标准，由Fraunhofer IIS、杜比实验室、贝尔实验室、索尼、诺基亚等公司共同开发。

RTMP：Real-Time Messaging Protocol，通过一个可靠的流传输提供了一个双向多通道消息服务协议，意图在通信端之间传递带有时间信息的视频、音频和数据信息流。

HLS：HTTP Live Steaming，是由苹果公司提出的基于HTTP的流媒体网络传输协议。它的工作原理是把整个流分成一个个小的基于HTTP的文件来下载，每次只下载一些。视频的封装格式为TS，视频的编码格式为H.264，音频编码格式为MP3、AAC、AC-3。

HDL：HTTPFLV，即流媒体封装成FLV格式，通过HTTP协议传输。

不同音视频传输协议特性优劣对比分析如下：

表 2.3-1 各流媒体传输协议对比

应用场景		视频直播/公网传输					专业视频制作/局域网	
协议&封装		RTMP over TCP	RTP（MPEG-TS）	SRT	RTMP over QUIC	RIST	NDI	SMPTE ST 2110
编码格式		AVC	ANY	ANY	AVC	ANY	NDI|HX/FULL NDI	JPEG-XS
特性	multiplex	Y	N	Y	Y	Y	N	N
	retransmit or error correction	ACK/SACK / RTO	N需通过FEC/SMPTE-2022-07支持）	NACK/FEC	ACK/SACK/RTO/FEC	NACK/FEC	N	N
	Loss tolerance	＜5%	N	50%＋	25%	30%＋	N	N
	Congest control	CUBIC/BBR/Reno	N	N	CUBIC/BBR/Reno	N	N	N
	Delay	2s以上	200ms—1000ms	200ms—1000ms	＞1s	＞100ms	＞100ms	＞40ms
总结	优点	成熟、生态	技术成熟、生态完善	低延迟、抗抖动、开源、硬件生态好	开源、抗抖动、web生态、带宽评估、内核无关	标准化、稳定性、抗抖动良好、安全		业界标准、开放、超低延迟
	缺点	延迟一般、抗抖动差	无可算传输、无多路复用	拥塞控制弱、适用带宽充足场景	硬件支持少、高丢包率场景较弱	不同profile不兼容、生态不成熟	适应局域网协议、单一厂家垄断	传输带宽成本高

在媒体行业里，流媒体传输协议的使用至关重要。流媒体传输协议较多，这里列举一些常用协议。

最常用的是基于TCP的RTMP，它的历史较为悠久，也是目前国内、海外最常用的流媒体协议，广泛应用于直播领域。但是它本身存在一些不足，如因为版本维护等原因，RTMP对编码格式的支持不够完善，如要应用在传输H.265、AVI，则需一定私有化改造。同时，它在传输抗抖动性和延迟上相对其他协议做得也并不太好。再者是RTP，它是广电媒体行业常用的流媒体传输协议，它的容器格式（MPEG-TS）支持的编码格式比较完善，且基于UDP的RTP在延迟上做得比较好，但它本身存在的最大问题是不支持可靠传输，所以通常采取FEC或SMPTE2022-07的标准，通过冗余发送和聚合去重的方式来提高稳定性。SRT是一个近年逐渐得到推广应用的协议，它具有低延迟和高抗抖动性的特点，并具有多路复用和多路径的特点。目前，SRT逐渐成为一些大型赛事的首选流媒体传输协议，已逐渐替代RTMP成为主流。

除了以上公共网络的一些传输协议，还有一些针对专业视频制作领域的局域网的传输协议，如NDI和ST 2110等。它们的主要特点是极低的延迟和传输未压缩或浅压缩音视频信号。例如ST 2110传输的JPEG-XS只做帧内预测，不做帧间运动估计，这使得将延迟降到一个帧的级别，然而这种方式的压缩效率较低。这些局域网的协议对传输网络条件要求较高，限制了它们在公共网络传输中的应用。

2.4 直播连线技术

一、直播连线技术概述

直播连线是视频内容创意互动直播场景化的解决方案中具有创造性的业务场景应用。该场景创造性地将现场和演播室进行关联，基于

RTC实时通信协议，通过前端5G低延时、双向互动视频采集，实现导播调度和现场连麦功能。这使得原本孤立的演播室和多路现场之间建立起稳定连接，从而让演播现场和远程观众、导播和现场记者之间进行实时交流。直播连线也创新了视频内容互动玩法(如远程访谈、现场连线、观众参与等)，给最终收看者呈现一个“规模大、场景多、档次高”的具有多方参与的互动式直播。这种应用提升了视频内容(节目)的可观赏性，丰富了内容的层次感，强化了用户的参与感，降低了演播室远程调度的成本，提高了视频新闻生产效率。

直播连线技术提升了导播远程调度效率，减少了实时新闻制作成本。

直播连线调度系统打破了传统新闻从采访、编辑、制作、播出到收看这一模式，系统软件将采录与编辑两个过程融为一体的方法，有效缩减了新闻制作周期，减少了节目制作播出的流程。通用情况下，记者只需一台手机，就可以在事件发生的第一现场，直接通过连线把正在发生的新闻事件实时传送到演播室，经由导播及时发布给受众。技术上，可对多路远程记者的调度及操作实现实时消息发送，低延时双向到达，有效提升导播与前线进行远程沟通的效率，让导播和远程机位或记者之间的沟通畅通无阻。此外，传统电视台要想实现音画俱备的直播报道需要成本昂贵的卫星新闻采访车进行深入调查，相比而言，直播连线系统对资金和设备的要求就低多了，仅需一部移动手持终端、一位现场记者即可。

直播连线技术扩展了节目的丰富性，增强了内容的时效性。

传统的视频新闻制作往往以策划为主要依据，内容基本固定，节目形式单一。然而，连线报道的出现打破了这一局面，因参与成本和简便的参与方式，为主持人和现场记者之间的实时互动提供了可能。在必要的情况下，主持人可随时连线现场记者，对内容相关的任何人进行采访，包括当事人、目击者、知情人、新闻官等。这种灵活的互动方式大大增加了节目的丰富性与能动性，使得新闻报道更加立体、全面。此外，连线报道的另一特点是声画的多样性。在连线过程中，我们可听到来自不同地方、不同背景的被连线者的声音。这些多样化的声音元素轮番登场，使得原本单一的主持人播出变得生动而有吸引力，极大地丰富了节目的内容。

二、直播连线系统架构

连线系统由远程连线终端（移动端App、小程序或web端）、云平台的管理端、采编录播一体机导播端以及一些设备外接摄像头、展示大屏等组成。

视频连线场景下，连线系统可以满足远程记者、嘉宾甚至普通观众和演播室内主持人进行视频互动连线的应用场景。远程记者、嘉宾、普通观众可以通过PC网页、手机App，甚至只需要使用手机打开一个H5页面即可实现音视频连线互动。技术上，系统采用低延迟协议处理视频连线底层技术以实现实时互动，支持毫秒级别的低延迟双向音视频实时通话，比起传统RTMP直播使用的协议，冗余开销更小，在针对多方实时音视频互动连线的场景下，延迟可以达到毫秒级（视实际情况有所区别，一般为200—500ms左右），可保证实时交互的时效性。通过互动连线系统可真正实现直播过程中的实时互动连线，打造丰富多元的节目效果。

在互动连线前可通过趣看一体机进行专业的连线包装，调整互动连线的画面布局，如可以开双窗连线、三窗连线、九窗连线等连线CG包装，打造更好的互动节目效果。另外，根据节目需要，通过云上云下录像策略，可对每个连线通道画面进行录像。云平台也会自动存档一份原画连线画面，确保每路连线画面内容得以完整保存，充分保障内容安全，方便后期加工处理或分发需要。

在连线播出过程中，还可设置延时播控，保证节目播出安全。此外，可通过导播台独立监看监听各路连线端，从而进一步保证播出安全。

在互动连线过程中采编录播一体机可对每个连线通道画面进行录

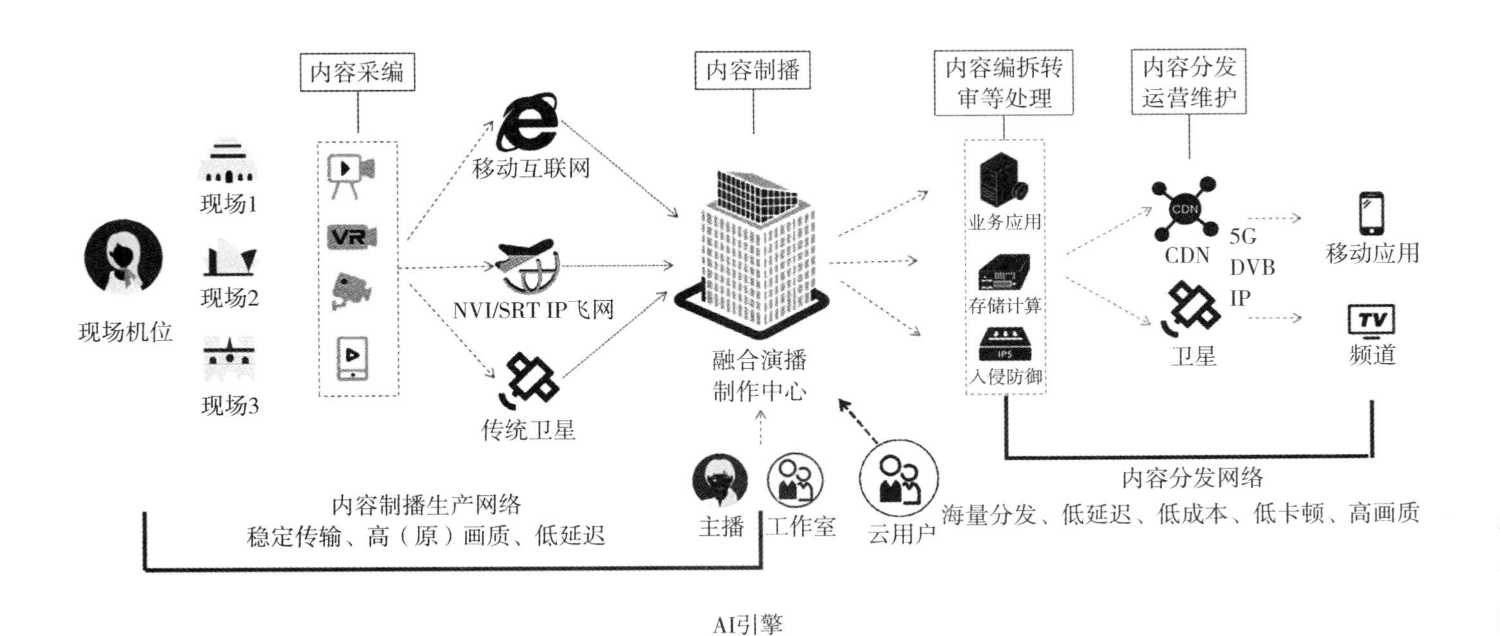

图2.4–1　直播连线系统架构图

像，保证每路连线画面完整内容的保存；同时在实训系统上，也会对互动连线的内容进行录像。通过云上云下录像策略，充分保障内容安全完整地得以保存，便于后期加工处理或分发等需求。

三、5G背包连线

5G高清图传背包是由趣看科技联合天津德力公司推出的便携式高清图传产品，体积小巧，功能强大。最多内置3个5G模块和3个4G模块，可将高清摄像机输出的3G-SDI或HDMI信号进行H.264压缩后，通过5G/4G网络直接推流至直播平台。直播背包的参数可通过手机App进行配置，支持RTMP/HLS等多种直播协议。5G/4G传输支持10通道汇聚，确保在各种恶劣环境下仍然可以稳定、可靠传输。因其多卡聚合、稳定可靠的特性，常用于突发新闻现场视频直播回传、远程现场视频连线、大型体育赛事活动采拍等场景。

主要功能和特点：支持1080P/60等多种格式视频编码传输；支持3G-SDI或HDMI输入；支持汇聚传输和单卡传输；内置3个5G与3个4G模块；支持带宽汇聚，内置固态硬盘；支持素材录制与回传支持RTC远程连线与远程Tally显示。

该系统由5G高清图传背包＋管控平台组成：

图2.4-2　5G高清图传背包

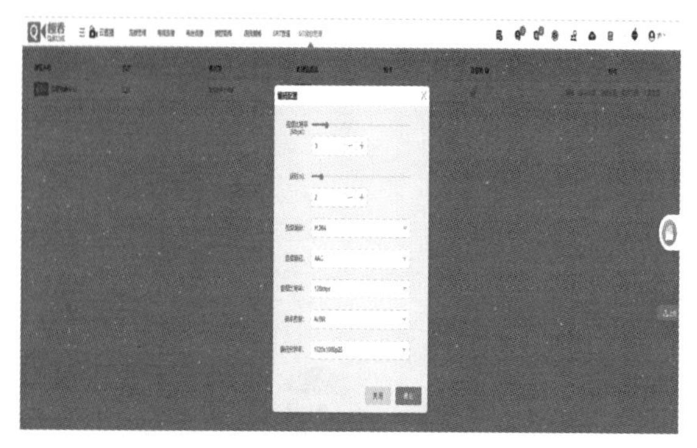

图2.4-3　视频云平台接入界面

图 2.4-4　背包屏幕主要元素介绍

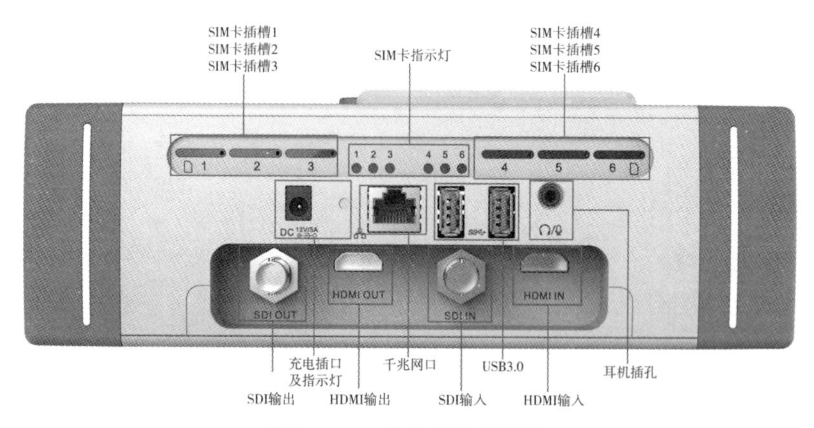

图2.4-5　背包产品右侧面

1.信号输入

背包具备HD/FHD信号接入能力，支持的视频输入接口：3G-SDI，HDMI。请按相应接口输入标准准备相关摄像机或其他视频信号输出设备。

2.网络环境

背包支持以太网/4G-LTE模组/5G CPE/5G手机共享网络/5G模组等网络接入方式进行数据传输。

3.视频云平台背包管理页面

当趣看将背包与用户账号进行绑定后，用户的云直播页面导航中会多出一个“5G背包管理”页面；

该页面下会显示用户所有的背包；可查看该背包是否在线，是否正在推流等。

图2.4-6　视频云平台—5G背包管理

4.绑定直播

点击“绑定直播”按钮，选择一个直播，点击“确认”即可(注:绑定直播需要趣看先配置聚合服务器，默认购买时是配置好的)。

直播配置的列表仅显示支持推流的直播(即直播状态为预告、未直播、直播中)。

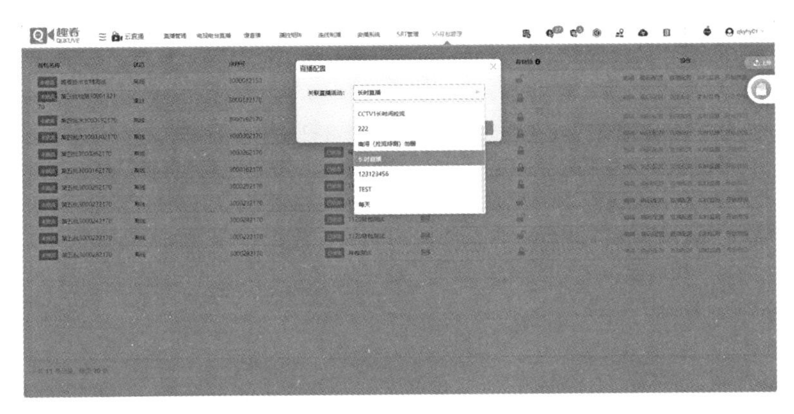

图2.4-7　5G背包管理—直播配置

5.输出编码设置

背包可设置视频比特率、延时、视频编码、音频编码、音频比特率、码率控制、编码分辨率。其中延迟建议设置为2秒，延迟长短跟聚合的视频质量流畅度有直接的关系，理论上延迟约大，质量越好。码率控制设置

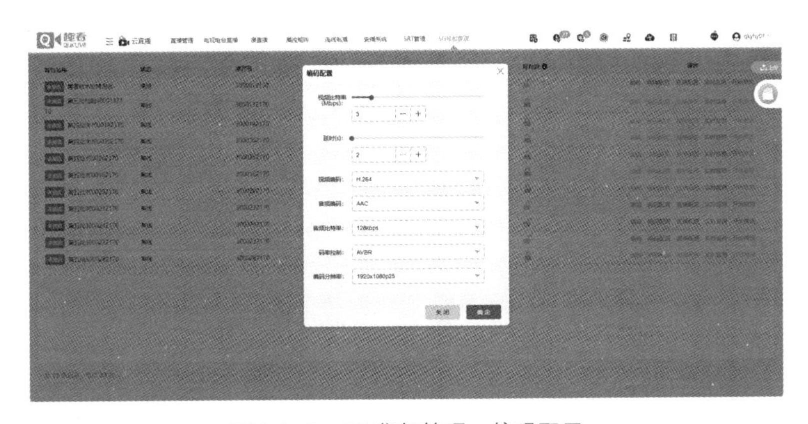

图2.4-8　5G背包管理—编码配置

成AVBR:可变比特率。

6. 开始推流

点击“开始推流”按钮,若背包正常推流,则背包标签从“未推流”变为“推流中”。

若未变为“推流中”,则推流未成功,请检查背包是否开启、背包是否有接入流可推等。

7. 数据监测

点击“实时监测”按钮,新打开一个实时监测页面。下面将实时监测页面划分为4个部分进行说明:传输开关及参数设置;背包相关参数设置,状态查看;数据传输信息查看;查看历史数据。

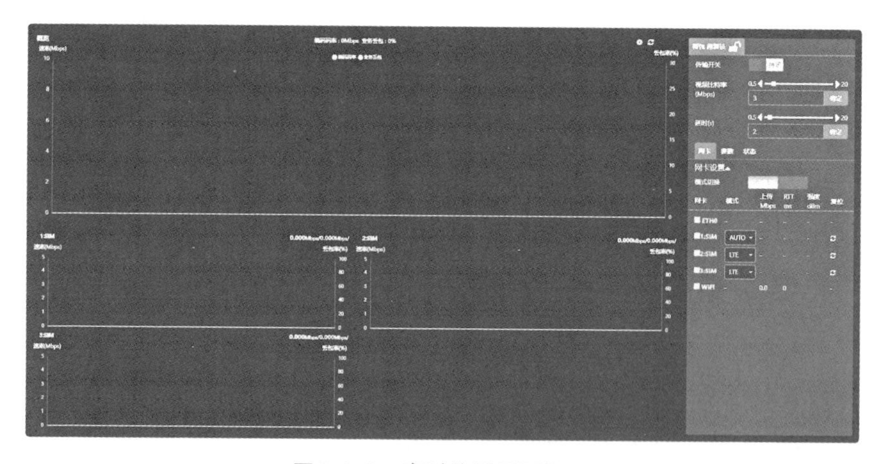

图2.4-9　实时监测界面概要

传输开关及参数设置,用于设置数据传输的相关参数。传输开关打开/关闭用于控制推流开始和停止。视频比特率可设置为0.5—20Mbps范围。延时范围可设置为2—20s。

8. 数据传输信息查看

数据传输信息包含两大部分,第一部分是由2个4G模组,1个5G模组,以太网等通信模组产生的聚合带宽的总体数据传输速率。第二部分是每个4G模组,5G模组和以太网等通信模块各自的实时传输速率。速率图可以查看当前传输网络的状态。

下图是多个通信模组聚合传输的数据传输总速率和丢包率指示,在整体传输带宽概览图上,实机时会有四种颜色的实时更新曲线在记录整体视频数据传输速率。每种颜色曲线分别代表不同意义。

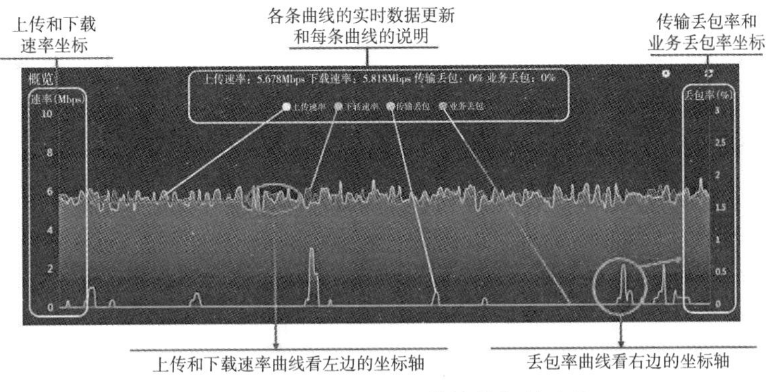

图2.4-10　多模组汇聚传输数据状态指示

黄色曲线代表背包数据上传速率。

蓝色曲线代表汇聚服务器数据下载速率。

紫色曲线代表实时传输丢包率。

红色曲线代表实时业务丢包率。

在实时曲线图上有两个纵坐标轴,左边的坐标轴用于实时上传速率和实时下载速率,单位是Mbps;右边的坐标轴用于传输丢包率和业务丢包率,用百分比(%)表示。

在传输视频数据的时候,由于有线或无线信道的干扰,传输数据会出现错误,汇聚服务器根据收到的视频数据是否正确要求背包进行错误数据重传,这时我们会看到背包的数据上传速率大于汇聚服务器的下载速率,就是因为背包的上传数据中包含实时视频数据和出错重传的视频数据。

网卡速率图是随背包获取到的网卡而显示,网卡速率图的左上角显示网卡类型,网卡类型包括ETH0、WiFi、LTE1、LTE2、LTE3、USB-LAN1、USB-

5G1、USB-5G2、5G-NSA、5G-SA等种类;中间栏显示无线网卡的运营商。

如下图是单个5G通信模组的数据传输速率和丢包率指示。以太网和Wi-Fi只给出通信模组名称和传输速率相关信息,无线通信模组还会给出SIM卡所属运营商的信息,在单个通信模组中不包含业务丢包率的信息,其余信息读取规则和多通信模组汇聚传输的总传输速率界面的信息读取规则相同。

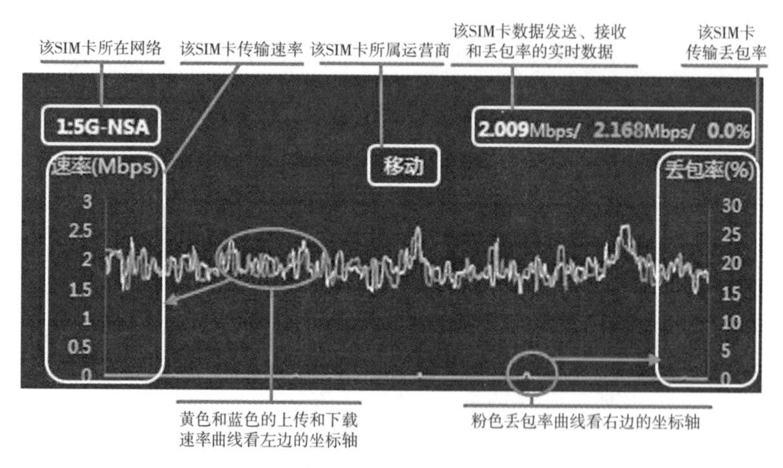

图2.4-11　单个5G通信模组数据传输状态指示

上图给出了传输数据信息概览的设置界面和设置对显示界面的影响。点击图标可以打开设置界面,绿色的曲线指示上传和下载速率坐标,根据实时传输速率自适应调整坐标轴进行显示,还是采用固定坐标轴最大值和每格刻度进行显示。设置最大速率和每格刻度不仅仅只是设置总速率图表的值,还设置了其他网卡的最大速率和每格刻度值。黄色曲线指示的是单个通信模组需要显示数据种类的设置。概览图是用来控制概览图中显示数据种类的设置。

四、业务操作

1.互动连线房间管理

通过视频云创建并管理互动连线房间,以互动连线房间为单元将多个用户拉入，房间内用户间可进行实时视音频互动连线。

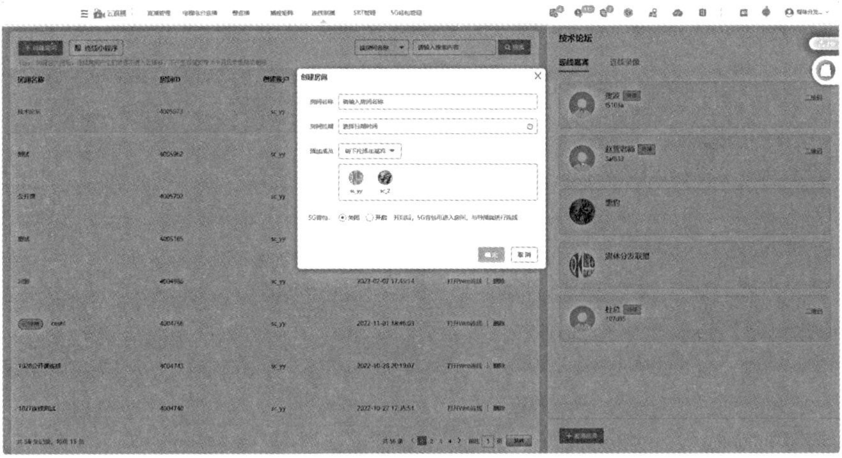

图2.4-12　互动连线房间管理界面

2. 互动连线房间人员管理

生成邀请码以及手机邀请二维码，系统自动匹配嘉宾邀请码，嘉宾可通过手机App、电脑端、小程序扫描或输入邀请码进入房间。

图2.4-13　互动连线房间人员界面

3. 电脑端连线

电脑端输入互动连线房间邀请码，进入互动连线房间进行连线业务；并且提供麦克风、摄像头的关闭控制功能。

图2.4-14　电脑端连线界面

4. 手机端App连线

手机端(移动直播台App)扫码进入互动连线：用户不用登录移动直播台App，扫码进入互动连线房间；可跨账户进行互动连线；移动直播台App提供流畅、高清、超清等多种分辨率供选择。

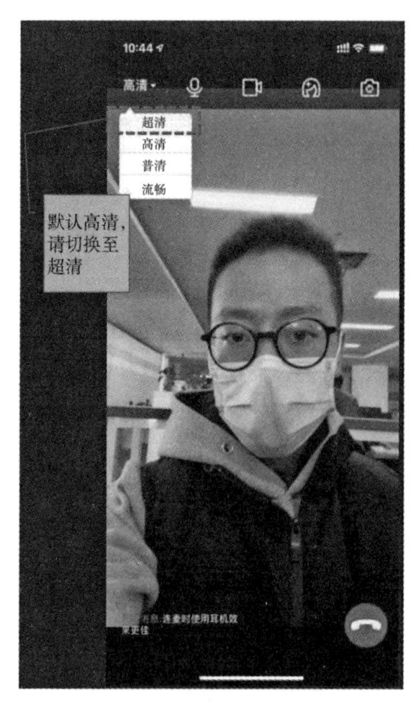

图2.4-15　手机App连线界面

图2.4-16　微信小程序连线界面

5. 微信小程序连线

互动连线微信小程序可通过扫描邀请二维码进入互动连线直播间。

6. 导播台互动连线系统

采编录播一体机可通过互动连线系统进行连线以及画面导播,将互动连线的导播画面输出,后续还能通过视频云进行互动包装,全网发布,进行观看。

支持通过互动连线系统设置互动连线画中画、多格画面等播出形式,同时可进行CG字幕设置等包装。

支持针对互动连线画面进行通道音频设置,提供独占、混音等功能。

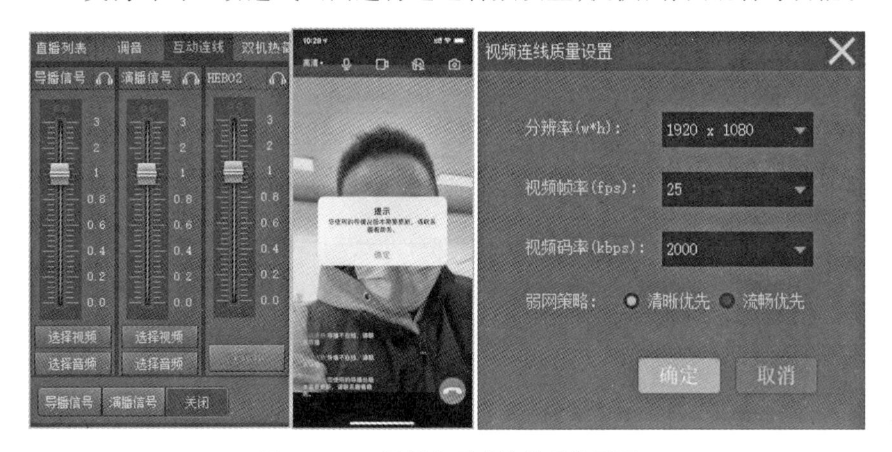

图2.4-17 导播台互动连线系统界面

2.5 视频直播防盗链技术

一、视频直播防盗链技术概述

盗链是指在自己的应用上展示一些并不在自己服务器上的内容,获取别人的资源地址,绕过别人的资源展示页面,直接在自己的页面上向最终用户提供此内容。因此系统中生产的内容如直播、点播,客户希望只在其指定的网页或App中分发,而不希望链接被其他网页或App"转载”,最终流量分流,并带来客户的流量成本。更重要的是,直播推流地址一旦被破解,如果被人恶意攻击,推了敏感视频流,产生的影响和后果是非常大的。业务上有内容资源方,还可以通过授权指定用户进行拉流转播,这时没授权的用户要严格限制。

基于用户的场景,本书主要介绍3种防盗链方案:Referer防盗链、IP白名单防盗链、URL鉴权防盗链。人们在使用过程中根据场景需要,可以选择并切换防盗链方案。

1.Referer防盗链

Referer防盗链是基于HTTP协议支持的Referer机制,通过播放请求Header中携带的Referer字段识别请求的来源。用户可设置一批域名为黑名单或白名单,CDN节点调度系统则将按照名单中的域名做鉴权,从而允许或拒绝播放请求。也就是携带了播放来源,如果播放这个视频源的页面地址鉴权失败,则拒绝播放。

优点:实现较简单,可以过滤大部分非法网站的盗链。

缺点:仅支持HTTP/HTTPS协议,且Referer是容易伪造的。

2.IP白名单防盗链

当客户端推流或拉流时,服务器收到请求,获取到来源IP,根据请求地址链接设置的对应IP白名单列表,在IP白名单内的,请求正常返回,不在的,请求失败。

优点:实现较简单,破解较困难。

缺点:限制较严格,不适合大部分面向大众分发的直播或点播。

3.URL鉴权防盗链

防盗链URL的生成规则是在原始URL尾部,以Query String的方式加入防盗链参数,如http://example.quklive.com/live/×××?t=[t]&auth key=[auth key]。

参数说明：

t(必填)：播放地址的过期时间戳，以Unix时间的十六进制小写形式表示；过期后该URL将不再有效，返回403响应码。考虑到机器之间可能存在时间差，防盗链URL的实际过期时间一般比指定的过期时间长5分钟，即额外给出300秒的容差时间。建议过期时间戳不要过短，确保视频有足够时间完整播放。

auth key(必填)：防盗链签名，以32个字符长的十六进制数表示，用于校验防盗链URL的合法性；签名校验失败将返回403响应码。

签名计算公式如下：

sign=md5(URI＋t＋KEY)

优点：链接过期时间可灵活设置，链接破解较困难。

缺点：实现较复杂。

二、视频直播防盗链技术系统

如图2.5-1，当用户访问直播或点播流地址时，服务端根据后台的

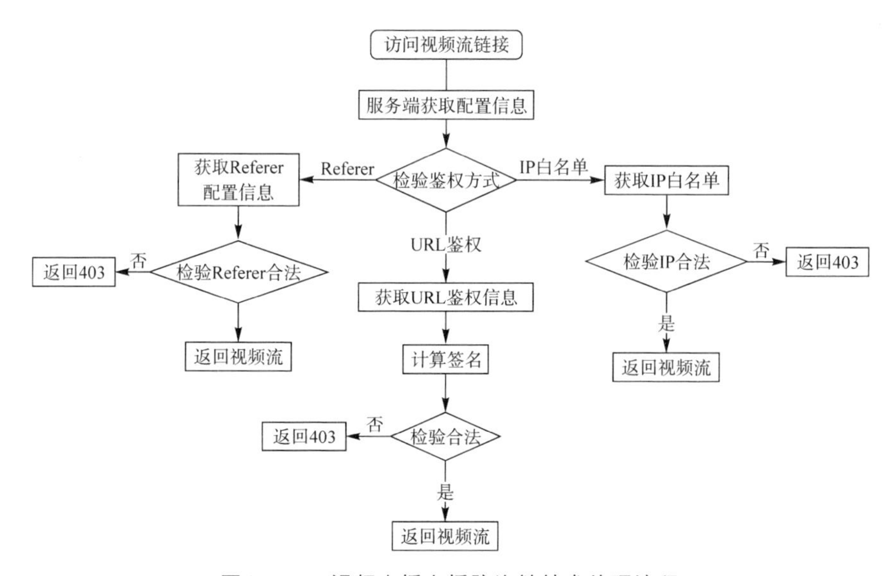

图2.5-1　视频直播点播防盗链技术处理流程

配置信息，选择对应防盗链策略进行校验，校验通过返回正常的视频流，失败则返回403响应码。其中，URL防盗链是有时效的，每次获取访问地址时，需要计算最新的签名信息。因此播放器端不能缓存播放链接，每次播放时都要获取新的播放地址，以免链接失效而播放失败。

同时面向业务系统，需要构建防盗链运营管理平台以及用户“防盗链”地址获取业务界面。

1.防盗链运营管理配置系统

通过配置refer白名单域名，实现指定域名下需拉取到流地址后方能播放，非白名单内的域名则直接禁止拉取且无法播放。

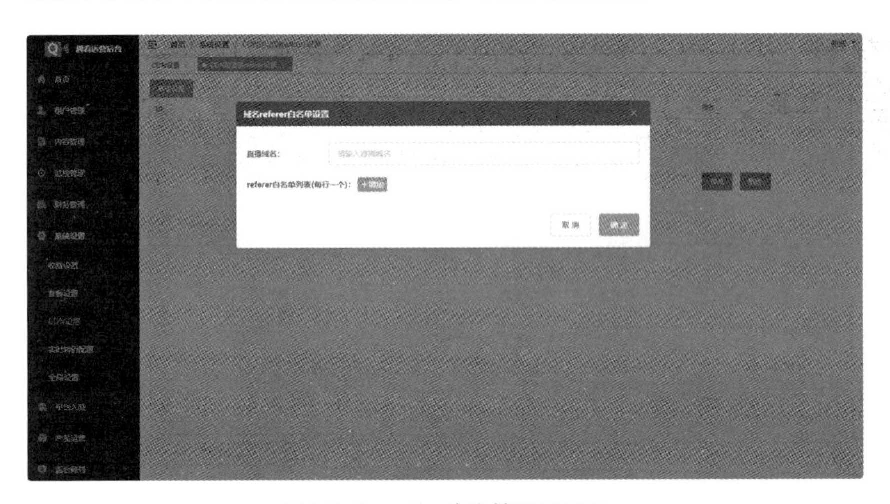

图2.5-2　refer防盗链配置界面

同时支持CDN IP白名单配置，当客户端推流或拉流时，服务器收到请求，获取到来源IP，根据请求地址链接设置的对应IP白名单列表，来源IP在IP白名单内的，请求正常返回，不在名单的，请求失败。

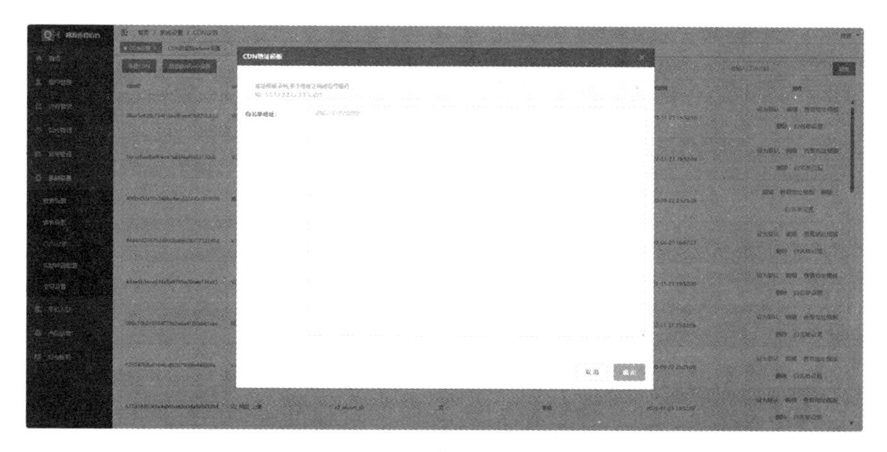

图 2.5-3　IP 白名单配置界面

2. 直播推流防盗链地址获取

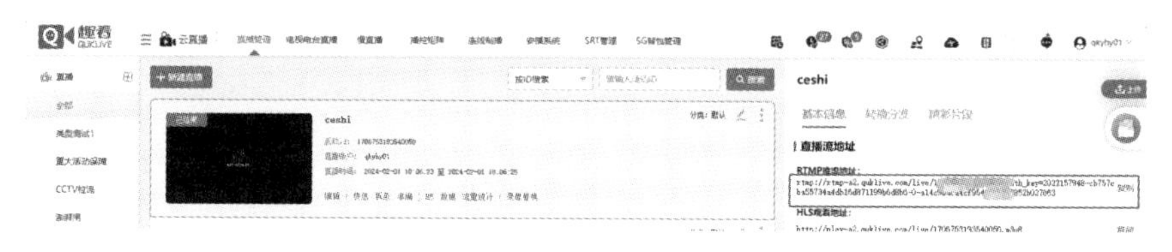

图 2.5-4　动态防盗链流地址获取界面

2.6　直播应用实操

一、新媒体新闻视频直播团队组建

新媒体新闻视频直播团队成员求精不求多，从笔者调研下来的各级媒体视频直播团队，其核心人员组成如下：

表2.6-1　团队配比表

单位:人

岗位角色	主编/主任	主持/出镜/现场	记者/拍摄	导播	文字/运营	总人数
小型团队	1	2	2+	1	1	7+
中型团队	2	3+	3+	2+	2+	12+
大型团队	2	4+	5+	3+	2+	16+

二、移动新闻视频直播设备准备

表2.6-2　移动新闻视频直播设备准备表

序号	设备集	设备名称	主要功能	数量
1	移动采编记者包	手机	直播采编、连线互动、电话通信	1台
2		5G背包	稳定网络	1台
3		移动电源	供电	1个
4	移动采编记者包	无人机/VR相机	高空上帝视角拍摄或全景视角拍摄	1套
5		蓝牙耳机+耳机线	返送监听	1套
6		小蜜蜂	采访收声	1套
7		运动相机	第一视角拍摄	1套
8		手持稳定器	画面稳定	1个
9	演播室现场	采编录播一体机	导播、包装、制作、连线、直播、录制、虚拟	1台
10		摄像机	主持人画面拍摄	2+1台
11		小蜜蜂	现场收声	1套
12		灯光	画面轮廓	1套
13		电视机	返送显示	1台

三、出镜记者或记者直播基调

记者出镜必须把握好客观、理性、公正的主基调,这是主流媒体出镜记者的核心价值观,也是记者最基本的职业精神。为了把握好主基调,记者需在以下三个方面下功夫。

第一,明站位。

记者需以客观中立的方式呈现事实,不能因个人情感或偏见而影响报道的公正性。客观公正不是没有态度。记者在出镜时需要注意自己的语气、语态、表情,而这些也都是态度的表现载体,既不能高高在上、颐指气使,也不能畏首畏尾、说话没底气,要充满自信地讲故事、说事实。

第二,好心态。

记者需要以大局为重去看待、解读、播出新闻事件。不能以个人好恶、个人利益得失或个人评价标准来衡量新闻事件的价值与重要性。在出镜的时候,记者需要做好微表情的管理,因为这些微表情极有可能在镜头前被放大。

第三,掌尺度。

客观公正并不是冷漠或没有温度,而是要以人性化的方式去呈现。同样,也不是所有的新闻报道都需要使用相同的腔调或面对所有的采访者都使用相同的距离。优秀的出镜记者需要具备“同理心”,即尽可能地理解他人的感受、思想和行动,并使用这种“同理心”来感受、沟通和采访,从而使新闻报道带着温度、更加精彩。

第四,姿势得体。

记者出镜的标准站姿:面向镜头,表情微笑,体态规整,整体保持端正、平衡,可有适当肢体动作。在重大时政报道的现场,出镜记者应当规范、规整、庄重,端庄大方。面向镜头正面或稍侧站立,两腿并拢。男士可稍微两腿分立,保持重心稳定,中规中矩。表情平和,保持微笑。日常自己训练时要对着镜子找到自己最美的微笑状态。服装尽可能选择颜色饱和度高的西服,如红色、黑色、蓝色等,尽量是单色的,这样在现场直播中辨识度高。

如果是一般新闻现场,必须要以现场来确定穿着、体态、表情等细节。需要注意的是,一定要契合现场气氛和环境,体态可稍微松弛,有简单的肢体动作,甚至配合讲述内容可以有身体的转动、手的指向等。

通常来讲,不同的节目内容要求记者采用不同的坐播姿势。

几种记者出镜的坐姿:一是采访者靠在椅子或沙发上,这会给人一种放松、平等、平和的感觉,可以让被采访者放松。二是坐在椅子的前三分之一,身体前倾,这种姿势可以体现出记者有探求和交流欲望,表现出谦逊的姿态。三是坐在椅子中间部位,身体稍微前倾但保持直立,这显得很职业很积极,体现了对被采访者的尊重。总的来说,不管哪种坐姿,要追求的感觉是源于自然、高于自然——看起来自然,实际是经过记者精心选择和安排的。

第五,讲好故事。

出镜记者是把观察到、搜集到的信息变成口头语言。适合口语表达的有声语言是出镜记者追求的目标。

比如,把一篇写“亚运会开幕”的报纸文章做成视频节目,需要记者出镜,就有一个“转播转译”的过程。将用文字说事析理“转播转译”成用镜头画面和有声语言讲故事,传递给用户,有以下几方面需要重视:

一要有对象感。在出镜时,应该把摄像机那头的人当作自己的好朋友或家人,用自然、亲切的语言与他们分享新闻事件。通过这种方式,营造一种亲密的氛围,让用户感受出镜记者的真诚与热情。

二要有逻辑性。在讲述新闻事件时,应该遵循一定的逻辑思路,让观众能够清楚地了解事件的来龙去脉和深层含义。例如可以按照“现场情况—最新消息—分析原因—解决办法—下一步如何”的思路,让观众跟着你的节奏深入新闻事件的背后。

三要有重点。需要把控好重点讲解与细节描述的平衡，对于要详细介绍的，语速可以慢一点，尽可能充分运用镜头语言把信息说仔细。同时，要让观众看清楚、听明白、能记住。突出重点，在快速中让人记住至关重要。

四要有互动。在出境时，最好不要一次说完所有内容。如果有嘉宾，可展开互动，多几个回合，把一个大问题分解成几个小问题来问。这样不仅在做直播时不容易忘词，而且也可以打破视觉疲劳。一个人主持时，也可以即时回应评论内容来互动，形成良性互动。

五要有变化。文似看山不喜平，不能一直使用同一种表述方式，应该根据新闻事件的不同特点有所变化。同时，对于语调和语速也需要有所变化，即有详有略，有起有伏，有高有低，避免单调乏味，使整个出镜过程更加丰富多彩。

四、直播画面拍摄构思

一条直播新闻，至少要有一个核心画面，让观众能长时间记住。摄像记者追求新闻画面“本身会说话”，利用镜头语言而不是文本思路去重现现场，发掘现场，让观众即使不听解说也能看懂画面和记者所讲述的故事。下面重点阐述直播的镜头语言运用。

直播的镜头语言有以下几个要点：

1.镜头适当丰富

直播镜头的首要任务是“叙述”现场，记者需要始终聚焦“第一现场”，运用丰富的视觉手段表达和记录“第一现场”。由于“第一现场”的故事及人物往往展现出复杂曲折的发展轨迹，因此需要在现场的重要报道点位上设置多个机位，以便全面地在第一时间向观众真实地报道事件。这里也需要注意，设置多机位不是为了“秀”装备，而是为了帮助观众更清晰地了解第一现场。

以美国CNN“911”直播报道为例，灾难发生后，CNN直播团队迅速在世贸大楼周边寻找机位制高点，从航拍到地面高楼远近各处全方位设置多个机位以覆盖新闻现场。经验丰富的直播记者必须具备多机位空间布局意识，以便于观众从各个角度看清楚现场。除此之外，直播记者需要具备事件发展意识，高度重视事件发展过程中出现的每一个细节并有一定的预判，不漏拍任何一个事件时间递进上的关键镜头。

2. 画面倾注情感

在直播现场，镜头要有情感和倾向，才会有厚重感。一个精彩的镜头胜过千言万语，镜头语言运用得当，将大大增加直播的感染力。

中央电视台"走向复兴——庆祝中华人民共和国成立70周年特别节目"现场直播中，镜头涵盖现场的各个角度，从主席台嘉宾到受阅方阵，有数十个以上的固定机位、移动机位、摇臂机位和航拍机位呈"无缝式包围"整个现场。仅此还远远不够，在本场直播中，摄影记者构图严谨，根据阅兵式的主题展示，将画面的运动节奏控制得非常得体。摄影记者带着明显的感情和创意在拍摄画面，从国家领导到受阅战士，许多运用了构图饱满的仰拍和跟拍。如此，整个直播现场画面的角度景别构图皆活了起来。

3. 独家镜头永远是制胜的法宝

直播中每一个画面都是最新的，这使得直播现场具有跳跃性，新现场源源不断涌进来。因此记者还需要练就过硬的抓拍"现场"技术，随时都是直播状态。独家画面是等待的奇迹，新、奇、特是观众的要求，超常规镜头将带给人以视觉震撼。

4. 成为观众的眼睛

在直播现场，记者要多用主观镜头，代替观众的眼睛去"扫描"现场，记录新闻现场的情绪和氛围。身处新闻现场，记者的重点是发现细节，记录事态，保持现场感。一般状况下，不过度追求精美构图。画面哪怕"破"一点都没关系。相比画面粗糙或短暂虚焦，有时候构图精美的电影品质般的镜头，反而会让观众质疑其真实性。

5.焦点聚焦在人

直播新闻的主题永远是人物,所以必须捕捉核心新闻人物的细腻表情,而某个特定的表情胜过千言万语。

6.多现场联动需要设计

好的直播内容在结构上是有层次的,在画面上呈现悬念感,而不是让观众一览无余。记者在直播现场的机位设计上要下狠功夫,往往通过设计,可以让一个看似寻常的单机连线,运用推拉摇移,实现移步换景、层层推进的效果。一般而言,在多机位直播中可以应用"蒙太奇"式的镜头设计,而在民生现场,则可以用"一镜到底"的长镜头设计。它是通过设计人物走位,来"接力"推动和展示将要发生的故事情节,带有一丝悬念感和神秘感,但不要让观众一开始就明白我们的走位意图。

7.专题节目的镜头语言,先谋后定

谋篇布局:设计创意精美的开头和结尾。针对专题节目,开场可以采用AR/VR等镜头表现主题,而在结尾部分可以展示人物故事、主题的深刻性——经过故事讲述,观众对人物已经产生感情,希望看到情感升华。

确定节点:建立视觉叙事链条,让镜头承担递进、转折或深化人物故事等叙事功能,用镜头语言统一设定全过程的画面基调。通常运用四种摄像造型手段:光线、色彩、光学镜头与运动。我们可根据场景的重要程度来设计主持人的表述内容和动作方式,需要发现场景里所蕴藏着的故事信息,运用镜头手段充分展示表达。创作深度和个性来自我们对故事信息的独特理解和对场景细节的创新运用。

2.7　直播面临的风险及防范

一、隐私风险

网络直播已经渗入人们的日常生活中,从最早的文字、图片、博客、

BBS等，到PC时代的游戏直播、秀场、直播带货等。用户的隐私不再是隐私，反而成为别人观看的风景或他人谋利的工具。通过“萤石”等视频网站，用户可以观看全国各地的路况、超市、商场等直播细节，甚至可以观看部分“播客”家中的生活场景。

一方面网络直播平台的大范围普及，使得直播的形式越来越多样化，除了原有的一对多形式的直播聊天外，还包括户外直播、吃播、运动、书法、美妆以及翻唱表演等方面的内容。有一些直播内容是播主自己的生活内容，另一些则涉及了不知情的人或事物。例如，在健身直播中，在视频直播时，健身馆里的其他人员可能并不知情。从保护人身权益的法律观点来看，这种直播行为由于未受到当事人的许可，直接将他人的信息、行为、肖像在平台上公布，是属于触犯法律的行为，侵害了他人的权益。

另一方面，面向新闻媒体，《安全技术防范管理条例》有规定，在摄像资料的使用上只能为公共利益使用，比如预防打击犯罪、社会管理等，不能用于娱乐性直播。除了新闻类直播之外，其余类型的直播都可能涉嫌侵犯隐私。

二、版权风险

网络直播平台是知识产权侵权的重灾区，主要表现在直播时“图文、背景音乐，涉及文学、文艺作品”等方面的内容。对于媒体机构而言，一方面需要进一步提高知识产权保护意识，采取规范记者行为、特别是针对签署劳动合同的记者的行为；另一方面，要加强行业自律，必要时应当开展记者的法律培训，净化平台环境；再者，应加强监管和自查，对于存在侵权风险的直播，应当及时制止并加以引导。对于平台方，正在热播、热卖的作品，版权行政管理部门公布的重点监管作品，以及权利人已向平台服务商发送了权利声明的作品等应尽到特别注意的义务，并提供版权投诉与处理通道。

2022年2月10日，国家广电总局印发《“十四五”中国电视剧发展规划》(以下简称《规划》),强调“强化电视剧领域知识产权全链条保护,增强全行业尊重和保护知识产权的意识。加强电视剧市场信用体系建设,依法依规健全跨行业、跨部门的信用联合惩戒机制”。《规划》的出台,体现了我国不断加大知识产权保护力度、改善优化营商环境的决心与态度。同时,广电总局广播电视科学研究院联合产业链19家机构发布《“视听链”共建方案与接入指南》,开展视听内容信息共享、版权可信交易、版权监测共享、版权维权存证等创新服务,支撑视听行业新型盗版治理,提升全行业版权维权效率。

三、责任风险

国家网信办和文化部的相关规定、通知,均将内容管理作为网络直播管理的重点。主要有三方面:

一是《互联网文化管理暂行规定》第十六条规定的禁止内容:

反对宪法确定的基本原则的;危害国家统一、主权和领土完整的;泄露国家秘密、危害国家安全或者损害国家荣誉和利益的;煽动民族仇恨、民族歧视,破坏民族团结,或者侵害民族风俗、习惯的;宣扬邪教、迷信的;散布谣言,扰乱社会秩序,破坏社会稳定的;宣扬淫秽、赌博、暴力或者教唆犯罪的;侮辱或者诽谤他人,侵害他人合法权益的;危害社会公德或者民族优秀文化传统的;有法律、行政法规和国家规定禁止的其他内容的。

二是文化部《网络表演管理通知》针对网络表演特别强调的禁止性内容,主要指:

利用人体缺陷或者以展示人体变异等方式招徕用户,或以恐怖、残忍、摧残表演者身心健康等方式以及以虐待动物等方式进行的网络表演活动;使用违法违规文化产品(如禁书、禁曲、禁片等)开展的网络表演活动;对直播进行格调低俗的广告宣传和市场推广行为等。

三是国家网信办《互联网直播服务管理规定》特别要求的内容,主

要指:

对于互联网新闻信息直播及其互动内容实施先审后发管理;对评论、弹幕等直播互动环节的实时管理。

四、相关法律法规索引

相关法律:《民法典》《电子商务法》《行政许可法》《反不正当竞争法》《广告法》《消费者权益保护法》《食品安全法》《产品质量法》《商标法》《专利法》《价格法》。

相关部门规章:《国家广播电视总局关于加强网络秀场直播和电商直播管理的通知》《关于加强网络表演管理工作的通知》《关于加强网络视听节目直播服务管理有关问题的通知》《互联网直播服务管理规定》《网络表演经营活动管理办法》《规范促销行为暂行规定》《网络交易监督管理办法》《关于加强网络直播营销活动监管的指导意见》《互联网直播营销信息内容服务管理规定(征求意见稿)》《关于加强网络秀场直播和电商直播管理的通知》《关于加强网络直播规范管理工作的指导意见》《网络直播营销管理办法(试行)》。

其他自律性规范:《网络直播营销行为规范》《视频直播购物运营和服务基本规范》《网络购物诚信服务体系评价指南》《网络直播和短视频营销平台自律公约》《直播电子商务管理规范》。

2.8 直播与短视频的融合

直播和短视频在表现形式、内容呈现和用户交互等方面具有各自的优势。直播能够实时呈现活动和现场,带给观众沉浸式体验,而短视频则可以快速传达信息,满足用户碎片化阅读的需求。将两者融合,可以充分发挥互补性的优势,提供更丰富、更立体的内容体验。

直播与短视频的融合形成了两种模式,即“短视频+直播”和“直播＋短视频”，其区别体现在以下几个方面：

一、核心业务不同

就新闻媒体而言，以视频业务为主题的业务部门多数在新闻中心，下设视频部门或视频栏目，然后再跟进团队能力和部门内容定位以及团队发展途径，绝大多数媒体会优选“直播＋”。直播具有实时性，能够第一时间传递信息和进行互动，满足观众对于时效性和参与感的需求。在内容上，直播可以呈现更丰富、更全面的内容，包括人物、场景、活动等，给予观众沉浸式的互动体验。同时因为“直播＋”主体可以面向业务服务，更具有操作上的轻便性和业务赋能的敏捷性，能够提高媒体业务服务的能力。

而“短视频＋”面向以时政新闻为主的团队，是他们的首选，一方面有可观的视频素材，另外在视频编辑上具有先天的系统熟悉度优势。时长上，短视频通常只有几分钟或十几分钟，符合现代人快节奏的生活方式和碎片化的时间分配。在内容上，短视频可以快速传达信息、表达观点和分享经验，具有简洁、直观的特点。作为短视频的周期性内容创作行为，直播会保有一定频次，但不太高，主要用于增强用户的黏性。

二、应用设计不同

面向媒体机构的视频业务应用设计，“短视频＋”的策略下更强调的是“流量＋主流价值”的综合应用。既要流量数据驱动下带动短视频制作与传播，又要紧随主流价值传导和热点跟进，这意味着要设计“量”“质”“效”多种手段来驱动“短视频＋”的业务发展。而“直播＋”的业务应用设计核心是“＋服务”，不管是发布主题新闻，还是时政新闻或突发新闻的视频直播，焦点还是面向“服务”，服务用户以让用户更清晰地了解现场、感受现场等。

当然，不管是“短视频＋”还是“直播＋”，随着内容的演变，媒体的视频综合能力主要表现在融合态上的能力，既能够玩转直播，又要能够出彩短视频。这是一种趋势,也是一个方向。也正因为在视频融合的理念之下,直播和短视频的融合化生产流程、机制、工具也随着业务、技术的发展而不断迭代更新。

三、直播与短视频的融合方法

直播拆编为短视频:在直播中,我们通过应用云非编、云录制、云拆条等工具,可以比较快速地对直播录像进行二次编辑加工,而在二次加工处理中,可以对直播画面画质、音效、包装、横竖屏转换、配音进行改善,剪辑生产精彩片段,提高直播的长尾流量。

直播插播短视频:直播中插播短视频也是短视频和直播融合的常用方法。一般而言在突发新闻直播中,可以在开场预设好先前的短视频画面,这样的做法既可以保证画面信号第一时间出流,做到新闻抢先,还可以给记者、编辑留出足够多的时间进行实时核查、文稿准备、资源调度与现场中转。同时,直播中插播短视频,也能够填补直播时连时断的问题。在特殊情况下,一些信号终端或画面异常,也会切到短视频片段。

短视频引流直播:在一些重大主题、专题策划、活动营销等过程中,可以通过短视频进行直播活动的预告,实现提前引发观众兴趣与期待,特别是在现在抖音、快手平台的分发算法加持下,短视频引流到直播的用户打开率大大提升。当然,这类短视频必须有一定的亮点、卖点、看点。

2.9 视频直播典型应用解析

备战春运——全媒体直播,记录不一样的回家路

春运,人类历史上周期性的、规模最大的“人口大迁徙”。

春运直播都是经过精心策划的,要在一系列同题直播中脱颖而出,创新和时效都很重要,这就考验了一个直播团队的新闻采编功力,提前策划选题、准备采访大纲、寻找受访对象,并通过形式的创新和新技术的

应用来增加热点的传播效应。

春运这场直播大战里,每一个媒体人的新闻敏感度都必须时刻在线,不容松懈。

1.选题篇:直播选题找得好,流量全都跟你跑

▩ 春运直播的本质是引起情感共鸣

如何引起共鸣?我们需要将视角锁定在回乡细分人群与返乡方式上。

回乡细分人群大致可分为求学、工作群体及部分春节探亲人群。

返乡方式:火车、高铁、飞机、长途客车、轮船、自驾、拼车、租车、旅行团。

为了激起"返乡大军"的广泛关注与传播,媒体记者们多放眼于特殊人群,如穷游回乡的学生、骑行回家的农民工、自驾探亲的新婚夫妇。他们拥有与众不同的回乡方式,通过镜头讲述这一个个充满感动的故事,往往能俘获巨大的流量。

▩ 春运交通实况报道是返乡人群时刻关注的内容

春运回乡,一票难求,一张回城的火车票算是最好的春节大礼。抢票攻略、列车班次、交通情况都是返乡人群关注的焦点。虽然交通实况报道在直播中略显无味,但却是最为常规性的选题,自带了一定的流量,是必不可少的内容。

▩ 春运工作人员专题

春运工作人员是一群可亲可敬的、默默坚守在工作岗位上的人,比如交通部门、记者、边防军人、演艺工作者等等。对于这帮小众人群的采访很容易激起还远在异乡、无法归家的游子们的共鸣。

2.实战篇:全媒体直播,多形式报道

▩ 多种直播形式丰富报道内容

"移动直播+广播互动"打通媒介壁垒,广播是春运路上最忠实的

陪伴。

趣看为浙江交通之声广播FM93提供了“零基础”搭建直播平台方案。趣看媒体云赋予了直播评论、打赏等互动功能，通过移动直播和广播电台双向联动的方式让广播电台真真正正打通不同媒体之间的天然壁垒。实现从传统广播电台内容输出到新媒体的多种模式互动，打造了新媒体电台直播的经典案例。

春运过程中，骑摩托车回家的“骑行大军”的骑行实录是每次春运的必备看点。如何打造该内容的新看点？趣看为澎湃新闻、中新社、《新京报》和腾讯新闻提供了新的模式，提供了每年春运看点的新角度。

■ 技术方案

随机采访型直播。春运现场直播多采用“单兵作战”模式，前方记者采用单机位方式采集前方突发事态的实时画面，并实时播报现场动态。

采集：手机＋稳定器＋充电宝/无人机。

制播：采编录播一体机＋实时图文包装＋安全垫片。

演播室专题型直播。对于经过专题策划的大型演播室前后方联动直播，媒体单位多采用虚拟演播室制播方案，通过连线调度与前方记者连麦，大大减少直播演播室投入成本，加上实时互动数据、专业CG包装、三维虚拟背景，便可以打造广电级演播室直播效果。

采集：手机＋稳定器＋充电宝/专业摄像机。

制播：采编录播一体机＋实时图文包装＋虚拟演播室＋背景文字图片资料＋安全垫片。

第三章

短视频技术与应用

3.1 短视频概述

短视频是一种互联网内容传播方式，一般指互联网新媒体上传播时长在5分钟以内的视频。短视频内容融合了新闻资讯、幽默搞怪、时尚潮流、社会热点、商业定制、科普教育、乡村振兴等主题。由于内容较短，可以单独成片，也可以成为系列栏目。随着互联网经济的出现，视频行业逐渐崛起一批优质UGC内容制作者，微博、快手、今日头条、微信、百度等互联网厂商纷纷入局短视频行业，招募了一批优秀的内容制作团队入驻。相比传统的图文，短视频不仅同样具有轻量化的特点，而且信息量大、表现力强、直观性好。人们利用碎片时间浏览短视频，并且通过点赞、分享、评论、弹幕进行社交互动，让短视频具备了大规模传播潜力，大大增加了短视频的影响力。

在用户规模和使用时长不断增长的同时，我国各短视频平台也在积极探索更多元化和更深层次的商业变现模式，短视频行业蓬勃发展，市场规模超高速增长。截至2023年6月，我国短视频行业市场规模达

2928.43亿元，用户规模达10.26亿，占整体网民规模的95.2%。[①]

随着国内的市场、技术和政策的不断完善，各个短视频机构迅速发展并展开差异化竞争，短视频彰显强大发展潜力。王晓红曾经按照短视频的功能设计与内容将国内市场的短视频应用分为三种类型，分别是综合类短视频平台、媒体类短视频平台和工具类短视频平台。综合类短视频平台通常具有社交属性、视频拍摄、购物等多种功能。社交类短视频的意图倾向于增加社交黏性、定位趋向于“社交平台”，代表性产品有抖音、快手、哔哩哔哩等。媒体类短视频平台主打特定领域，注重对于新闻资讯类信息的传播与报道，将新闻和内容作为卖点。趋势是制作功能普遍化、技术门槛降低、用户创造性不断增长以及信息娱乐化，如梨视频、人民视频等。工具类短视频指的是以视频剪辑功能为主的短视频平台。工具类短视频具备一键分享到其他平台的功能，并且注重各项功能的易用性和友好性。普通用户能利用便捷的视频制作工具生产内容、分享并发布，如剪映、快剪、趣看等。如今，三种短视频类型的界限逐渐模糊，短视频在整体内容上也逐渐两极分化：或偏向于娱乐，或偏向于新闻资讯。而新闻资讯类的短视频，正逐渐成为一种新的新闻模式。

视频内容定位要以用户需求为中心，锁定目标群体，提炼主流需求，解决用户的痛点。

一、短视频内容分类

短视频内容的分类当前尚无统一标准，笔者从平台品类、内容主题、内容组织三个维度进行阐述。

首先，从平台分类来看，以抖音、快手、视频号、央视、澎湃为例，内容有音乐、美食、剧情、搞笑、二次元、游戏、汽车、旅游、财经等20多种。这些

---

① 参见Mob研究院发布的《2023年短视频行业研究报告》与中国互联网络信息中心发布的《第52次中国互联网络发展状况统计报告》，数据截至2023年6月。

分类多以标签形式存在于系统平台，一方面便于平台就内容分发进行算法匹配，另一方面也便于提高系统媒资存储管理效率。当然，从运营角度看，这也便于进一步的商业化运营、经营，比如媒体平台下的围观、大都会等品类便是基于政务运营、服务角度产生的分类。

表 3.1-1　短视频平台内容分类

抖音	快手		视频号	央视小央视频	澎湃视频
音乐	音乐	教育	音乐	时政	七环视频
美食	美食	才艺	美食	资讯	温度计
剧情	美妆	历史		军事	一级现场
搞笑	搞笑	宗教		热评	World 湃
二次元	二次元	读书		纪实	记录湃
游戏	游戏	情感	游戏	教育	围观
影视综艺娱乐	影视综艺娱乐	星座命理	影视综艺娱乐	科普	@所有人
汽车	生活	亲子			大都会
旅游/风景	旅游/风景	摄影	旅游/风景		追光灯
体育/运动	体育/运动	高清数码	体育/运动		运动装
科技/科学	科技/科学	资讯			健寻记
财经	财经	军事			AI播报
舞蹈	舞蹈	房产居家			眼界
颜值	颜值	法律			关键帧
娱乐	娱乐	穿搭			世界会客厅
特有	随手拍 三农 健康	动物 奇人异象 短剧	知识 生活		暖闻

其次，按内容主题进行分类，比较常见的为时政新闻。这类内容大多以当下时事政治为出发点，采用转、评、叙的方式进行制作。这类短视频内容多以快为主，发力点也在快。此外，访谈类短视频也是近年在各大平台大受欢迎的分类，无论是对大人物还是小人物的访谈，均聚焦在热点事件、观点、看法上。这类视频节奏较快、主题鲜明、拓展性强，广受媒体欢迎，但难处在于选题与制作中的效率与成本较难平衡。常见内容主题分类还有时事新闻类、访谈类、实用技能类、正能量类、文艺清新类、才艺展示类、电影解说类、时尚美妆类，等等。

再次，便是按内容组织形态进行分类。这种方式主要以从技术量化角度出发为主，不管按短、中、长的时长维度，还是横、竖屏短视频或VR全景短视频，再或是按照编码方式所体现出来的高清与超高清，甚至按技术支撑实现的数据短视频或三维动画短视频，均是可以技术量化的分类。常见的有短视频、中视频、长视频，横屏、竖屏短视频、VR短视频，高清视频、超高清视频，数据视频、三维视频、动画视频，等等。

最后，就泛新闻资讯类短视频类型来单独进行分析。我国的泛新闻资讯类短视频，按照其自身特点，可以分为三个类别。第一类是传统媒体机构通过革新技术、适应市场潮流，从而推出的新闻资讯类短视频服务，以反哺主流媒体。第二类是在内容上逐渐垂直化、定位精准化的自媒体号。其在不同平台分享内容以满足某个领域的市场需求。第三类是专门化的新闻短视频应用。这种应用自身作为一个平台，满足不同用户的生产与分享需求。从展示形式的不同，可分为如下形式：

图文展示形式 图文展示形式一般是一张底图加上一些要表达的文字，有的也会出现与内容有关的人物。

知识分享形式 知识分享形式的短视频变现能力很强，要想做好这类短视频，最关键的是内容要有“干货”，要能打破用户的认知，为用户提供价值，这样才能赢得用户的信任，并让其持续关注。

解说形式　解说形式的短视频一般为短视频创作者对影视作品的解说。

情景短剧形式　情景短剧形式的短视频是通过视频中人物的表演把中心思想传达给用户，其成本相对较高。因为剧情对主题和情节有着较高的要求，所以短视频创作者要提前准备文案脚本。

视频博客形式　视频博客，即Vlog，又称视频网络日志，是创作者（Vlogger）以影像代替文字或照片，创作个人日志，并上传到短视频平台给网友分享。

创意表达形式　这类视频比较大的一个特点就是视频时长比较短，通常都在15秒左右，注重视频的特效以及视觉效果，偏向充满趣味性和创意性，视频的形式感大于视频本身的内容。

泛资讯形式　这类形式的视频通过现场采编、爆料视频、拍客视频、监控画面等多来源的新闻素材，通过媒体加工，形成新闻视频内容。

二、新闻短视频的特点

艾媒咨询数据显示，互联网用户对新闻短视频的需求仅次于搞笑幽默与生活技能类产品。当前，我国搜索引擎用户规模达8.41亿人，较2022年12月增长3963万人，占网民整体的78.0%。中国网民每天人均浏览新闻资讯时长为59.9分钟，新闻短视频是网民第二喜爱的资讯方式，其中19—39岁用户更偏爱新闻短视频。[①]

对于新闻短视频，清华大学新闻与传播学院常江副教授如此定义："新闻短视频是一种新型视频新闻产品，其长度需以秒为单位，一则新闻短视频通常不超过5分钟，通过在智能终端进行美化编辑后，在各社交平台上进行实时共享。"

---

① 参见中国互联网络信息中心发布的《第52次中国互联网络发展状况统计报告》，数据截至2023年6月。

短视频已逐渐成为新闻信息呈现的主要形式之一，越来越多的主流媒体开始尝试利用短视频推动自身的融合转型升级。目前，短视频市场已经形成抖音、快手、视频号三个平台遥遥领先的局面。虽然各平台受众不同，但由于消费用户群和创作用户群的重合度较高，内容差异化竞争并不明显，然而内容为王，各平台已进入内容深耕阶段。为适应视频新媒体渠道建设与传播声量需要，国内许多主流媒体都在各大移动端平台，拥有属于自己的短视频新闻创作号，诸如抖音、快手、澎湃新闻、腾讯新闻、央视频、长江云等，形成了热门平台加自有App的视频化转型，呈现了新闻短视频传播矩阵。新闻媒体也在不断探索生产“爆款视频”的模式，通过精心策划和制作，利用短视频的互动性，打造具有吸引力与影响力的短视频作品，提高新闻传播的效果与用户的参与度。

总结来看，新闻短视频有如下特点：

1.“新、快、短”的单场景叙事或展示，PUGC凸显主流价值

相较传统电视新闻强调因果关系和内在逻辑关系，新闻短视频因篇幅短小，要全部展现逻辑关系较为艰难，做不到像电视那样结构化展现时间线索，展示新闻事件的前因后果、完整情节，所以多立足于单场景叙事或单一的空间展示并且以一种基于互联网尤其是移动互联网进行信息传播的新的内容方式进行呈现。这种新的方式的核心体现在“新、快、短”三个字上。

“新”是指新闻类短视频应当具有新闻性，是对具有社会意义和公共价值的事件或其他新近发生的社会与自然环境的变化以及各种新发现、新事物所作出的记录和报道。以真实现场为主体的短视频的内容要符合社会主流价值观。

“快”是讲求时效。新闻类短视频的上传和发布都应该是快节奏的，从事件发生到相关短视频在公共平台上出现，新闻类短视频要尽可能在

最短时间内送达用户。

“短”是短视频在时长上的衡量维度。在单一空间以绝对的短时进行呈现,需要极大的专业度。[①]短视频简洁明了的内容,有助于用户使用移动终端时,利用碎片化的时间接受信息;短视频简短精练且相对完整的形式适合用于新闻报道,有利于社会整体传播效率的提升。这既是当下移动传播带来的必然趋势,也是用户的必然选择。

移动设备发展激起的“大众业余化”导致了短视频环境中“人人皆为通讯社”的传播现状。越来越多的媒体机构开始基于三个关键元素的有效结合构建生产模式:专业团队、编辑团队和拍客网络。基于UGC内容,各媒体自有平台组建专业审核系统来鉴别真伪、交叉审核、控制质量、剪辑以及对内容价值观进行把控,确保符合主流价值观,从而在平台上生产大量的短视频新闻。这一方面使得自有平台内容不断充盈,另一方面也可以进行二次传播分发获取更多的流量传播。

2. 生产流程简单化,制作门槛低,传统的内容制作+联合强力的分发渠道

在移动视频新势能爆发的大趋势下,一批传统媒体选择顺势而为,充分借助短视频和直播的“风口”进行转型。这其中当数新京报“我们视频”、东方早报“澎湃新闻”的转型最具典型性。相比传统视频节目“大”制作,新闻短视频毫无疑问是“小”制作了。一方面,从新闻视频的生产流程角度来看,“报选题→采访求证拿料拍摄→后期编辑→审核发布”标准业务流中,融合了“线索求证→制作→审发”三节点流程,再进一步进化到“现场制作→审发”两节点的生产流程。除去审核的流程,生产流程已然基于信息技术的迭代进行了非常大的升级。而在制作这一侧,一部手机

① 黑豹说《2021年度新闻短视频媒体年度观察》报告,用大数据监测到,新闻视频时长在15—24秒。

拍、剪基本也可以覆盖简单视频制作需求。

新京报提出“全领域视频化”，或许能更好地解释传统媒体对待短视频的态度，就是除了社会时政等已经开始视频化表达的方面，其他比如经济、文娱、体育、汽车、房产等垂类领域，也开始着力视频化。新京报作为传统纸媒之一，在面对数字化浪潮时及时转型，一方面作为传统媒体尽力开发优质新闻内容生产能力，另一方面主动与国内互联网巨头腾讯新闻合作。在强强联合下，新京报“我们视频”于2016年9月上线后，一年时间就生产了5000多条短视频，仅腾讯视频单个平台，就创下了34亿次点击量的“流量现象”。“我们视频”团队规模和产量稳中有进。2020年5月，“我们视频”前、后方采编队伍达156人(含部分长期实习生)，原创新闻视频在工作日的日均产量稳定在135条以上，全网日均流量2亿多。而澎湃新闻，刘永钢在澎湃新闻六周年战略发布会的演讲中提到，2020年1—5月发布的关于抗击疫情的原创报道有1.5万篇，直播470多场，短视频5234条，海报370多张，澎湃视频日产量已占到整个澎湃原创报道总量的近50%。

3.内容精致且垂直定位精准，视频社交属性凸显，拉动话题性

短视频并非传统视频的微缩版，而是社交的延续，是一种信息传递的新方式。社交的本质是沟通与分享。它体现在人们投入沟通的时间以及互动当中分享的渴望，分享自己的喜怒哀乐，分享生活中的点点滴滴。因此，社交的本质就可以用一句话概括：“时间上投入沟通以及在互动当中的分享。”短视频具有信息传播力强、范围广、强交互性的特点，为用户创作和分享短视频提供了有利条件。短视频碎片化的传播模式让我们能在闲暇时间进行浏览，从生活的压力中暂时解脱，转移注意力和转换心绪，产生心理上的愉悦。基于获取信息娱乐消遣的动机，我们在平台上呈现的通常都是与现实生活中不一样的自己。短平快的社交视频形式适应了移动互联网时代我们高效率碎片化的时间

管理和压力释放，以及表达和观看的需求，致使短视频形成“病毒式”传播。

三、爆款新闻短视频内容的制作

每个短视频平台风格与算法逻辑不尽相同，因此我们需要根据每个平台的特性来制定并展开相应的运营策略。为了吸引不同“圈层”的用户关注，我们需要通过提供高质量、有时效性的内容，围绕热点话题进行追踪报道和评论，树立媒体有观点、有立场、有情感的“人设”。同时，我们还需要对用户画像进行细分的运营标识，比如年龄、性别、职业领域、喜好，以便更好地满足不同用户的需求。在内容生产运营层面，要感性地分析内容，从用户反馈与数据呈现两方面来优化内容。数据运营则需依据目前转、评、赞的数据进行剖析，得出哪些内容需要优化，以及优化的方向策略。而对于新闻短视频选怎样的赛道、做什么样的定位、做怎样的人设，我们都要结合业内最新研究成果，并且分析多年沉淀的用户数据，以便更好地了解用户需求和市场趋势。

1.爆款新闻短视频的三大法则

一是情怀。

从古至今，中国人的血脉中一直都有家国情怀。在重大纪念日新闻事件中，主流媒体应利用短视频平台，构建差异性的内容产品集群，击中网民爱国、爱家之情，提高主流媒体在新媒体上的影响力和公信力。新闻视频化也是流行趋势，场景化特点让短视频新闻拥有独一无二的传播优势。如央视新闻2023年10月1日发布的《为祖国的繁荣昌盛点赞，我爱你中国》，视频记录了国庆节当天天安门前的升旗仪式，很快即获得了347.4万个点赞。这则视频无疑激起了网民心中浓烈的爱国之情。与此同时，新闻短视频平台还应该确定自身定位，紧紧围绕用户关注的重大热点事件，持续追踪报道，并且追加评论，形成新闻传播矩阵。比如人民日报抖音号对自身的定位就是国家权威的新闻短视频内容创作者，它的口号是“参与、沟通、记录时代”。平台发布的视频多是原创政治、经济、文化、社会新闻内容，形成了强大的内容聚焦能力，将专业权威的、有温度的内容产品触达给全国的用户。

二是情感。

传统主流媒体认为新闻应该是客观的，不带任何主观偏见的。但是在如今短视频环境下，在尊重客观事实的基础上，适当流露具有主观偏向的情感，往往能获取不错的传播效果。

例如人民日报于2023年10月23日在抖音号上发布一条视频《兄弟两人轮流用背篓背母亲去医院。网友：你养我长大，我陪你到老》，点赞达134.3万，内容是一名老人因为坐车晕车，她的两个儿子用背篓背着带她去医院。背篓较沉，路上两兄弟轮流换着背。

图3.1–1　兄弟两人轮流用背篓背母亲去医院的视频截图及其评论区

画面在背景音乐的渲染下感动了很多用户。由此可见,“情感传播”是短视频传播语境下所必需的,谁读懂了用户的心理需求,谁就拥有关注度和流量。只不过,这也造成一个新的议题,就是如何在“真实客观”和“情感传播”之间寻求新的平衡。

当然,在碎片化浏览的环境下,互联网用户普遍持一种焦虑情绪,通过“高潮前置”的方法,把关键画面放在5秒内出现,将大大提升视频的完播率。

三是情况。

除了本身就具备趣味性的内容,新闻短视频创作者还要提升从一些普通事件中提炼“什么情况”的看点的能力,并通过后期编辑和包装,提升短视频的可看性。在画面编辑上,可使用流行表情包,添加特效和花字,还可以通过配乐渲染气氛吸引观众。新闻短视频内容越接地气,越是有趣,越人性化,视角越细腻,就越能打动用户。

四、短视频IP打造

在制定短视频IP打造计划之前,需要明确目标受众,了解他们的年龄、性别、职业领域、喜好等,以便针对不同受众制定相应的内容策略和运营方案。在明确受众之后,进一步锁定短视频IP类型,如资讯型、故事型、产品型、知识型、生活型、搞笑型等。

在打造视频人设时,创作者还需要考虑以下几个方面:

首先,人设即标签。它能够让观众快速了解创作者的特点和风格。因此,创作者需要选择与自身实际情况相符的人设特质,并且要与自己的特长和优点相符合,这样才能够让观众更容易产生共鸣和认可。特别是媒体MCN机构作为整体IP池构建的时候,就需要能够统一规划。而作为媒体工作室而言,这个人设一般以内容栏目的定位、主要出镜的记者进行定位,比如新民完播的帮帮侬工作室,便以钱俊毅为IP形象,构建了这档直爽、聚焦、直面的IP帮办类栏目定位。

其次，人设的塑造不是一蹴而就的，需要从自身实际情况出发，根据自己的特长和优点筛选人设特质。需要选取人物或角色的一两个点来塑造人设，不要刻意追求“大而全”，这样才能让人设更加鲜明、生动。而一旦确立人设，要一以贯之，切不可随意改变，因为只有长久坚持，才能在用户心中形成稳定、清晰的形象。

最后，人设要依靠特定人物在特定场景中发生的事件来体现，也就是说创作者可以通过环境、人物关系、行动等因素来塑造和强化人设属性。在打造人设时，创作者要充分考虑到该账号面向的主要用户群体，通过调研做出用户画像，从用户的视角来审视人设的标签，去掉一些用户群体偏好较少甚至排斥的标签，从而增强人设对用户群体的吸引力。

2. 塑造具有辨识度的IP形象

塑造具有辨识度的IP形象最关键的是要具备独特性与树立品牌形象，具体可通过视觉强化和运营强化双向赋能给IP形象。从操作层面来看，视觉强化重点要关注头像、主题背景等，IP展示要有个性，符合定位。主页背景图是抖音平台给出的仅有的几个信息展出位置，是抖音账号的门面，有效地利用这一位置可以快速实现用户增长。除此之外，创作者要将账号出镜人员的造型固化下来，以培养用户的认知，尤其是发型、服装可以强化人设，使人物的形象更立体、更突出。创作者要根据短视频的内容选择具有统一的风格调性、色调、字体和样式的封面，让内容与封面有紧密的关联性，从而强化用户对人设的印象。

人格强化方面，创作者可以从自身特点、关键利益点出发高度浓缩和提炼口头禅，在每个短视频中进行强化，从而在潜移默化中让用户牢牢记住。标签是对人设的辅助定性，也可以强化人设，使人设变得丰满起来，增强用户的信任感。可以在出镜的人物、场景中时常出现一些标志符号。标志符号一般以道具、标志动作、标志性的背景音乐为主，可以起到提高辨识度的作用，同时给用户带来心理暗示。名号是指IP所获得的荣誉和称号，代表着该IP获得的成就。只要IP拥有了某种名号，就要放到账号简介中，以便于快速强化用户的认知，还可以通过CG包装把名号直接呈现在画面上。

3.持续打造优质短视频内容

持续打造优质短视频内容需要注重创意的策划、采编的质量、剪辑的高效、持续的用户互动与反馈并改进等方面。持续打造优质内容，无论是从当下还是长远，均有利于IP的打造。通常，可以通过如下的方式来使得内容持续化。

构建具有正能量、高颜值，有知识型内容、实用型内容等的多维度的内容体系；代入情感暖人，萌态十足，如萌娃、萌宠、萌系玩偶、搞笑幽默的多元化的情感元素；提升技艺以持续提升效果。

4.做好用户维护，扩大影响力，拓宽IP价值

当某个内容到能称之为“IP”的时候，就要从长远策略进行维护，业内俗称“爱惜羽毛”。拓宽IP价值不仅是“商业价值”，而且要综合考虑“连接”价值。“连接”方能拓宽，主要有以用户为中心的积极互动，提高用户的参与度。统建多平台发布，扩大在不同平台、圈层的覆盖，如李子柒的内容既在Youtube上分发，也在抖音同步。当然，不同IP在不同阶段的多平台策略也不尽相同，比如深耕垂直领域的IP，就可能采用的是单一渠道深耕。商业模式的闭环能推动价值的商业化。广告推广、进驻MCN机构、挖掘变现能力，这些方式均是在拓宽IP价值上的商业拼图，只有拼图完整，方能长治久安。

3.2　视频内容创作者分类

随着技术的不断发展与应用，视频内容创作者越来越多，面向众多

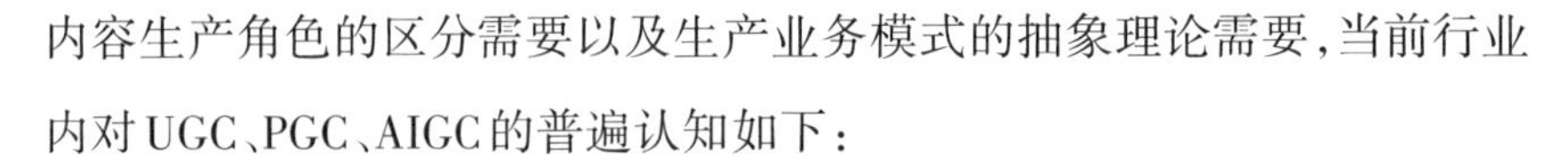

内容生产角色的区分需要以及生产业务模式的抽象理论需要，当前行业内对UGC、PGC、AIGC的普遍认知如下：

一、UGC

传统媒体时代，新闻生产由专业的生产者主导，用户与新闻专业生产者之间有明确的界限。传统媒体在内容生产方面掌握着核心，处于绝对领导地位。然而随着互联网和短视频的发展和移动智能终端的普及，用户与传统媒体在新闻生产中的界限逐渐变得模糊，UGC（用户生产内容）成为一种新的新闻生产模式。如新京报“我们视频”成立UGC团队拍摄组。UGC模式不需要大量资金投入，对网络带宽的耗费成本也较低。随着短视频成为互联网信息传播的重要方式之一，之前未曾尝试过视频传播方式的用户开始尝试新兴媒介。UGC的一个重要的关键特性是写作门槛低，大众可参与创作与分享的全过程，创作者工作能力得到了认可与赞赏，满足了新闻内容创作者在社交媒体寻求归属的需求与自身价值的需求。同时，创作者身份能够持续获得认可和加强，用户对短视频这一方式的接受程度和了解度也随之提高。这将使用户更有可能尝试这种行为，并将其转换为一种下意识的个人习惯。相比传统生产模式，UGC模式的新闻素材更加丰富多样，来源更广泛。传统的生产模式使得新闻记者难以第一时间抵达所有地区进行采访，从而产生滞后效应。而UGC模式能在遭遇重特大紧急事件时迅速获得第一手资料，提供新鲜、及时的新闻报道。然而，由于UGC模式的信息内容经营者众多，内容质量参差不齐，短视频化媒体仍然要维持报道的高品质产出率，恪守内容原创的黄金原则。在这个过程中，PGC模式发挥了重要作用。

二、PGC

对于内容型新闻产品来说，UGC和PGC各有其优势和特点。UGC主要是为了促进内容生成与流通，但产出质量和社区氛围控制着用户的黏性，所以尽管UGC共享了90%以上的内容，但是从播放量看，排名靠前的PGC占比90%，PGC生产模式就是由专业新闻人员进行新闻视频生产。相比于UGC，PGC产出的新闻质量与深度都更好。当前主流媒体在新闻生产过程中仍主要以PGC模式为主，围绕PGC来进行新闻短视频的内容生产。传统媒体对于新闻工作有着极高的专业性要求，在纸媒向视频化转型的过程中依然注重新闻的质量和专业内容，生产团队对视频的专业性、策划性要求更高。内容的高质量就是依托于专业新闻团队和专业新闻人员来进行视频新闻内容生产。当用户生产原创内容后，视频编辑要依靠自身极强的专业性对UGC用户生产的新闻进行编辑，保证新闻视频内容的规范性、客观性和经营性。实现PGC与UGC协同发展，联合进行内容生产。

三、PUGC

PUGC实现了UGC与PGC的结合。PGC在新闻内容生产中占据绝对的主导力量，保证了内容与质量的真实性与专业性，但在新媒体，尤其是短视频新闻迅速发展的今天，PGC已经难以满足用户需求。UGC生产方式在互联网发展初期全民生产新闻的时代效果显著，增强了受众的参与感，但UGC的新闻质量难以保证，素材的真实性以及拍摄产生的问题都极大地影响着新闻传播质量，产生了各种各样的问题。由此，不少媒体衍生出“PGC＋UGC”叠加的内容生产模式。PUGC生产模式衍生出“网民参与＋机构创作＋平台运营”三位一体的运营模式，既保证了新闻生产的专业性和高质量，又保证用户参与的满意度和输出观点的机会。

同时，诸如澎湃、潮新闻、人民视频等媒体还拥有强大的“拍客”“潮客”“湃客”团队并不断扩招，大部分由具有社会责任感以及关心热点事件的社会群体组成。他们大都擅长独立思考，对于新闻事件有自己独特的解读。同时，他们也善于用镜头记录生活并进行影像表达和视觉传递。仅依靠记者获取新闻素材的时代已经过去,新的时代正在来临。PUGC生产模式既保证了新闻内容生产的质量,又满足了新闻信息的多方位需求,这也必将是适应短视频新闻生产的重要模式。

四、AIGC

AIGC指利用人工智能来生成所需要的内容。其中,通过AI生产的新闻被称作AIG新闻。其生产过程包括多个环节:首先通过摄像头、传感器、无人机等方式采集、获取新的视音频、数据信息,这些信息经由图像识别、视频识别、大模型等技术处理后,使得机器能够进行内容理解和新闻价值判断。依托于大数据的“传播大脑”会将新理解的内容与已有数据进行关联,对语义进行检索和重排,从而智能地生产新闻稿件。同时,人工智能还将基于文字稿件和采集的多媒体素材,经过视频编辑、语音合成、数据可视化等一系列过程,生成富媒体新闻。相比传统的新闻生产方式,AIGC新闻的生产过程更加高效、智能化。它能够快速地处理大量数据和信息,并自动生成具有专业水平的新闻稿件和富媒体内容。这种技术的应用不仅可以提高新闻生产的效率和质量,还可以扩大新闻报道的范围和影响力。

然而,AIGC也存在一些挑战和限制。人工智能在处理复杂和多变的信息时可能存在不足之处。同时,AIGC生产需要大量数据和算法支持,成本较高。此外,人工智能在判断新闻价值和进行创造性思考方面仍然存在局限性。因此,在利用AIGC技术进行新闻生产时,需要结合人类的专业知识和经验来进行判断和调整。同时,需要不断优化算法和模型,提高人工智能的技术水平,以更好地适应不断变化和发展的新闻报道需求。

五、OGC

OGC(Occupationally Generated Content),即职业内容生产,主要由具有专业知识背景的行业人士,如企业的官方媒体、记者与编辑等进行的内容生产。这些专业人士以生产内容为职业,并获得相应报酬。OGC对于内容生产者设置了较高的门槛,不仅要求具备知识或资历,还要求有职业身份,最大限度筛选出具备专业能力的生产者,从而有助于提升内容质量,生产出更多更高品质的内容。OGC的优势是具有权威性、专业性、商业化闭环好。劣势是容易有品牌影响,具有品牌倾向性,不容易客观、公正。

六、其他定义的内容创作者分类

BGC:大B和小B生产的内容。如果内容平台同时连接商户,商户分为大B和小B,大B是大商户,小B是中小商户。内容平台上可以有商户创造的内容和提供的服务。比如在小红书,你可以看到一些民宿业主拍自己的房子和环境等。优势是,对内容掌握全面,资源丰富,还可以提供服务,甚至优惠。劣势是,容易有推销之嫌,不被用户信赖,容易歪曲事实和内容,不够客观。

AGC:广告主生产的内容。现在广告主不全是委托蓝标等来制作广告,而是把广告放在内容里,让内容和广告难以区分。优势是,让广告融入内容流中,提高广告的曝光率和用户认知;劣势是,需要比较大的制作成本,为广告量身定制内容,而且条数不能太多。

GGC:政府和官方生产的内容。政府不是指政府媒体,而是政府官方机构,比如国家统计局、地方省政府、市(区、县)政府等。这些机构生产的内容,用来告知重大的消息。优势是内容有权威性、号召力,是国家和地方政府应该选择的一种内容展现和品牌展现方式。劣势是对内容审核要求极高,内容调性要求高,可以混合在内容流其他内容里展现。

MCNGC:MCN生产的内容。原则上,MCNGC属于PGC。但是因为MCN实在太强大了,以至于可以单独作为一个内容生产者来看。我们在抖音上看到的大多数内容已经都快隶属于MCNGC了,因为需要精良的剧本创作,视频的拍摄,脚本的撰写,不是UGC能比拼的了。这里面需要专业的团队。其中MCN不仅提供专业的团队支持,还能分析清楚内容平台的趋势,及时捕捉这些趋势制作对应的内容。优势是,可批量生产高质量的内容,爆款多、变化灵活,专业机构、专业公司制作,商业化机会多,盈利模式多样(广告、电商、直营)。劣势是,内容为了流量而生产,质量、内涵、品牌性、独特性不够。

CGC:公司生产的内容。有一类公司不仅是内容平台(平台是对接各方的意思),而且是内容生产者本身,自己也制作内容(原生内容或者编辑再推荐和编辑的内容),或者大量搬运内容。优势是公司有自己的调性,内容一致性、深度性好。劣势是,生产速度可能比较慢,生产数量可能不多,很难有海量内容。

3.3 视频制作模式与工具

随着视频处理技术与算力的提升,越来越多的视频制作模式在实际应用中推出,当前被大众普遍认知的"现场实时制作""后期制作""云制作"最被大家熟知。

现场实时制作:现场实时制作是指应用采编录播一体化系统,实现现场采、编、发一体,核心设备为采编录播一体机,通过基带或IP、网络把现场的音视频信号统一接入,现场导播根据内容需要进行同一现场的机位镜头实时切换、录制、包装、成片。对现场环境、表演、主持等的要求比较高,一般可能需要提前对脚本、预演,制作模式和技术核心来自视频直播,要求一气呵成,但相比直播,部分镜头可以进行替换和补更。目前现场实时制作的模式已经被广泛应用于政务新闻、文旅宣传、泛综艺制作。优势是即采即编,效率非常高。劣势是前期策划需要比较精密,成本略高。

后期制作(非编):后期制作是指素材通过前期的选题策划进行了素材采拍,采拍后的素材通过上载到本地,再进行集中化的视频精剪剪编。优势是这个模式下的剪辑相对而言更偏向精细化的大制作。劣势是制作周期会拉长。

前后分离(云制作):前后分离这种模式是介于实时制作和后期制作之间的一种制作模式,具备两者的制作优势。即具备有现场即拍即编既视感,又能够实现精良的后期制作,保障制作品质,同时还能够抢补素材,媒资共享。这个模式下,应用的是低延时网络制作机制。

"工欲善其事,必先利其器。"要应对上述制作模式下的视频制作需要,需要依据不同制作模式选择合适的工具。下面介绍各类型的视频制作创作及相应工具。

一、本地非编

电视技术的未来发展是全面走向数字化,这一趋势随着计算机技术的进步而加速。计算机技术已经深度渗入视频节目制作的每一个环节,并带来了很多新的理念和方法,使传统的制作、传输和播出方式发生了深刻变化。视频制作向数字过渡,必须首先从其核心部分引入非线性编辑系统。非线性编辑系统由计算机平台,视(音)频捕捉、处理和回放的图像卡(声卡)及编辑、特技、动画、字幕软件三部分组成。它将众多设备功能集于一身,如编辑机、特技机、字幕机、调音台以及二维和三维动画创作系统等诸多设备。让我们回顾一下非线性编辑系统产生、发展的历程。早在20世纪80年代初,有先驱者用几十台放机通过一个多路开关对一台录机下载素材,以做到可以从任何一台放机取任何一段素材编辑成新带,这就是电视非线性编辑的雏形。尽管这种方式在当时显得原始而笨拙,但建立了非线性编辑的新概念。20世纪90年代初,视频码率压缩技术的标准化和多媒体计算机的普及为非线性编辑方式的应用打开了新的春天。

1990年,非线性编辑系统的雏形产品桌面演播系统开始上市。这个阶段之后,更多的非线性编辑系统如雨后春笋般涌现,例如1993年美国ImMIX公司在NAB上推出的Video Cube非线性编辑系统,紧接着Media Composer 1000、Studio 2300、Media 100等非线性编辑系统纷纷推出。

1995年,AVID向人们演示MC-1000的实时功能,在一台计算机中插一块板卡就能替代众多的传统设备,完成电视节目的后期制作。这引起了人们的兴趣。与此同时,DPS推出了单通道带SCSI接口的PVR3500,集视频采集、压缩、回放于一体,配上Adobe公司的编辑软件Premiere,在一台PC机上就可以实现非线性编辑功能。Truevision、FAST、Miro、Digital Video Arts等公司也向市场抛出自己的板卡。而国产非线性编辑系统以其具有高起点、多通道、多层图像、全实时、易操作的特点,逐渐被用户接受。同时,随着计算机硬件性能的提升,视频编辑处理对专用器件的依赖逐渐降低,而软件的作用则更加突出。

目前,非线性编辑系统正朝着网络化、高清化、简便化的方向发展。网络化使得电视节目素材、节目和资源的共享变得可能,大大提高了制作效率;而高清电视的普及则对非线性编辑系统的性能提出了更高的要求。

网络化 非线性编辑系统的网络化,可充分利用网络方便地传输数码视频,使电视节目素材、节目和资源实现共享,由原来的一对一、点对点的互相拷贝,变成点对面的网络技术。随着电视领域向着数字化方向快速发展,不断成熟与发展的非线性编辑系统及以其为站点搭建而成的非线性编辑制作网络正以其高效灵活、制作精良以及较好的性能价格比等诸多优点,成为电视节目制作领域的主流设备。许多省、市电视台,电视节目制作公司甚至已经实现了电视节目制作、播出的整体网络化。

超高清化　随着5G时代的到来，4k超高清也开始普及与普惠，其分辨率为3840×2160（横）/2160×3840（竖），这种超高清画面不仅符合人眼的视觉习惯，而且提供了更丰富的信息、更锐利的画面、更鲜艳的色彩，再搭配上立体声或5.1环绕声音效，对观众具有很强的吸引力。尽管我们国家数字电视已发展了好些年，但普及程度并未达到预期。然而，美国市场90%的电视台开始制作高清节目，播出的节目中55%是高清节目，而在黄金时段，高清节目的播出更是占到了85%。[①]正因为高清电视较标清电视有许多方面的市场优势，人们对它的期盼就非常高。2022年举办的北京冬奥会大力推广采用数字超高清进行信号的录制和传送，这是科技奥运最重要的体现。

实现简单化　随着计算机系统架构的革新，高配置的计算机平台所能提供的运算能力已经接近甚至超越了专用板卡，多核处理器和PCIExpress总线的普及使非编系统完全摆脱了对专用硬件板卡的依赖，实现了编辑系统通过简单的软件更新就能实现功能扩充和性能提升。于是产生了基于CPU＋GPU＋I/O的新型视频处理构架。在此构架中CPU实现视音频数据的编解码运算。同时，GPU（Graphic Proessing Unit，显卡处理芯片）完成视频特技效果的处理，应用PCIExpress架构的计算机平台，可以提供理论上的4Gb下行带宽，533Mb到1Gb的上行带宽，实际传输时已经可以达到在显示内存中将所有特技效果合成完毕的视频数据实时传送回系统内存所要求的传输速度。

常用的本地非编系统如下：

Premiere：Adobe Premiere是一款编辑画面质量比较好的软件，有较好的兼容性，且可以与Adobe公司推出的其他软件相互协作。目前这款

---

① 参见薛巧珍：《我国有线高清电视产业发展的主要问题与对策》，《中国广播电视学刊》2011年第3期。

软件广泛应用于广告制作和电视节目制作、个人剪辑制作中。常用的版本有CS4、CS5、CS6、CC2014、CC2015、CC2017、CC2018、CC2019、CC2020、CC2021、CC2022以及CC2023版本，其最新版本为Adobe Premiere Pro 2023，具有丰富的功能，包括视频剪辑、音频编辑、颜色校正、动态图形设计等，可以满足各种视频编辑需求。它支持各种输出格式，包括标清、高清和4k等，可以输出高质量的视频作品。它还有大量的插件可供选择，用户可以根据自己的需求选择不同的插件来扩展软件的功能。但也正因其作为专业级别的视频剪辑软件，对电脑配置要求较高，需要练习一段时间才能上手，对新手不怎么友好。但是，当你学会了PR以后，使用其他视频剪辑软件就都轻而易举能够驾驭了。

Final Cut Pro：Final Cut Pro是苹果公司开发的一款专业视频非线性编辑软件，于1999年首次推出，由Premiere创始人Randy Ubillos设计，充分利用了PowerPC G4处理器中的“极速引擎”（Velocity Engine）处理核心，它提供进行后期制作所需的一切功能，包括导入并组织媒体、编辑、添加效果、改善音效、颜色分级以及交付功能，例如不需要加装PCI卡就可以时时预览过渡与视频特技编辑、合成和特技。Matrox将给Final Cut Pro增加实时特性的硬件加速。Final Cut Pro支持原生64位软件，基于Cocoa编写，可以多路多核心处理器和GPU加速，支持后台渲染，可编辑从标清到5k的各种分辨率视频，ColorSync管理的色彩流水线则可保证全片色彩的一致性。该软件的界面设计相当友好，按钮位置得当，具有漂亮的3D感觉，拥有标准的项目窗口及大小可变的双监视器窗口。它运用Avid系统中含有的三点编辑功能，在preferences菜单中进行所有的DV预置之后，采集视频相当爽，用软件控制摄像机，可批量采集。Final Cut Pro X版本提供了新的Magnetic Timeline“磁性时间线”功能，可使多条剪辑片段如磁铁般吸合在一起，同时剪辑片段能够自动让位，避免剪辑冲突和同步问题，使得时间线更简洁，容易浏览。程序设计者选择邻接的编辑方式，剪辑是首尾相连放置的，切换（例如淡入淡出或划变）是通过在编辑点上双击指定的，并使用控制手柄来控制效果的长度以及入和出。Clip Connections片段相连功能可将B卷、音效和音乐等元素与主要视频片段链接在一起，Compound Clips可将一系列复杂元素规整折叠起来，Auditions则可将多个备选镜头收集到同一位置，循环播放来挑选最佳镜头。特技调色板具有很多切换选项，虽然大部分是时髦的飞行运动、卷页模式，然而，这些切换是可自定义的，它使Final Cut Pro优于只提供少许平凡运行特技的其他套装软件。如果您是使用Mac电脑，这款软件值得一试。

AE：Adobe After Effects是一款功能十分强大的视频后期处理类软件，它可以帮助用户创建各种复杂的视觉效果，包括视频合成、动画制作、跟踪和稳定、三维空间、粒子效果、调色和色彩校正等一系列操作。主要用于2D和3D合成、动画以及视觉上的效果制作，并且还适用于从事设计以及视频特技的机构，包括电视台、动画制作公司、个人后期制作工作室以及多媒体工作室，也有越来越多的人会在网页设计以及图形设计中使用。AE也可以与Adobe公司的其他软件无缝协作，如Photoshop、Illustrator等，方便用户进行综合设计。此外，Adobe After Effects还支持第三方插件，可以扩展软件的功能，制作更复杂的特效。

Vegas：Vegas pro是一款非常实用的视频编辑类软件，被誉为PC上最佳的入门级视频编辑软件，可媲美Premiere。该软件可以随心所欲地对视频素材进行剪辑合成、添加特效、调整颜色、编辑字幕等操作，还拥有强大的音频处理工具，可以为视频素材添加音效、录制声音、处理噪声，以及生成杜比5.1环绕立体声。相比AE，Vegas Pro有更加强大的特效制作手段，可以让用户的视频制作比以前任何时候都高效，还可以探索多个嵌套时间轴，以及拥有业界领先的HDR的编辑工具。Vegas拥有完整的音频环境，配有非常专业的音频编辑工具，凭借完整的VST接口支持,可以实现数十种效果和实时渲染。Vegas与其他软件最大的不同在于其无限制的视频和音轨,这一特性让它能提供视讯合成、进阶编码、转场特效、修剪及动画控制等功能。无论是专业人士还是个人用户,都可轻松上手,享受Vegas带来的高效编辑体验。

Edius:Edius是一款非常知名且权威的非线性视频编辑软件,专为广播和后期制作环境而设计,特别针对新闻记者、无带化视频直播和存储。它拥有完善的文件工作流程,支持更多格式混编,更高分辨率的实时、多轨道编辑,合成、色键、字幕和时间线输出功能。软件支持所有流行文件格式,包括索尼XDCAM、松下P2、佳能XF和EOS等。在后期制作中,用户可以采用Grass Valley高性能10 bit HQX编码,还可以选择增添Avid DNxHD编码(包含在Workshop中),真正做到无论什么格式都可以编辑。软件支持纪录片、4k影视剧制作,对HDR色彩空间的网络流媒体文件、广播级文件进行输出,内置处理工具相当不错。

DaVici Resolve:DaVici Resolve(达芬奇)是Blackmagic Design旗下一款著名的专业视频编辑、调色和后期制作软件,软件集剪辑、调色、特效制作等多种功能于一体,无论是交互、Fairlight音频、调色功能都有了很大提升,具有高性能的回放引擎,剪辑调色事半功倍。该软件是全球第一套在同一个软件工具中将专业离线编辑精编、校色、音频后期制作和视觉特效融于一身的解决方案。有了该软件,艺术家们可以探索不同的工具集,随心实现无限创意,还可以协同作业,融合不同类型的创意思维。只要轻轻一点,就能在剪辑、调色、特效和音频流程之间迅速切换。此外,由于软件将所有功能集于一套软件应用程序,用户无须在不同的软件工具之间导出或转换文件。该软件是唯一一套为真正协同作业所设计的后期制作软件。多名剪辑师、助理、调色师、视觉特效师和音响设计师可以同时处理同一个项目。该软件比其他软件更受到好莱坞电影、电视连续剧和电视广告的青睐。

二、云非编

传统非编因其昂贵的价格以及对桌面系统配置的高要求，满足不了日益短平快的短视频剪辑需要。趣看云非编采用B/S架构，通过调用云储存的各种素材或者上传素材，只须通过浏览器，便能够快速编辑，使得视频在线编辑更加灵活。该软件支持精确到帧的素材拆分与裁剪，提供随标尺移动的实时画面预览，让剪辑准确度更高。该软件基于H.265/H.264编辑，无损合成打包，比传统非编效率高20倍以上。云非编包含了画布系统、时轨编辑、BGM音乐库、水印库、工程库、字幕等功能，能够帮助视频编辑员快速完成视频裁剪、合成、多轨配音、多层字幕包装、加特效等多种高效快捷的视频处理任务。

图3.3–1　云非编界面

云非编的资源操作模块涵盖了媒体库、BGM音乐库、水印库、字幕库、转场特效、相册等功能，基本上汇聚了市面上所有主流剪片软件的功能。当然，因为其基于浏览器的操作界面，系统为进一步提升操作流畅度，采用“低码编辑，高码输出”策略，使得在弱网下也能够进行剪辑使用。

云非编工具提供以下业务模块能力：

画布容器：所见即所得的操作模式，基于可视化容器编辑技术，可实现画布的自由布局调整，且可自由配置输出比例，如16:9、1:1、4:3、2:1、4:9、6:7等，也可以实现画面容器中的元素属性设置、层次关系设置时轨编辑：基于时轨，提供双层字幕、素材层、双音轨层，视频编辑员可对任意字幕、图片、视频、音频组件基于帧编辑、拖动、切分、时长调整、叠加，实现编辑人员灵活的元素编辑操作。

BGM音乐库：可以自由添加视频BGM，上传保存为云端BGM音乐库，实现全员共享，同时双层音轨操作，实现双层音频的调用、调节、混音、混编；支持公共音乐库，可以基于分类自由选用、预听、拖拽到音频轨。

水印库：支持自定义添加水印，水印可以应用于整时间线中，实现标准化水印库的统一维护。

工程库：实现编辑创建的工程库维护与管理，也实现工程素材的复用。

详细功能技术参数如下：

多人协同编审模块：支持视频非编远程编辑记者、主编、运营多个岗位成员协同编审。同一个工程可以一同共同编辑。支持基于视频帧的实时视频批注标签比对。

支持以小程序、WEB为工具的移动审核、版本比对、批注业务能力。

在线视频剪辑模块：基于云架构的在线视频编辑系统，能实现视频的裁剪、合成、多轨配音、多层字幕、加特效等多种高效快捷的视频处理，包含画布系统、时轨编辑、BGM音乐库、水印库、工程库、字幕功能；支持对子机位进行云剪；支持短视频一键企鹅号、微博号、头条号、抖音号新媒体平台分发。

支持基于时轨，提供双层字幕、素材层、双音轨层，视频编辑员对任意字幕、图片、视频、音频组件均可以基于帧编辑、拖动、切分、时长调整、叠加，实现编辑人员灵活的元素编辑操作。

支持4k（分辨率3840×2160 HLG）超高清视频生成。

视频快编模块：支持新闻资讯短视频的采集、包装、上传，包括视频录制、剪辑、添加字幕、添加片头和片尾、保存草稿；剪辑支持添加多个视频源、打点裁剪多个视频片段、调整片段的播放顺序、预览视频的关键帧图片；字幕提供专业的新闻资讯字幕模板和LBS字幕；片头提供预设的片头动画，并支持自定义片头LOGO，支持自定义上传视频片头；片尾提供预设的片尾模板，并支持自定义上传视频片尾。

支持短视频快编BGM混音，可实现BGM与原声双向调节混音音量大小、乐库音乐选取，并支持下载到本地。

支持短视频字幕模板库，且可调整模板文字以及可基于编辑工作区进行多字幕的动态位置调整。

支持图片转短视频以及图片与视频混编，可设置图片的默认时长，支持点选及拖动时长控件。

支持不规则短视频输出规则比例时进行高斯模糊，实现毛玻璃效果。

支持输出1:1、3:4、16:9画幅比视频文件，支持高清、标清、流畅视频编码生成并同步上传到云平台。

支持将短视频保存为草稿（工程文件），可进行二次编辑或改稿。

支持视频多倍速加速、慢速录制、编辑；支持视频调色，实现亮度、对比度、饱和度、锐度、色度多个组合参数的调整。

支持视频滤镜处理效果，含怀旧、素描、清新、恋橙、稚颜、青柠、film、微风、萤火虫等多套滤镜模板。

支持素材手势快速多选进编辑线。

三、移动制作

现场移动端短视频采编传系统，实现现场短视频采集、编辑、回传能力，从而拓展PGC、UGC短视频内容的生产力。其中现场移动短视频采编传系统可实现对视音频内容的实时剪编、字幕包装、同期配音、视频特效、高清生成、弱网回传。

第1步：现场采录	第2步：现场编辑	第3步：上传到云平台

图3.3-2　移动端采编传系统步骤

通常来讲移动制播工具具备如下功能：

1.现场采拍

全媒体移动采编功能是移动直播台App的特色功能，它结合了用户在现场的使用习惯，把现场视频，音频、图片采、编、发融合到一起，助力用户高效完成现场视频的创作。

现场采拍的界面及基本步骤如图3.3-3。

视频采录	音频采录	横屏采录

图3.3-3　视频、音频、横屏采录界面

采录操作主要包括镜头模式、横竖屏、麦克风音量、焦距、对焦方式、闪光灯设置，操作方式与直播设置一致（本文涉及操作配图如有出入，以实际使用产品为准）。

图3.3-4标注①：影院级防抖功能（暂仅限iOS手机机型），开启防抖后，拍摄画面会自动进入防抖模式。

图3.3-4标注②：录制倍速功能，开启后，可以选择慢、较慢、正常、较快、快5档拍摄变速模式以实现延时拍、加速拍的效果。

图3.3-4标注③：4k拍摄功能，同时支持4k采录。点击打开时，对于不支持4k拍摄的手机，会有提示。

图3.3-4　采录操作界面

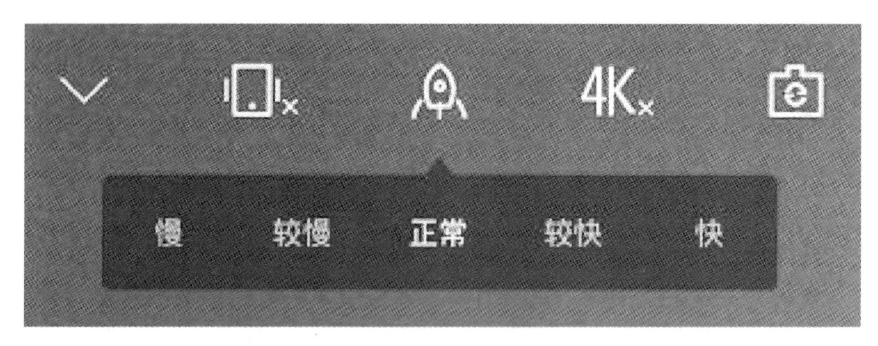

图3.3-5　录制倍速功能

图3.3-4标注④:前后摄像头切换功能,点击可以切换前后摄像头。

图3.3-4标注⑤:闪光灯开关,点击可以开启闪光灯。

图3.3-4标注⑥:静音功能,点击可以关闭音频录制,只录制视频。

图3.3-4标注⑦:切换采录模式,可以在音频、图片、视频中进行切换。

图3.3-4标注⑧:拍摄按钮,点击可以拍摄或录制。

注意事项:①支持横竖屏拍摄模式,拍摄画幅比可以点击比例切换,如要实现4:3、16:9的画幅拍摄,则需要进行横屏操作;②音频采录支持AI智能实时翻译,可以多段音频合并保存,可以一键复制翻译文本。

2. 移动快编

移动快编界面如下图:

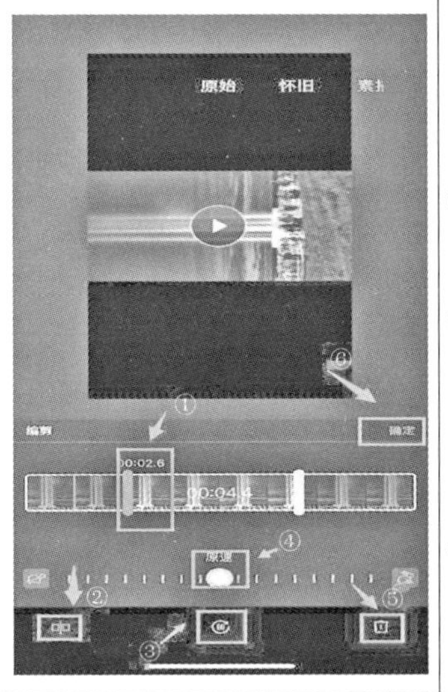

点击素材片段，进入编辑页面。

标注按钮操作如下：

①裁剪拉杆：用于选取片段。拖动前后的拉杆来精准选取到所需要的片段。

②分割按钮：点击可以从当前播放帧处进行分割，也就是把一个片段从当前位置分割成两段。

③画面旋转按钮：点击旋转按钮，可以实现画面顺时针90度依次旋转。

④变速按钮：点击实现视频的慢速和快速按指定的倍速播放。

⑤删除按钮：点击则删除该片段。

⑥保存确认按钮：点击生效刚才的相关操作。

图3.3-6　移动快编界面

添加图片素材如下图：

点击添加素材按钮，进行本地/相册文件中图片的添加。

添加后，可以设置图片的时长，可以直接输入、点击加减或直接拖动时长条，最长单张图片显示时长为20秒，最小1秒。

图3.3-7　添加图片素材界面

添加背景音乐方式如下图：

在编辑页面,可以添加背景音乐。点击选择音乐,跳转到背景音乐库,可以设置开启背景音乐。可以选择加载或选用已下载的音频文件。见下:

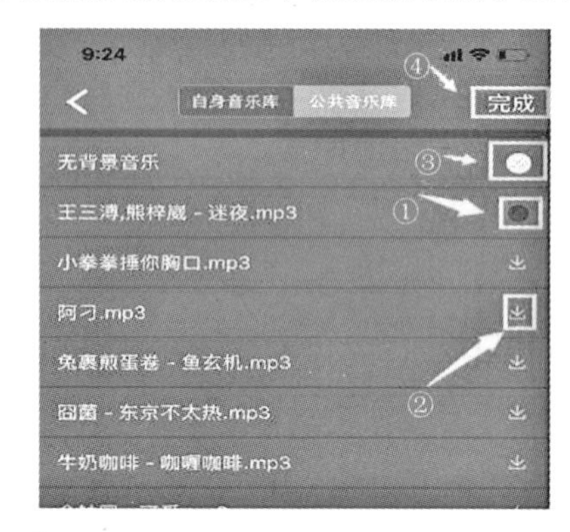

①选择已下载文件;

②点击下载;

③取消背景音乐;

④确认。

图3.3-8　添加背景音乐界面

背景音乐库,在视频云平台下“云非编”里边进行添加、维护。见图3.3-9:

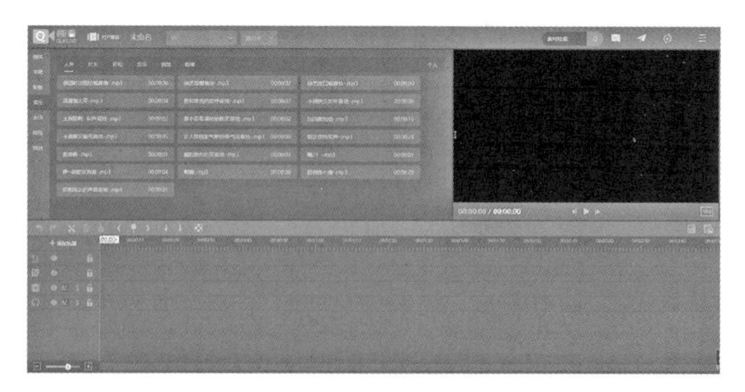

图3.3-9　背景音乐库界面

手机配音方式如下图：

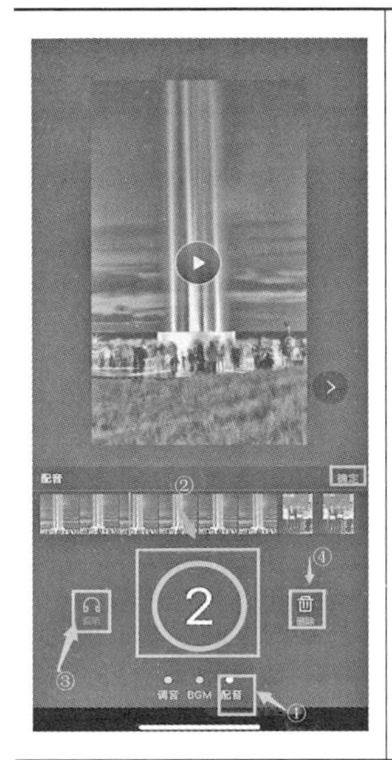

在编辑页面，可以配音操作，进入配音出入页面。点击左图标记①，切换到配音tab下。此时可以见标注②操作，点击标注按大按钮，进入配音倒计时。“3、2、1”，开始配音。您可以开始说话，在配音过程中可以点击标注③来开启是否监听原音（注意，戴上耳机监听效果更好），当完成一个片段的配音后，可以选择回听，或删除。

注意：一个配音片段均会形成一个片区，手动点击，会变成红色，供您快速做其他操作。比如覆盖配音或删除。

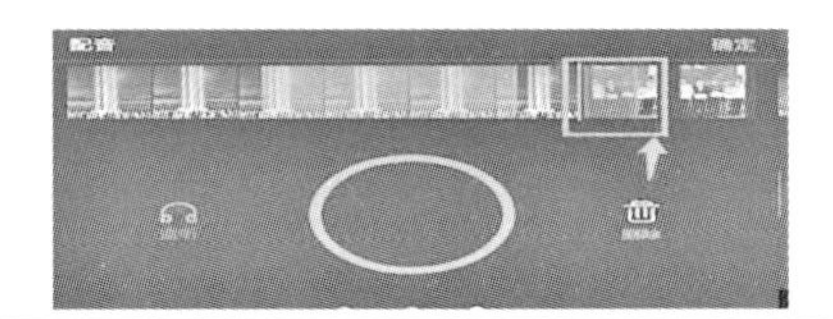

图3.3–10　手机配音界面

音量调节方式如下图：

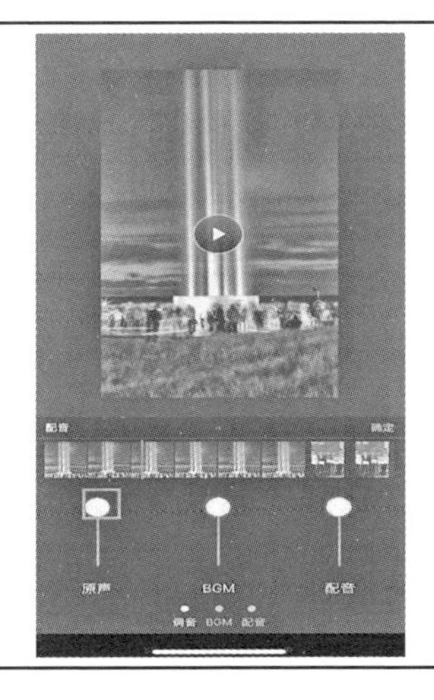

在调音页面，可以调节原声、背景混音以及配音三类音量大小。点击音柱便可以上下滑动调节。往上调是增益音量，往下是减小音量。

图3.3–11　音量调节界面

添加字幕操作如下图：

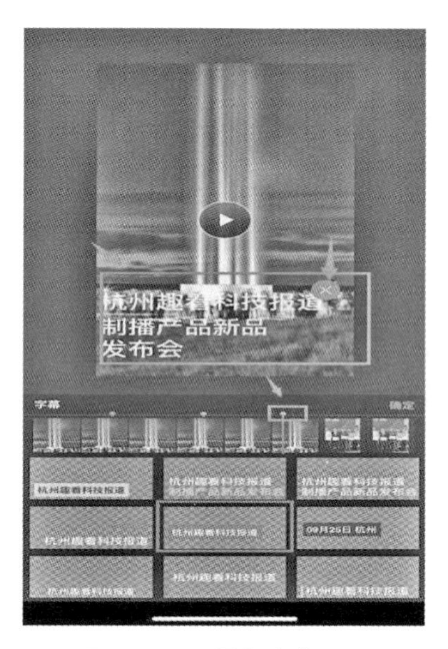

图3.3–12　添加字幕界面

四、数据短视频

新冠肺炎疫情流行时期，在抖音、哔哩哔哩上，数据可视化动态图非常火爆。短短两分钟的数据可视化动态视频，就可以让我们非常清晰地了解疫情随时间的变化趋势，比如各个国家感染人数情况以及对疫情严重程度的比较等。这种表现形式，正是大数据时代新闻学发展的新领域。

数据新闻短视频以开放的数据为基础，将复杂、抽象、难懂的数据转化为形象、具体、生动的新闻报道。它帮助用户挖掘数据中隐藏的信息，将有价值的部分筛选、梳理出来，并使用多样化的表现形式展示给用户看。这种新闻报道方式，不仅增强了新闻的直观性和可理解性，也使得读者能够深入地理解和分析新闻事件。

1.数据新闻的发展背景

数据新闻理念的产生，最早可追溯至2006年，并在2010年逐步兴起。在这一时期,数据新闻在业界逐渐得到了认可,并进入了政府和公众的视野,有“互联网之父”之称的蒂姆·伯纳斯-李(Tim Berners-Lee)宣称:分析数据将成为未来新闻的特征。

数据新闻的制作流程主要分为以下步骤:

寻找数据:数据新闻的第一步是找到需要的数据,这可能包括公开的政府数据、研究数据、调查数据或其他来源的数据;

清洗数据:在获取数据后,数据新闻记者通常需要对数据进行清洗和整理,以去除错误、异常和不准确的数据;

分析数据:数据新闻记者使用各种工具和技术来分析和解释数据,这可能包括统计分析、数据挖掘、可视化等;

可视化呈现:数据新闻的关键部分是将数据以易于理解的方式呈现出来,这可能包括图表、图形、图像和其他可视化元素;

故事化:最后,数据新闻需要将数据与相关的新闻故事结合起来,以吸引读者并传达重要的信息。

与传统的新闻制作相比,数据新闻把一套理工科的思维流程带到了新闻产品的制作过程中,并提供了一种将传统叙事与数据信息结合起来的可视化叙事方式,具有更新颖的呈现形式与较高的新闻可信度,由此深受读者的喜爱。作为以传统新闻从业者居多的互联网媒体单位,通过数字化叙事的融合报道形式,使得其不仅仅是一种形式,也是一种工作方式,形成一种融入量化思维、方法和内容的融合报道。

2.融合创新发展,让数据新闻落下来

把数据新闻融合到传统政策解读类新闻题材的报道中,一直是主流媒体探索数据新闻融合发展重要且棘手的问题。使用数据新闻来解读政策能够增加新闻的深度与力度,但是过多理性的成分很容易让产品“无趣”。为了吸引用户的注意力,一般有两种办法可以尝试:

第一种方法是把三维虚拟技术引进视频制作中,利用虚拟科技的力量为“无趣”的数据新闻注入活力。通过利用三维技术，可以生动地呈现数据和信息的视觉效果，将用户带入一个更加立体、形象的情境中，从而更好地理解和接受新闻报道的内容。

另一种方法则是引进动画来制作数据新闻，利用动画简洁活泼的特点将“无趣”变得“有趣”。动画可以生动形象地展示数据和信息的动态变化，将抽象的概念具体化、形象化，让用户更加轻松地理解内容。同时动画简洁活泼也可以为数据新闻带来更多的趣味性与娱乐性，吸引用户关注与参与讨论。

将数据新闻融合到传统政策解读类新闻题材的报道中需要不断创新和尝试。在这一点上，光明网的两篇报道都做了很好的尝试。其中在《“十四五”新词数说“乡村建设行动”》这条数据可视化视频新闻中，把虚拟演播厅以及3D技术引进到制作当中，视频把生硬的数据进行3D渐显式展示，增强新闻力度的同时又足够充满吸引力，为增强画面真实性，添加新闻片段穿插到虚拟演播厅视频之中，让观者产生更多真实感。整体视频能够在传递严肃信息的同时，在视觉上充满趣味，带动更多的人了解我国乡村建设行动。而《“十四五”新词数说“科技自立自强”——从儿时的“科学家”梦谈起》这篇则把动画完美地融合到数据新闻严肃题材报道中，用实践逻辑梳理我国对于科技教育、科学人才培养的重视和大量投入，用卡通人物形象中和严肃科技话题，实现用数据讲故事，把宏观发展的主旋律话题娓娓道来。

3.主动求变，让数据新闻常态化

在趣看的数据新闻视频模板工具中，只须按照分类的数据场景模板，导入或输入数据，选择时长、编辑标题、配置BGM，便可以快速生成数据新闻短视频，先进的数据视频生产工具可以拉动数据新闻的常态化。

图3.3–13　趣看数据新闻视频模板工具

此外，趣看的三维虚拟制作系统，亦提供了可视化三维图表，实现三维图表和三维场景的深度创意融合。

五、Vlog

Vlog全称Video Blog（视频播客），是一种集文字、图像、音频于一体的短视频日记。它最早于2012年在Youtube平台上出现，近年来受到青年群体的喜爱和追捧。作为深受年轻群体喜爱的短视频类型，Vlog已经展现出一定的传播实力，已然成为短视频行业风口。当前，主流媒体正不断挺入媒体融合的深水区，大量现象级的新闻产品应运而生，“Vlog＋时政新闻”模式成了多家主流媒体积极探索的对象。

1.媒体融合背景下“Vlog＋时政新闻”模式的发展

2019年全国两会期间，“Vlog＋时政新闻”模式首次被主流媒体广泛探索运用，《人民日报》、《中国日报》、央视网等中央级媒体以及北京电视台、《湖北日报》等众多地方媒体纷纷采用Vlog这一形式对两会进行报道。其中《中国日报》推出的“小彭两会Vlog”系列（四期），以年轻记者“小彭”的第一视角，选取与青年人息息相关的主题（例如如何选择合适的采访着装、中国什么时候会迎来下一个姚明等)进行制作。该系列短视频在微博平台观看量平均约70万次,发布后的7天内,中国日报官方微博平均转发量达到259次。央视网推出产品“VR Vlog”,融入VR技术,用一分钟的时间向观众呈现全国政协新闻发布会现场全景全貌。自此,Vlog更是广泛运用在国庆阅兵、外交事件、新冠肺炎疫情防控等重大新闻报道中。这些Vlog不仅创新了时政新闻的报道方式,拉近了与观众的距离,还借助人格化的叙事方式和有趣的话题设计吸引了更多年轻观众的关注和参与,也为严肃的时政新闻赋予了更多元化的表达方式。

Vlog与一般短视频的主要区别在于其“人格化”的特点。“边拍边说”,创作者以第一人称的视角向受众传达其所见所闻所感,这种人格化的表达方式使得Blog具有更强的真实感和亲近感。而在“Vlog+时政新闻”的融合报道中,创造者不仅仅是记者,更是充当了KOL的角色。他们通过Vlog的方式,以自己的视角和感受来呈现新闻事件,为用户提供了一种全新的新闻体验。康辉作为《新闻联播》主持人,拥有广泛的观众基础和较高的网络人气,他作为叙事者,不仅可以借助其自身的影响力为节目带来更多的关注,还可以弥补Vlog在时政新闻报道中可能存在的人格化倾向过多的局限性。康辉以自己的视角和感受来呈现新闻事件,增加了受众的信赖感和兴趣度。这种人格化的报道方式也使得“最前线”节目具有更强的真实感和亲近感。例如,康辉在节目中会分享自己的采访经历、感受和见闻,介绍新闻背后的故事和背景,以及自己的看法和观点。这种真实的表达方式使得受众能够更深入地了解新闻事件,感受到新闻背后的人性和情感。

此外,站在内容角度,Vlog充分满足了网络受众的“窥探”欲。“大国外交最前线”由中央电视台总台新闻中心时政部与新闻新媒体中心推出,节目内容主要分为现场新闻报道(直接剪辑新闻画面)和新闻幕后花絮(叙事者现场拍摄)两个部分。其中新闻幕后花絮占据了七期节目约

90%,例如第一期探访央视后台,并介绍康辉的行李箱,第三期则拍摄记者排队过安检进会场的场景,第七期介绍同行媒体朋友等等。互联网媒介的发展使得公共空间与私人领域的重合度逐渐增大,激发了受众对幕后故事和花絮的"窥探"欲望。而"最前线"则主动用Vlog曝光央视办公区域、采访前准备工作、后期新闻加工场景等,满足了受众对时政新闻报道背后的故事和花絮的好奇心,将原本"高高在上"的时政新闻报道拉近到受众的眼前,进一步增强了与受众之间的联系。

2."Vlog"制作快剪工具

趣看提供Vlog快剪工具,基于素材手势识别、素材音频帧智能分析,实现多素材一键智能整理,满足常态化峰会会议会谈Vlog、文旅打卡、媒体MCN PGC内容制作业务需要。

图3.3-14　趣看Vlog快剪工具

支持素材智能手势识别,实现基于手势的视频素材自动剪辑,剪入、剪出。

支持素材音频频谱解析,实现静音帧过滤剪出。

支持一键多素材整理,整理后可以快速生成视频片段,基于快编轨进行创作中的素材排序、时长调整、字幕添加、音频添加。

支持Vlog工程转为非编打开。

支持转场，支持BGM插入音频到音频轨，支持生成时添加片头片尾。

3.“Vlog+”模式发展趋势

置身于媒体融合转型深层次发展的图景下，“Vlog+新闻”模式的普遍应用为新闻传播注入了新活力，相较于传统电视媒体现场报道，更加聚焦于主持人个人。记者不再是传统意义上的记者，而是成为某段事件的“记录者”。他们以记录者的第一视角，与观众展开对话，用平等、日常口语化的生活语态，分享自己的所见所闻，带领观众一起去发现和感受某一新闻事件，以此来最大化地提升新闻的互动性和沉浸感。

进行优质内容生产的Vlogger已经成为新一代的KOL，借助Vlog，更易于对目标受众人群进行互动与沟通，达到广告目标。而随着Vlog与商业的结合日渐密切，“Vlog+广告”的模式也逐渐多样化，为广告主提供了更多元化的营销方式。

Vlog在内容深度方面具有很大的优势，正作为一股清流在乱象丛生的短视频中崭露头角，具有内容深度的它在未来具有很大的发展空间。但在发展过程中也需要注意出现的各类乱象，要加强视频内容引导和规范，深层次地了解用户心理。只要不断克服发展中存在的问题，Vlog定会成为强有力的传播方式，并为受众带来更好的体验。

六、AIGC

AIGC技术以“天”为单位加速进化，其价值空间进一步向外延伸，内容商业化的底层逻辑更是在技术驱动下被重塑。显然，AIGC技术正在内容营销领域掀起一场代际变革。2022年万象大会，百度推出了“创作者AI助理团”，逾45万AIGC创作者投入使用，产出超700万篇内容，累计分发量超过200亿。2023年，百度百家号升级“AI创作经营一站式平台”，推出AI笔记、AI成片、AI BOT等AI创作工具，探索出了一条AIGC智能创作与营销相结合的新模式。

1.AI文本生成

AI文本生成的方式大体分为两类:非交互式文本生成与交互式文本生成。非交互式文本生成的主要应用方向包括结构化写作(如标题生成与新闻播报)、非结构化写作(如剧情续写与营销文本)、辅助性写作。其中,辅助性写作主要包括相关内容推荐及润色帮助,通常不被认为是严格意义上的AIGC。交互式文本生成则多用于虚拟男/女友、心理咨询、文本交互游戏等涉及互动的场景。最令人印象深刻的交互式文本内容生成应用要数ChatGPT。

2.AI音频生成

AIGC在音频生成领域已经相当成熟,并广泛应用于有声读物制作、语音播报、短视频配音、音乐合成等领域。AI音频生成主要分为两种类型:语音合成与歌曲生成,如语音读书、短视频配音。

3.AI图像生成

AIGC在图像生成方面有两种最成熟的落地使用场景:图像编辑工具与图像自主生成。图像编辑工具的功能包括去除水印、提高分辨率、特定滤镜等。图像自主生成其实就是近期兴起的AI绘画,包括创意图像生成(随机或按照特定属性生成画作)与功能性图像生成(生成Logo、模特图、营销海报等)。

4.AI视频生成

OpenAI公司在二月发布首个AI视频模型Sora,可实现长达60秒的视频内容。AI技术不仅可以生成图片,也能够生成序列帧,组成一个完整的视频。如AI生成图片组成视频、直接利用文字描述生成视频、视频属性编辑、视频自动剪辑及视频部分编辑。此外,从广义上讲,AI主播也可以看作一种AIGC生成视频的应用,只不过是将生成的音频内容对应到虚拟人的口型与动作进行综合剪辑。

5.AI数字人播报短视频制作

当前市面上诸如讯飞、腾讯、百度已经开始提供AI虚拟数字人播报视频创作服务，在页面中输入或者导入文本，就可以为数字人配音。数字人主播声音比较自然，支持十多种音色选择。同时还可以根据自己的习惯调整文本阅读的速度、断句、停顿、多音字、数字符号等，还能添加数字人的动作，比如可以让数字人右手滑动、挥手、点赞、比心、握拳等。

3.4 短视频的拍摄

一、采访拍摄的三个要点

“巧妇难为无米之炊”，采访拍摄作为短视频制作的核心工序，非常重要。在拍摄采访的过程中，有三点经验可以分享。

首先，要注重多角度拍摄。为了保证视角的丰富性，要多换角度。根据用户阅读习惯，无论是图片还是视频，内容里至少要涵盖远景、中景、近景和特写这几个方面的画面。因此，要求摄影师在拍摄过程中多换场景和角度。

如果通篇都是半身特写或者全是人物肖像特写，整个作品就会非常单薄。只有素材里包含特写、中景、近景和远景这些比较丰富的画面和景别，作品展示出来才能更加好看，也更能在剪辑中推进故事的发展变化。

其次，拍摄量要有保证。除了多换角度和场景之外，拍摄量一定要充足。前期素材如果不够，后期编辑得再认真也没有用。所以，在拍摄的过程中，要尽可能保证素材数量越多越好。虽然现在做出来的短视频时长基本在三分钟以内，但要把三分钟的短视频做成能够讲一个完整故事的作品，实际上需要大量素材。所以，一段优秀的短视频作品，充足的素材量是最基本的保障。

最后，条目时长要控制好。一般情况下单条素材的时长在20秒左右比较合适。如果单条素材时间过长、比较拖沓，会在后期剪辑时给编辑带来非常大的困难。

时间较长的单条视频素材往往比较连贯完整，一般都来自人物采访，或者是在事件过程中录制的。但是，这种完整和连贯性往往给后期带来很多困难，比如在制作过程中，有的声音特别难裁、画面也不好剪断。因此，如果单条较短的视频素材在十几秒、二十多秒时，在后期制作时可以有更大的发挥空间。因为它出现了空当，而这种空当可以让你在制作过程中更容易把两段原来不在一条时间线上的素材拼成一个时间上的作品。当然，是否控制在20秒内，每个人的习惯和理解都不同。但是，尽量把素材时长做得短一些，会更有利于后期制作。

二、常用的短视频拍摄工具

常用的短视频拍摄工具包括相机、手机、三脚架、音频设备、灯光设备等。

1. 拍摄设备

常用的短视频拍摄设备：手机、微单、单反相机。

特种拍摄设备：VR拍摄设备、无人机等。

2. 灯光设备

主灯：主灯是主光，是一个场景中最基本的光源，可以将主体最亮的部位或轮廓打亮。主灯通常放在主体的侧前方，在主体和拍摄设备之间连线45°—90°的范围。

辅灯：辅灯是补光，比主光亮度要小，一般放在与主光相反的地方，对未被主光覆盖的主体暗部进行补光提亮。主光与补光的光比（光照强度比例）一般为2∶1或4∶1。

轮廓灯：轮廓灯发出的光起到修饰作用，可以打亮人体的头发和肩膀等轮廓，提升画面的层次感和纵深感，一般位于主体后侧，与主光相对。

伞灯：将不同质地和规格的反光伞装在闪光灯上方就成为伞灯。

柔光灯:在闪光灯上加上柔光罩,就成为柔光灯。与拍摄电影时复杂的灯光布置相比,大部分短视频的拍摄要求并不高,“三灯布光法”就可以满足基本的拍摄需求。

3. 辅助器材

三脚架:三脚架是短视频创作者拍摄短视频必备的基本工具之一,可以防止拍摄设备抖动而造成视频画面模糊。

稳定器:当在拍摄人物追逐、骑单车、玩滑板等户外运动画面时,人物的运动速度很快,摄影器材要跟随人物运动。如果拍摄者手持拍摄设备,拍摄出来的画面会抖动得非常厉害,观众在观看时很容易头晕、烦躁,甚至会立刻把短视频关掉,以致影响短视频的完播率,而在拍摄设备上安装稳定器可以很好地解决这个问题。

滑轨:为了实现动态的效果,拍摄者可以使用滑轨让拍摄器材进行平移、前推和后推等操作。

话筒:当拍摄设备距离人物超过2米时,人声会与环境噪声混杂在一起,影响收音效果,这时就要用到话筒。

摇臂:摇臂可以极大地丰富镜头语言,增加镜头画面的动感和多元化,让观众产生身临其境的感觉。

三、视频画面景别的设计与运用

景别是指被摄主体和画面形象在屏幕框架结构中所呈现出的大小和范围,是画面的重要造型元素之一。根据拍摄设备与被拍摄物体之间的实际距离以及拍摄设备镜头的焦距长短,可以将景别分为远景、全景、中景、近景和特写。

远景:远景通常用于短视频的开头、结束或场景转换镜头中,旨在交代主体在事件中所处环境,让画面形成舒缓的节奏和强烈的抒情性等。拍摄者在处理远景画面时要删繁就简,确保画面长度足够充分,并避免拍摄设备移动得太快使本来就看不清的细节变得更加模糊。

全景:全景展现环境全貌和主体人物全局。重心在主体上,即人物为主,环境为辅。在全景画面中,被摄主体占3/4的画面宽度,头和脚上下保留一定引导空间。人物的头顶以上与脚底以下都要有适当的留白,避免产生堵塞感,同时也要避免将空间留得过大而造成人物形象不清楚,降低了画面的利用率。

中景:中景是人物膝盖以上的画面,通常用于展示人物上半身动作的完整性,是一种常用的叙事景别。

近景:近景可用于表现人物面部神态和情绪、刻画人物性格。画面表现的空间范围小、景深短,可以产生较近的视觉距离。在拍摄近景画面时,拍摄者要注意画面中细节的质量,保证人物形象的真实性、生动性和情节的客观性、科学性。近景画面一般力求简洁,色调统一,拍摄者尤其要避免背景中出现容易分散观众注意力的物体,要让被拍摄主体一直处于画面结构的主导位置。

特写:特写是主体中一个独立而完整的局部,用于表现动作细节,突出强调某一元素。特写镜头无论是人物或其他主体均能给观众以强烈的印象。由于特写分割了被拍摄主体与周围环境的空间联系,画面的空间表现不确定,空间方位也不明确,所以常被用作转场镜头。

在短视频制作中,使用景别组的原则是“近景拟神,远景写意”。远、全、中、近、特为一个基本的景别组。景别组的运用可以表现不同的画面节奏和主次关系。通过不同的景别变换交替地、有条理有节奏地交替环境、交代关系、交代要表现的故事内容,利用一个完整的景别组去描述一个主体。景别组是短视频制作中最符合视觉表现的一种视频制作技巧。

组合景别的方法有四种,正递进式、逆递进式、总分总式与跳跃式。

正递进式:远景—全景—中景—近景—特写。

逆递进式:特写—近景—中景—全景—远景。

总分总式:远景＋全景—中景＋近景—远景＋全景。

跳跃式:就是“不按常理出牌”。

四、光线位置的设计与运用

灯光的运用是艺术与科学结合的一门技术。布光需要考虑明暗、层次、色彩的对比,通过从不同角度投影、不同方向勾画,营造不同的气氛。在广告片拍摄中,灯光所制造的氛围对整个片子的基调起着决定性的作用。拍摄时,我们需要调动灯光特有的能动作用,借助灯光颜色的冷暖、明暗、位置的变化、流动,结合视频创意成功地运用光线来完成视觉和情感的相互转换,带给观众强烈的视觉震撼和全新的艺术享受,同时令视频内容深入人心。光比是决定灯光所创造出来的气氛的重要因素之一,指高光区和阴暗区所受光的照度之比,通常是主光和辅助光的总和与辅助光之间的亮度比例。光比大的时候造型效果强烈,对画面反差有直接影响。在拍摄中可以利用光比的大小来烘托主题渲染气氛,根据不同对象和内容采用不同的光比。

除了光比,光线氛围也由高调照明和低调照明来决定。高调照明的主光和辅助光的比例较低,通常是明亮均匀的光线,在片中用于表现轻松愉快、幽默诙谐或是浪漫色彩浓郁的主题。低调照明恰恰相反,主光和辅助光的光线比例较高,因此低调光线容易造成阴暗、忧愁、冷酷的画面。光线的方向、角度和质感决定了光线的情绪冲击力,确定了光线的氛围。

为了使灯光的语言如画如乐,就应当像美术作品那样设计灯光在舞台上的线条、明暗、色彩,像音乐作品那样,使整个节目的灯光有完整的布局,有铺垫、繁简、起伏、高潮。追求艺术上的整体感、和谐美,不仅仅要从视觉层面上描绘,更要延伸到心理层面上,走向对人物内心世界的塑造,更深层面去挖掘作品的内在精神实质,营造出画面独特的意境。此外,灯光的运用还需要考虑到被拍摄主体的位置和方向。布光主要分以下四类：

顺光：指来自被拍摄主体前方的光线照明，又称正面光，光线的投射方向与拍摄方向一致。

逆光：指来自被拍摄主体后方的光线照明，又称背面光，可以增强被拍摄主体的轮廓和线条。

侧光：当光线投射方向与拍摄方向呈90°角时，即为侧光。在拍摄人物时，使用侧光能够表现人物情绪，通常会在特写画面中将侧光打在人物脸部一侧。侧光的缺点是画面会形成一半明一半暗的过于折中的影调和层次，在拍摄大场面的景色时使用侧光会显得光线不均衡。它可以表现被拍摄主体的立体感和质感。

顶光和脚光；顶光来自被拍摄主体顶部。在室外，最常见的顶光是正午的太阳光；而在室内，较强的顶光投射在被拍摄主体上，未受光面就会产生阴影，强烈的明暗对比可以反映出人物特殊的精神面貌和特定的环境、时间特征，营造一种压抑、紧张的气氛。脚光可以填补其他光线在被拍摄主体下部形成的阴影，或者用于表现特定的光源特征和环境特点。如果将其作为主光，会给人一种神秘、古怪的感觉。

五、镜头运动方式的设计与运用

随着市场上短视频App的火热兴起，越来越多的人用手机拍摄视频。在这个低门槛、大众化的市场趋势下，如何让自己拍摄的视频脱颖而出，如何让自己拍摄的视频吸引人？好视频的基础是好的拍摄。镜头是短视频的基本组成单位，而镜头语言是通过运动镜头的方式来表现的，其应用技巧直接影响短视频的最终效果。相对于固定镜头而言，运动镜头是通过机位、焦距和镜头光轴的运动变化来实现的。在不中断拍摄的情况下，运动镜头可以形成视点、场景空间、画面构图、表现对象的变化。通过运动镜头内部形成多构图、多元素的组合，能够增强画面动感、扩大镜头视野、影响短视频的速度和节奏、赋予画面独特的感情色彩。

在拍摄短视频时,常见的镜头运动方式有推镜头、拉镜头、摇镜头、移镜头、升降镜头。创作者需要灵活运用运动镜头来表达不同的主题和情感。例如,通过推镜头(由远至近)可以突出主题,表达紧张、激动等情绪;拉镜头(由近至远)则可以展现场景全貌,表现轻松、平静等情绪。此外,摇镜头可以模拟人的视角,表现出主观感受;跟镜头则能够跟随被拍摄主体,表现出客观视角。具体来看几类镜头的设计应用。

1.推镜头

推镜头是指镜头以被拍摄主体为中心,人物的位置不动,由远及近向被摄的物体推进的拍摄方法,逐渐推成人物近景或特写的镜头。在拍摄过程中,被摄主体在原地一个水平面上不动或移动(拍摄中并没有人物完全不动的情况),然后随摄影机的推进,画面逐渐展示出被摄主体的细节,从远景变换到中景再到近景,最后到特写镜头。灵活应用推镜头可以帮助创作者更好地刻画主体(人物),突出分镜头中的主体,让观众更加关注这个主体。需要注意的是,摄影机推动的景别切换是不固定的,要根据具体拍摄的分镜脚本具体分析。例如,想用推镜头的运镜方式刻画一个人物,突出在这个分镜头中想给观众交代的主体,那么最后就要推到人物特写部镜头。

2.拉镜头

拉镜头与推镜头相反,它使镜头远离拍摄主体,镜头向被拍摄主体反方向运动,画面由特写或近景逐渐扩大,观众的视线也随之从细节扩展到整体,画面逐渐展示出全景或远景。这种拍摄手法常用于表现人物与环境的宏观场面或空间关系。在短视频领域,特别是一些微剧、搞笑栏目,当画面从近景或特写拉到远景时,观众会对这种喜剧反差效果感到放大,从而达到最佳的喜剧点。同时拉镜头也突出了人物的情绪反应。此外,拉镜头还可以作为结尾镜头拍摄手法。比如房琪kiki的游玩短视频的结尾镜头，一般会从近景到远景，同时配合上升镜头的拍摄。这增强了影片的气氛，给人带来美好的向往。

3. 摇镜头

摇镜头是指摄像设备的位置保持不动，通过上、下、左、右、斜等方式拍摄主体与环境，使观众感觉是从被拍摄主体的一个部位逐渐向另一个部位进行观看。这种拍摄方式主要用来表现事物的逐渐呈现，一个又一个的画面从渐入镜头到渐出镜头，完整展现了整个事物的发展。

甩镜头也属于摇镜头的一种方式，它通过快速地将镜头摇动，迅速转移到另一个画面，而中间的画面则产生模糊一片的效果。这种拍摄方式可以表现内容的突然过渡，会让观众产生紧张感和紧迫感，常用于逃跑、打斗、紧张地环顾四周等拍摄场景。

摇镜头的拍摄方法很方便，因为它不需要移动摄影机。因此，通常结合三脚架的旋转云台进行拍摄。拍摄时使用的镜头取决于想突出表现的物体。例如，如果想拍摄一个人物往前行走的镜头，使用长焦拍摄可以突出人物主体。如果只是想交代环境，那么就用广角镜头拍摄。

摇镜头多用于表达人物的视角，比如某个人物被眼前的风景所吸引，那么画面上一秒是人物眼睛，下一秒就可以接摇镜头，这代表人看到的视角，同时也表现出人物的情绪反应和看到环境的心情。此外，还可以使用这类拍摄手法用于模拟望远镜的视角，这在某些特定的场景中非常有用。在短视频创作领域中，摇镜头拍摄交代环境很常见；在某些新闻调查暗访视频中，也会用到类似的拍摄方法。

4. 移镜头

移镜头是指摄像机沿水平方向移动拍摄，可以拍摄各个角度的人与景，展现人物和景物的动态感和节奏感，产生强烈的视觉运动冲击力。移镜头通常是被摄对象和摄影机一起移动拍摄，这种拍摄手法最常见于体育赛事现场，比如百米赛跑中，运动员从运动开始到结束，摄影机始终都跟随着运动员一起运动。

跟镜头是移镜头的一种形式,与移镜头中镜头保持直线运动不同的是,跟镜头的镜头会一直跟踪被拍摄主体,全面、详尽地展现被跟摄主体的动作、表情和运动方向,给人一种身临其境的感觉。

在预算充足的情况下,移镜头拍摄可以用移动三脚架或铺设滑轨,但需注意运动的速度要始终和人物保持一致,做到人停机停。

5. 升降镜头

升镜头是指拍摄设备在升降机上做上升移动所拍摄的画面,呈现俯视视角,展示出广阔的空间。这种手法多用于拍摄大场面或营造壮观的气势。降镜头则是指拍摄设备在升降机上的下降运动所拍摄的画面。

升降镜头能够改变镜头视角和画面的空间,带来画面视域的扩展与收缩以及镜头视点的连续变化。这种拍摄方式能够形成多角度、多方位的构图效果,有利于展现纵深空间中的点面关系。

六、画面构图方式的设计

每个短视频要想易于被受众接受,简洁、优美、自然的画面内容必不可少。不要试图让画面的内容面面俱到,而是要提炼出所谓的“主题”画面,突出视频画面的主体,使主次分明,既能让受众马上领会视频想要表达的主题,又不会让受众感觉画面突兀。为了达成这个目标,了解画面的构图方式至关重要。

构图是一个造型艺术术语,指在绘画时根据题材和主题思想的要求,把要表现的图像适当地组织起来,构成一个协调、完整的画面。构图常用于视频拍摄中,良好的构图是拍好视频的基础。构图能够对画面中的内容进行取舍,突出主体。常用的构图方法大致有以下7种。

1. 中心构图法

中心构图法是指将被拍摄主体放置在画面中心进行构图的方法,其优点是主体突出且明确,能够获得左右平衡的画面效果。将主体放置在画面中心,可以使用户的视线集中在主体上,从而强调主体的地位和重要性。水平线中心构图法是中心构图的一种最基本的构图方法,画面沿水平线条分布,会传达出一种稳定、和谐、宽广的感觉。水平线构图在短视频拍摄中较为常见,适用于拍摄草原或水面等自然风景。通过水平线构图,可以表现出自然风景的宽广和辽阔,也可以营造出一种平静、安宁的氛围。

2. 对称构图法

对称式构图是按照某一对称轴或者对称中心,使得画面内容沿对称轴或对称中心对称,使主体与背景形成对称关系。这种构图手法给人一种沉稳、安逸的感觉,适用于需要展现平衡感的场景,通常被用来拍人文景观。

3. 二分构图法

二分构图法,就是利用线条把画面分割成上下或者左右两个相等部分的构图方法。通常通过将水平线或垂直线放置在画面中央,将画面分为上下或左右两个部分。在这种构图方法中,主体通常放置在分割线的某一侧,以平衡整个画面。但是,二分构图法也有缺点,如果使用不当,很容易让画面看起来过于呆板或单调。因此,在使用二分构图法时,需要注意选择合适的场景和角度,以及合理安排主体的位置和比例。在拍摄天空和地面或水面相交的地平线时比较常用。

4. 三分构图法

三分构图法,即将画面分为三等份,将主体放置在任意两条线的交点或线上。这种构图方法可以平衡画面,突出主体,并增强画面的视觉效果。又分为垂直三分构图法和水平线三分构图法,可以避免画面的对称,增加画面的趣味性,从而减少画面的呆板。在使用三分构图法时,通常是在横向或纵向上将画面划分成分别占1/3和2/3面积的两个区域,将被拍摄主体安排在三分线上,从而使画面主体突出、灵活、生动。三分构图法的优点是能够使画面具有平衡感和稳定性，同时突出主体。它适合于各种拍摄场景，如风景、人像、建筑等。通过合理运用三分构图法，您可以创造出具有美感和视觉吸引力的照片。

5. 九宫格构图法

九宫格构图法是视频拍摄中一种比较重要的构图方法。九宫格构图法是在三分法的基础上衍生出来的。三分法是将画面平均分成垂直或水平的三等份，而九宫格构图法则是将画面均分为九个格。九宫格的四个交叉点被称为黄金分割点，是画面的视线重点所在。这种构图方式较为符合人们的视觉习惯，能呈现变化与动感，使画面富有活力，使主体自然成为视觉中心。不仅是视频拍摄，在拍照时也经常使用这种方法。九宫格构图法通过横向两条、纵向两条共四条分割线将画面进行分割。拍摄时，将主体放置在其中的某个交叉点上，从而平衡画面，突出主体。因此，使用九宫格构图法拍摄出来的画面往往符合观众的视觉审美。

6. 引导线构图法

引导线构图法是利用画面中的线条引导观众目光，使其汇聚到画面的主要表达对象上的构图方法。这种构图法可以增强画面纵深感和立体空间感，比较适合拍摄大场景、远景画面。采用这种构图方法时，引导线可以是具体的线条，也可以是有方向性的、连续的事物，如流动的溪水、整排的树木、笔直的道路等。这些线条可以指向主体，也可以构成框架，可以是直线、曲线或者折线等，不同形式的线条可以带来不同的视觉效果。在拍摄时要注重意境和视觉冲击力的表现。下面是一些常见的引导线构图法：

汇聚线式引导构图：利用画面中的线条将观者的视线引向主体，例如将人物放置在画面中的汇聚点上，通过透视关系让观者的目光被引向主体。

单线条式引导构图：利用单一的线条将观者的视线引向主体，例如在画面中形成一条单一的线条，顺着线条的引导，引出后面的主体。

前景式引导构图：利用前景元素将观者的视线引向主体，例如在画面中添加一些前景元素，如花草、石头等，以突出主体并增强画面的层次感。

在使用引导线构图法时，需要注意线条的连贯性和指向性。引导线需要具有连贯性和指向性，能够自然地引导观者的目光汇聚到主体上。引导线不宜过于复杂或混乱，否则会让画面看起来杂乱无章。引导线需要与照片的主题相关联，能够表达照片的主题或情感。

7.框架式构图法

在拍摄短视频时，选取框架进行构图就是我们常说的框架式构图法。框架式构图法通过利用画面中的框架或形状，将观者的视线引向主体。采用这种构图方法有利于增强画面的空间深度，将观众的视线引向中景、远景处的被拍摄主体。框架可以是任何形状和形式，例如窗户、门、墙上的洞、树丛、栏杆、树干、树叶、管道等，一些环境元素，如雨、雪、雾气，甚至非实体的光影都可以充当框架。这类框架式前景可以形成一种视觉上的边界，将观众的视线引向框架内的景象，营造一种神秘的氛围。这种构图方法能将被摄主体与风景融为一体，带来较强的视觉冲击力。需要注意的是，构建框架的景物不能喧宾夺主。以下介绍几种常见的框架式构图法。

方形框架式构图：利用一个明显的方形框架将画面包围起来，形成一种独立的视觉区域，将主体置于框架内，让观者的目光集中在这个区域。

多形状框架式构图：利用多个不同形状的框架将画面分割成若干个区域，将主体置于其中一个或多个区域中，让观者的目光在不同的区域中游走。

圆形框架式构图：利用一个或多个圆形框架将画面包围起来，形成一种旋转的视觉效果，将主体置于框架内，让观者的目光集中在这个区域。

自然植被框架式构图：利用自然植被形成的框架，例如树叶、树枝等，将画面包围起来，形成一种自然、生态的视觉效果，将主体置于框架内，让观者的目光集中在这个区域。

七、短视频脚本的写作

视频脚本是视频制作的前置条件，扮演着至关重要的角色。其主要用来确定故事的发展方向，不仅为整个视频的拍摄和剪辑提供明确指导，而且能够确保每一个画面、每句台词都经过精心设计和充分准备，从而提高视频质量和观感。

首先，编写视频脚本可以明确故事的发展方向，为每个场景、景别、道具、动作和音乐等细节提供详细的规划和指导，实际拍摄时只须顺着流程往下走，避免出现错误或遗漏，就能快速完成拍摄。这不仅可以提高拍摄效率，还可以确保视频的整体质量和连贯性。

其次，视频脚本的精细化程度对视频的呈现效果至关重要。短视频虽短，但每个画面、每句台词都需要仔细推敲和打磨，包括场景、景别、道具、动作、音乐等。如果在拍摄前没有写好脚本，就可能在拍摄时遭遇各种问题。如道具不齐全、场景没有代入感、台词准备不充分等，这不仅会影响拍摄进度，还会降低视频质量。

最后，编写视频脚本还可以提高团队的合作和沟通效率。通过提前规划和准备，可以减少拍摄过程中的问题和冲突。同时，脚本可以为团队成员提供明确的指导和参考，确保每个人都能够按照统一的标准和要求进行工作，从而让整个团队更加高效地协作。

短视频脚本的三种类型：

1.拍摄提纲

拍摄提纲列出了短视频拍摄的要点，是针对拍摄内容的提示和规划工具，尤其适用于那些不易掌握和难以预测的拍摄内容。制定拍摄提纲一般包括以下六个步骤：

第一步，明确创作方向。制定拍摄提纲首先要明确作品的选题、立意和创作方向，设定具体创作目标，并使之在拍摄过程中保持一致，确保拍摄的内容与预期目标相符合。

第二步，确定切入点。在确定创作方向后，呈现选题的角度和切入点，这有助于使作品更具吸引力和独特性。

第三步，确定体裁与手法。根据选题的性质和创作目标，选择合适的体裁表现技巧和创作手法，了解不同体裁的表现技巧和特点，以及如何运用这些技巧来呈现内容，是拍摄提纲中的重要环节。

第四步，确定构图与视觉元素。在拍摄提纲中，需要详细规划阐述作品的构图、光线和节奏，这有助于确保拍摄的画面具有吸引力、流畅性和视觉冲击力。

第五步，做好场景规划。对于复杂的场景转换或结构，需要在提纲中详细呈现。场景转换、结构细节、视角和主题等，均可以进行细致入微的规划。

第六步，完善细节。在拍摄提纲的最后阶段，需要进一步完善细节，包含补充剪辑、音乐、解说、配音等内容。这些元素可以为作品增添层次感和情感色彩，提升观众的观看体验。

2.分镜头脚本

分镜头脚本不仅是前期拍摄的依据，也是后期制作的依据，同时可以作为视频长度和经费预算的参考。分镜头脚本的具体内容要根据情境而定，一般包括镜号、分镜头长度、画面、景别、人物、台词等内容。

通过分镜头脚本，在一定程度上已经是“可视化”影像了，制作团队可以最大程度地详细规划每一个镜头的拍摄细节和呈现效果，从而最大程度地还原创作者的初衷。也可以使团队更好地理解故事情节和创作意图，有助于提高拍摄和剪辑的效率和质量。

对于故事性强的短视频，分镜头脚本尤其重要。通过将故事情节分成若干个镜头，并详细描述每个镜头的画面、动作和台词，可以更好地呈现故事情节和人物形象。同时，分镜头脚本还可以为场景切换、特效运用等方面提供参考和指导。

3. 文学脚本

文学脚本是一种针对视频拍摄的规划和设计工具，旨在规定人物的任务、台词、镜头选择以及整个视频的时长。相对分镜头脚本，文学脚本更加简洁灵活，适用于各种不同类型的短视频制作。

对于有剧情的短视频，文学脚本可以帮助创作者更好地规划人物行动和对话，为拍摄提供明确的指导。同时，文学脚本还可以为场景选择、服装设计、道具准备等方面提供参考和提示。除了剧情类短视频，也适用于非剧情类的短视频，如教学类视频和评测类视频等。在这些类型的视频中，文学脚本可以帮助创作者规划和设计所要拍摄的内容，确保视频的主题明确、条理清晰、易于理解。

4. 新闻资讯脚本

新闻资讯类短视频的制作需要针对不同的新闻类型进行细化和准备，大部分情况下不是预设、预编辑的，但一般会根据新闻视频的类型作进一步加工。对于访谈类视频，需要提前准备关键访谈点，提前与跟拍摄像记者确认需特别留意的现场要点画面。而对于突发类新闻，一般需要按新闻要素编写新闻文稿，或以官方通报通稿为参考进行要点脚本的提炼。

在制作新闻资讯类短视频时，要想写出优秀的短视频脚本，需要注意以下几点。

做好前期准备：在进行短视频制作前，需要做好充分的准备工作。这包括了解新闻背景和相关资讯、确定拍摄地点和拍摄时间、安排参与拍摄的人员等。

确定具体的写作结构：在编写短视频脚本时，需要确定具体的写作结构。这包括开场白、主体内容和结尾等。同时，需要注意控制时长和节奏，确保内容紧凑、有吸引力。

人物设定：在新闻资讯类短视频中，人物的角色和作用非常重要。需要明确主要人物和次要人物的关系和作用，以及他们的言行举止和情感变化。

场景设定：场景的设定对于新闻资讯类短视频也非常重要。需要选择合适的拍摄地点和拍摄时间，以及布置合适的拍摄道具和背景音乐等。

语言简练、准确：在编写短视频脚本时，需要注意语言简练、准确。尽可能使用简洁明了的语言表达意思，避免使用生僻词汇或过于复杂的语句结构。

节奏紧凑、有亮点：新闻资讯类短视频需要节奏紧凑、有亮点。需要在短时间内传达重要的信息，同时通过有趣的故事情节或细节描写吸引观众的注意力。

符合新闻伦理和法规：在编写短视频脚本时，需要注意符合新闻伦理和法规。需要确保内容真实、客观、公正，不含有虚假信息或侵犯他人权益的内容。

3.5　短视频的后期编辑

一、短视频画面转场的设计

1.技巧转场

技巧转场是指用特技的手段进行转场，常用于情节之间的转换，能够给观众带来明确的段落感。技巧转场的常用转场方法与具体内容如下：

淡入/淡出：淡入、淡出是镜头模糊进入全黑画面或从中淡出。画面由亮转暗，以至于完全隐没，这个镜头的末尾叫淡出，也叫渐隐；画面由暗变亮，最后完全清晰，这个镜头的开端叫淡入，又叫渐显。

叠化：叠化是一个镜头叠加到另一个镜头，可以表现时间的流逝。叠化这种转场效果经常用在蒙太奇中，可以对同一镜头进行叠化（比如人从年轻到老）。

划像：划像也叫扫换，是两个画面之间的渐变过渡。在过渡过程中，画面被某种形状的分界线分隔，随着分界线的移动，一个画面逐渐取代另一个画面。

跳跃剪辑：跳跃剪辑是一种效果很突然的转场方式。主要使用的场景，如角色从噩梦中惊醒、从大动作的画面转至缓和的画面。

急摇转场：急摇转场是无缝转场拍摄期间最常用的一种转场方式。它可以从一个物体或者地方转至完全不同的画面，让视频的节奏行云流水。

遮罩转场：遮罩转场就是借助从镜头前擦过的前景物体，来展现另外一段画面，需要借助后期剪辑特效工具来实现。

闪白加快转场：闪白加快转场有掩盖镜头剪辑点的作用，增加视觉跳动，感觉就像光学变化，让片段看起来不单调，而且最好保持即使在最白的时候也隐约有东西可见，也就是说不采用纯白的单色。同理闪黑也可以先让暗部涌出来。

定格转场：定格转场适合将上一段的结尾画面作静态处理，使人产生瞬间的视觉停顿，接着出现下一个画面，较适合于不同主题段落间的转换。

翻转转场：画面以屏幕中线为轴转动，前一段落为正面画面消失，而背面画面转到正面开始另一画面。翻转用于对比性或对照性较强的两个段落。

多画面分割转场：这种技巧有多画屏、多画面、多画格和多银幕等多种叫法，是近代影片影视艺术的新手法。把银幕或者屏幕一分为多，可以使双重或多重的情节齐头并进，大大压缩了时间，非常适合电影开场、广告创意等场合使用。如在电话场景中,打电话时,两边的人都有了,打完电话,打电话者的戏没有了,但接电话者的戏开始了。

字幕转场:字幕转场是通过字幕交代前一段视频之后发生的事情,可以清楚地交代时间、地点、背景、故事情节、人物关系,让观众一目了然。

2. 无技巧转场

当然,除了通过计算机技术特效转场外,还有无特效转场。无技巧转场是用镜头的自然过渡来连接上下两个画面,强调视觉的连续性。主要有以下一些类型:

空镜头转场:这种转场方式借助没有主旋律或看似平淡无奇的空镜头作为转场过渡。相比自然转场,空镜头转场可自由发挥的空间更大,形式各异,比如天空、大海、荒漠等。它可以帮助观众缓解视觉疲劳,同时将注意力转移到下一个场景。

示例:一个镜头拍摄夜空中璀璨的星星,下一个镜头切换到城市的繁华景象。

遮挡镜头转场:场景A下用手、身体部位或物体遮挡整个镜头,创造一个视觉障碍,随着向场景B的切换,手或物体从遮挡的镜头上移开,观众的视线也随之转移到新的场景B。这种转场方式利用了视觉突然变化引发的观众的好奇心,使观众沉浸在剧情中。该手法十分常用。

示例:一个镜头拍摄时用手捂住镜头,下一个镜头在手移开后展现新的环境。

相似主体(场景)转场:在A、B场景中寻找相似点,比如一棵树、一座建筑或相似的风景。在A场景中将镜头推向它,直到整个镜头被遮挡,在B场景中从相似点将镜头慢慢拉开。该手法可以将两个场景中的主体或场景进行巧妙连接。通过相似主体的连续展现,引导观众的视觉和心理联想,实现流畅的转场效果。该方法在原理上与遮挡式转场一样。

示例:上一个镜头拍摄人物在森林中漫步,下一个镜头在相似的树木背景下展现人物到达新的地点。

走路式转场:在不同场景中做相同走路动作,通过动作的连续性引导观众从一个场景自然过渡到下一个场景,从而连接画面逻辑。拍摄步骤是,在场景A下,将镜头由上向下拍摄,录制脚走路的样子;用同样的方式录制在场景B走路的样子,从而将画面切换到场景B。注意,走路的步调一定要一致。这种转场方式借助了动作的一致性和连续性,使转场画面流畅而不突兀。

示例:上一个镜头展示人物在沙滩上步行,下一个镜头展示在相似的沙滩背景下人物到达新的地点。

声音转场:利用音乐、音响、解说词、对白等与画面配合,实现转场。根据声音的自然过渡、呼应关系或反差效果,将画面巧妙地转换到下一阶段。当然,这三种处理方式效果有所不同。第一种是利用声音自然过渡到下一阶段,承上启下,过渡分明,转换自然。第二种是利用声音的呼应关系来实现时空的大幅转换。第三种是利用声音的反差来加强叙事节奏以及段落区隔。这三种方式均强调声音与画面的协同作用,为观众提供更完整的视听体验。

示例:上一个镜头结束时的钟声在下一镜头中继续回荡,引导观众进入新的情境。

特写转场:无论前一个镜头是什么,下一个镜头都可以从特写开始。这种方式强调对局部的强调和放大,展现出平时肉眼难以察觉的细节和美感。特写转场会给予观众新的视觉冲击,激发他们的好奇心和探索欲望。

示例:上一个镜头结束时展示一个花朵的细节特写,下一个镜头开始时继续展示某个事物的特写状态,引导观众注意到新的环境中的细节。

主观镜头转场:上一个镜头是人物去看某个场景或物体,后一个镜头则展示该人物所看到的、所在的场景。借助模拟人物的视觉方向,将观众带入下一个场景,来实现时空的转换,这种方式增强了画面的代入感和沉浸感,使观众仿佛置身于人物的视角。

示例:上一个镜头以人物的视线望向远方的山峰结束,下一个镜头开始时展示山峰的壮丽景色,引导观众进入新的环境。

两极镜头转场:前一个镜头的景别与后一个镜头的景别形成两个极端。例如,前一个是特写,后一个是全景或远景。或者前一个是全景或远景,后一个是特写。这种转场方式通过景别的急剧变化产生对比效果,强调两个场景之间的差异和联系。这种转场有时会带给观众强烈的视觉冲击和心理反差,但要避免过于突兀和不连贯。

示例:一个镜头以人物脸部特写结束,下一个镜头开始时展示城市的远景，强调两个场景的差异和对比。

除了上面介绍的这些，还有很多其他的转场方式，诸如运用相似形状转场、运用相似动作转场、运用相似声音转场等。综合而言，只要记住上一视频结尾的某物体、某风景、某动物刚好在B视频中也存在，就可以尝试在这个画面上进行转场发挥。最重要的是要根据视频的内容和风格选择最适合的转场方式。

二、短视频背景音乐的选择

背景配乐是一种能够引导受众情绪的工具。新闻的背景配乐（注意是配乐而不是背景原声）属于新闻客观事实之外的元素，通过背景音乐可传递一定的主观情绪，使观众对新闻产生更强烈的感受。例如，雄壮的音乐令人产生敬仰之情，柔和的音乐令人产生放松的感觉，而在报道灾难性事件时，使用沉重、哀伤的配乐可以更好地引导观众感受到灾难的严重性和现场的悲伤情绪。

在新闻制作中，背景配乐的选择必须慎重。在正常情况下，背景配乐必须与新闻事实中的情绪体验相匹配，避免刻意引导受众情绪。如果新闻人物正在经历哀伤的事情，主观情绪沉浸在悲伤中，开始背向镜头走远，背景音乐就不能过于欢快，否则会误导观众认为情况已经好转，与新闻事实不符。同时，给新闻添加背景配乐有一定风险，因为当受众对新闻事实的了解不够全面时，这种带有明显情感色彩的音乐很容易影响受众的判断。

新闻短视频的背景音乐主要用来衬托新闻事件的焦点和事件的重要性，通常会选择具有气势恢宏、节奏急促等特点的音乐，以突出内容的话题性和故事性。例如政治交锋、犯罪、交通意外或某件生活中的悬疑事件等大众新闻，通常会选择紧张刺激的音乐，而涉及军队军容、内容励志向上积极阳光的好人好事等，则会选择气势磅礴的音乐。

图3.5-1　趣看云制作背景音乐设置界面

趣看云制作相关系统提供了丰富的背景音乐供创作者选用。创作者也可以导入自己团队在用的BGM。

政治、外交、地区军事冲突焦点类型的背景音乐如：*El Dorado*、*Arise*、*Redrum*、*Guardians at the Gate*、*BBC World 2013 Countdown*、*Rags To Rings*、*Bad Guy*、*Rain*、*Strength to Believe*等。

交通、警情案件的新闻背景音乐：*The Final Zepp*、*Scar Song*等。

旅游景点、城市宣传、人物介绍背景音乐：*Breath and Life*、*A Little Story*、*The Right Path*、*Dances with Wolves*、*John Dunbar Theme*等。

具体落地到BGM的选用，有以下几方面需要强调：

首先，音乐与内容需保持情感基调的一致性。

比如抖音播主张同学拍摄的乡村生活，采用了Aloha Heja He作为背景音乐。音乐不失动感，但却能让人不自觉进入放松状态。正因为他选择的BGM与后期的剪辑搭配完美，才使他的每一段视频都让人念念不忘。因此，如果拍摄的是美食风格、快闪类型的视频，可以选择快节奏的音乐；如果拍摄的是风景，可以配一些舒缓心情的慢节奏音乐。同理，如果是节奏卡点的音乐，我们就要选择与节奏匹配度高的主题类型。每个音乐都有自己的独特画风和节奏,选择对了音乐可以使画面更加流畅自然。

其次,用背景音乐控好视频节奏。

除了叙事类的内容,大部分视频的情绪和节奏都是背景音乐驱动的。为了让视频和音乐更好地融合,在剪辑视频的时候,可以按照视频画面的出现顺序先进行粗剪,然后根据画面的节奏点去找适合的BGM,使画面和视频融合为一个整体。画面和背景音乐的匹配程度直接影响整个视频的观看舒适度。如果音乐与画面节奏无法很好融合,就会让人产生一种格格不入的感觉,观看起来就会比较难受。当前像“剪映”等工具,也提供了AI卡点、配乐的功能,可以尝试使用。

再次,背景音乐不能喧宾夺主。

背景音乐主要是为了配合画面,让画面呈现更加自然、流畅,起到画龙点睛的作用,这是背景音乐的使用原则。背景音乐运用的最高境界,是让其无感。

在大部分情况下,建议使用纯音乐作为背景音乐比较好。除非画面需要背景音乐的歌词增加用户代入感等一些特殊情况,可以使用有歌词的歌曲作为背景音乐,否则如果音乐过于突出,就会适得其反,分散用户注意力,使其无法专注于作品本身的魅力。

最后,使用流量音乐为视频加持。

选择热门音乐作为背景音乐,可以帮助短视频在平台上获得更多关注与推荐。原因很简单,因为热门音乐已经具有一定知名度和流行度,能更多地吸引观众观看。通过将热门音乐与视频内容相结合,创作者可以创造出更具吸引力和观赏性的短视频。这种结合可以激发观众的兴趣和好奇心,提高视频的点击量和分享率,从而为短视频带来更多曝光和推广机会。

当然,在选择热门音乐时,必须注意音乐与视频内容的匹配程度,并妥善解决版权问题。确保所选音乐与视频内容相关且适合，并确保没有侵权的风险。

三、为短视频进行配音

为短视频配音也是制作短视频的一项重要工作，恰当的配音可以为短视频增色不少。以下为常见的三种配音方式。

第一种，短视频创作者自己配音。

当短视频创作者自己为短视频配音时，需要注意以下四点：①尽量使用固定支架话筒，避免手持话筒难免会出现的颤动，尤其是在说话时，随着人的情绪变化和表达的需要，手持话筒动作幅度较大时会影响配音效果。②要将话筒置于与人脸平面成30度角以内的位置，并套防风罩，以防在说某个词音量过重时录入爆破音。③消除环境噪声。在配音时不要打开会发出声响的电器，手机要调成静音模式，旁边的人不要发出与配音内容无关的声响。④把握好配音内容的基本感情色彩，用恰当的停顿和连接，让配音内容连贯完整。

第二种，请专业团队配音。

对一些人来说，配音是一件具有挑战性的工作，可能会遇到如普通话不标准，声音不好听，说话时紧张、忘词、卡顿等，这些问题会导致无法达到理想的配音效果。如果短期内无法克服这些困难，可以考虑请专业团队来进行配音，其收费一般根据配音的难度和时长而定。

第三种，使用AI配音软件。

使用配音软件可以很好地规避自己配音的局限性，简单方便且成本较低。例如，趣看移动直播台App和趣看“云非编”配音就有比较出色的短视频配音工具。只需要在软件中输入文字，选择合适的虚拟发言人音色、语速，便可以生成对应的语音。这种方式可以大大提高配音的效率和便捷性。

四、为短视频添加字幕

为短视频添加字幕，能够方便用户了解短视频内容，而带有字幕的短视频也更有可能成为爆款。几乎所有的短视频制作工具都支持添加字幕。在为短视频添加字幕时，要注意这样几点：①字幕的颜色一般采用白色，但要避免字幕颜色与背景颜色相冲突。可以为白色字幕添加对比明显的边框，但边框不要太大，以免影响美观度。给字幕添加反色阴影也是一种避免字幕与背景混色的方式。②字幕最好不要遮挡视频画面的主要内容，一般放在视频画面的正下方。③除了要达到幽默搞笑效果的特殊情况以外，字幕中不要有错别字。④字幕文字要通顺、流畅，与视频中所说的话时间点要保持一致。

在新闻短视频字幕设计上，除处理正常的交代清楚新闻事件的要素外，添加相关的旁白字幕、人物标签字幕以及访谈音频的字幕示意也是比较常用的操作。这里的关键是要理解视频和字幕的语义映射关系，让用户更好地理解、感知视频内容。

3.6 审核机制与审核要点细则

2019年，中国网络视听节目服务协会的官网发布了《网络短视频平台管理规范》和《网络短视频内容审核标准细则》。

从官方文件中可总结得到审核机制建立的原则有这几点：①流程敏捷；②重点把控；③政治敏感；④专业主义；⑤人文关怀；⑥智能审核，包括人物敏感性、文字敏感性、画面敏感性。

第四章
演播室技术与应用

4.1 演播室概述

国务院发布的《“十四五”数字经济发展规划》强调，要加强超高清电视普及应用，发展互动视频、沉浸式视频等新业态，深化人工智能、虚拟现实、8k超高清视频等技术的融合。工业和信息化部、教育部、文化和旅游部、国家广播电视总局、国家体育总局联合印发《虚拟现实与行业应用融合发展行动计划(2022—2026)》，明确提出发展面向虚拟现实技术助力广播电视及网络视听业态更新，探索基于虚拟化身等新形式的互动社交新业态。

一、面向终极用户需求，实时全真智能互联网时代，节目现场实时演播制作方式的新变化

随着5G、4k/8k超高清、AI、AR/VR/MR、云计算等先进技术的发展，催生了虚拟化、IP化、云化、互动化、智能化新型业务场景。在这个趋势下，“加强用户连接，满足用户需求”成为未来泛媒体产业发展创新的核心。实时通信、音视频等一系列基础技术已经准备就绪，实时全真互动时代已经到来。虚实融合计算能力的快速增强，正在推动着演播制作新模式发生更丰富的变化，以实现更真实的内容消费体验。以往传统演播室定位于精品内容生产，流程较长，以单向传播为主，偏向硬装建设，使

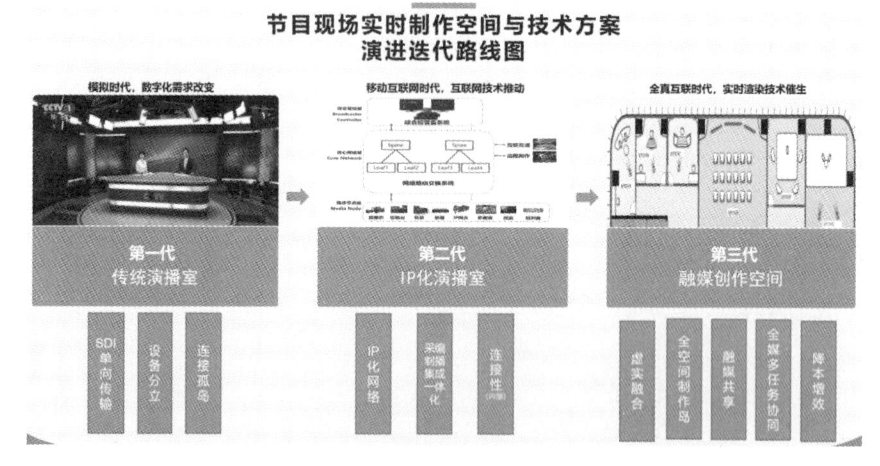

图4.1–1　节目现场实时制作空间与技术方案演进迭代路线图

用率低，技术系统较为传统。面对新型媒体生态和用户需求，传统演播系统和演播流程已经难以满足媒体融合发展要求，难以满足用户连接、在线协调、远程制作、多形态大小屏同播等业务和技术要求。随着媒体发展进入互联网快车道，自媒体和直播平台如雨后春笋般涌现出来，传统广播电视行业受到了巨大冲击。但是，这也给传统广电行业带来了活力，使其加速向四全媒体[①]演进。这种演变使得节目内容的制作和包装变得越来越多元，对各个节目的制作精准化和内容多样性要求也越来越高。

就技术路线迭代而言，随着技术的不断进步和用户需求的不断变化，演播室技术路线也在不断迭代和升级。从最初的传统演播室到现在的IP化演播室，再到融合演播制作空间，演播室技术经历了巨大的变革。在传统演播室中，节目制作采用的是单向传输的方式，设备之间是分离的，制播空间彼此成为“孤岛”。随着IP化演播室的改造，实现了IP化传输和采编制播集成一体化，能通过有限的连接将其内外业务系统连接起来，这使得演播室节目现场制作方式发生了飞跃式的变化。进而言之，当下业务

① 四全媒体：指全程媒体、全息媒体、全员媒体、全效媒体。

与技术的双重发展变革，也促进了第三阶段融合演播制作技术平台的升级。它涵盖了云场端一体化演播、用户深度参与节目制作、跨内容场景演播、多团队协同创作、全流程的演播制作。各大媒体机构十分重视作为新兴内容生产技术的虚实融合演播制作技术，纷纷投入资源用于发展建设。

就用户侧需求而言，用户对超高清视频画质体验的追求、移动化的变革、短视频的兴起、互动直播和电商带货的流行，导致越来越多的节目内容采集、制作、播出和分发模式也随之改变，视频的业务生态也越来越丰富。

用户越来越追求现场沉浸感　通过多事件现场、演播室现场、虚拟现场，以视频直播、多机位直播、场景互动直播，通过创新AR、VR、MR超高清技术手段，在导播手法引导下，让用户能沉浸式感知现场。

用户越来越期待深度解读感　用户通过背景素材信息、网络舆情裂变信息、专家连线深度解读等获得对内容的再解读。

用户期待获得互动参与感　用户通过评论屏、连线等多种方式参与内容生产与传播。

用户期待随时能有获得感　用户通过二次制播制作，使得视频通过云制作下云非编、拆条等方式快速获取打动用户的内容。

二、面向媒体机构本身，“多内容团队共享、跨内容场景创作、云场端一体化”的融媒创作空间新方式

媒体深度融合已经成为现代媒体发展的趋势，舆论传播变得越来越多元化。除了在媒体行业耕耘数十载的广电、报业等主流媒体之外，政企、高校、气象、公检法、文体旅、金融等各行各业都拥有了向内或向外的新媒体宣传需求。在这媒体融合新的十年里，新闻生产方式和产品形态不断变化。人们普遍认为，媒体机构不能满足于单个爆款，要依靠产品形成产品链乃至生态。这是媒体融合下半场最难的部分，也是最关键的，即推动以新媒体为中心的战略，持续推进资源优化配置和体制机制创新，不断提高传播力、引导力、影响力、公信力。

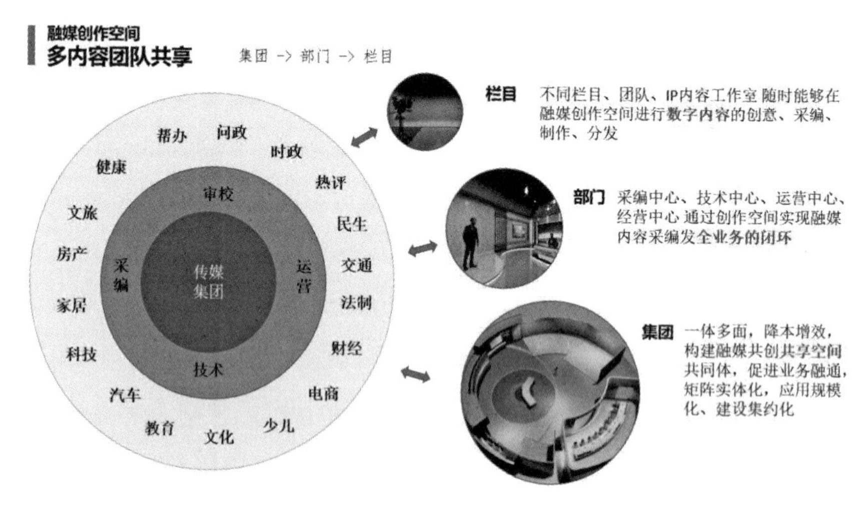

图4.1–2　融媒创作空间：多内容团队共享图

因此，对于媒体机构而言，有必要构建“统分结合、互为支撑、纵横联通、协同发展、充满活力”的业务体系，赋能“策、采、编、发、存、管、效”全链路。在“内容”上，要求视频主流、直播常态、精品突出；在“模式”上，要求融媒共享空间、云场端协同生产、跨内容场景生产；在“技术底座”上，要求虚实融合、沉浸式互动、AIGC赋能。所谓“云场端”一体化：“云”为视频云平台，既是一朵“全媒采编发业务云”，也是一朵“视频内容生产云”，还是一朵“融合分发云”，以“云”增强演播中心IP云化传输能力、在线化协助制播能力、多演播集群管控、互动运营营销、实时数据可视等能力；“场”为“演播现场＋事件现场”，以“场”联动实现演播现场与远程现场、用户现场等的多场景融合，打造跨域的演播内外、虚实结合、线上线下综合性融合演播空间；“端”为用户端，以“端”覆盖直播制播用户，强化用户端与制播端、运营端的多端跨屏深度互动，深度打造用户制播参与感、用户传播互动感等新生代内容演播流程与互动内容产品。这一切的核心在于打造具有“一平台、多中心、全媒体、更高新、深服务”特色的下一代融合演播制作中心，实现“让视频更易连更好看”的目标。

三、演播室分类

演播室根据用途不同一般从面积上分为大型(400平方米以上)、中型(150平方米左右)和小型(50平方米以下)三种。大型演播室,多用于场面较大的歌舞、戏曲、综艺活动等节目,也可拍电视剧。一个大型演播室可以分割成若干个小景区,一个接一个按顺序拍下去,拍过的景区随即更换布景再拍另外场景的节目,以提高演播室利用率。中型演播室,以小型戏曲、歌舞、智力竞赛或者座谈会等为宜。小型演播室,以新闻、节目预告、样板式教学等动作不大的节目为主,更多的是用于插播、配解说和拍摄小型实物。

依据视频标准不同,演播室可分为标清演播室(扫描格式720×576,画幅比4:3,已逐渐淘汰)、高清演播室(1920×1080i,画幅比16:9)与4k演播室(3940×2160p,画幅比16:9)。这些演播室内可以制作不同格式标准的节目信号。

此外,根据景区不同,演播室又可以分为实景演播室和虚拟演播室。实景演播室是指在真实场景中搭建的演播室,通常用于拍摄外景或访谈类节目。虚拟演播室是在计算机中创建的三维场景,通过与真实人物结合,可以实现更为丰富多样的节目效果。

四、演播室建设核心技术

当前,我们在建设演播室时,会通过引入4k、VR、AR、RTC、SRT、AI等强核技术,融合前期建设的统一资源,使其面向云化、IP化、跨现场协作,不仅能满足虚实融合的新闻报道、专题访谈、突发事件、政务服务、远程连线等多业务场景,还能满足构建面向元宇宙、虚拟数字人、XR虚实互动视频等节目制作和新媒体宣传的需求。因此,从核心技术分类角度来看,演播室建设技术可以分为融合演播制播技术与融合画面生态技术。前者主要为导播、编辑、包装、调音、虚拟等面向制作与播出类的技术门类,后者则与摄像机、灯光、空间设计、声音、云台等声画生态相关。

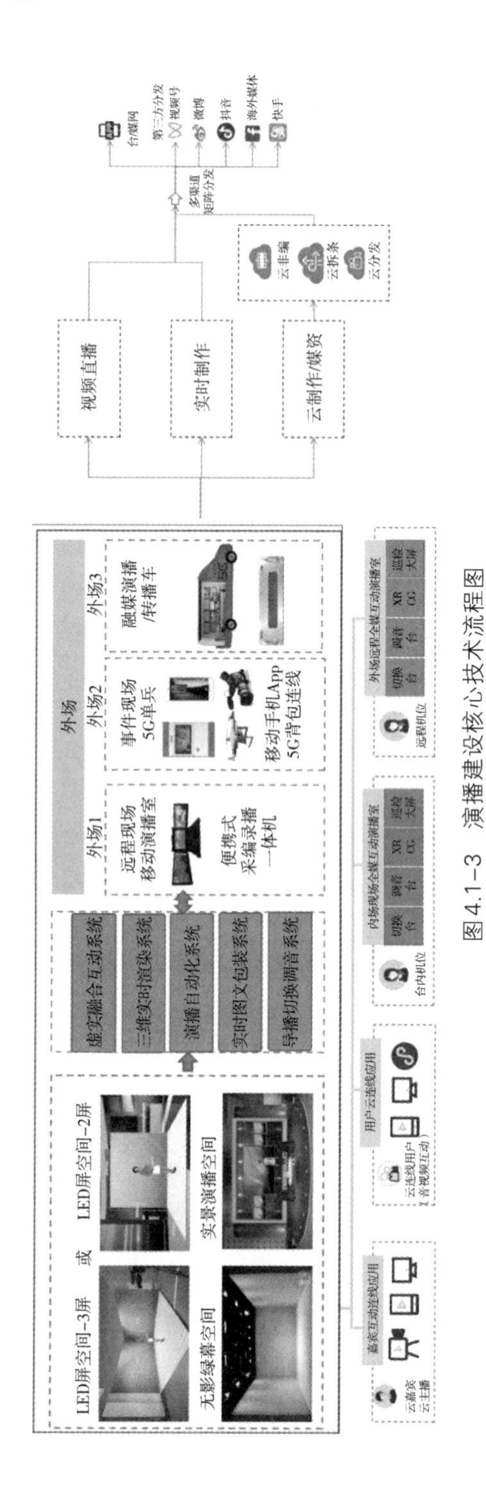

图 4.1-3　演播建设核心技术流程图

演播室是虚实融合演播室的核心区域，是音视频等节目创作的发起方，主要需建设显示屏、虚实融合沉浸式互动演播系统、摄像机定位跟踪系统、音视频系统、灯光系统等。主持人、嘉宾在演播室内录制节目，摄像机和话筒负责采集信号并输入制作系统。外场包含移动演播室、单兵、转播车等传回的音视频信号。信号使用IP网络传回演播室，形成内容的内外协同。

导播室负责将节目的素材采集汇聚，并导播、编辑、调度各方人员协同工作，邀请嘉宾互动连线，最终形成可分发的节目。这些音视频节目通过IP化、云化处理，可通过云端进行分发。在线下制作的节目可实时同步至云端，或存储、或编辑、或分发观看。利用云强大的全网分发能力，可将节目分发至自有客户端，新浪、抖音、快手、哔哩哔哩、微博、头条等互联网平台，也可分发到脸书等海外平台。

虚实融合演播室，以虚实融合技术为核心，以演播室技术为基础框架，可以满足新闻资讯虚实融合制作、“新闻＋政务＋公共服务”全媒体制作、“新闻＋商务”融合制作、多演播远程现场云制作等业务场景。该系统可满足用户对远程制播、新闻报道、综艺娱乐、专题节目、移动演播室的直录播等制播业务的需求。

该系统涵盖统一制播平台、导播直播岛、传输层、设备层四层架构。

统一制播平台　具备IP云化的总控制播调度，实现跨演播现场的多演播现场制播岛构建、多方联动移动调度、统一制播调度、播出播控安全级联、集约化制播运营。

制播岛　演播制播业务系统架构由采编导播子系统、互动连线子系统、CG在线实时图文视频包装子系统、虚拟演播室子系统、调音混音子系统、直播录制子系统、安全播控子系统、双击热备子系统、角标时钟字幕子系统、快传系统、移动直播台App等构成。这使该业务实现了导播、CG、全息、连线、移动采编等核心制播业务能力具备多信源帧级同步、监播巡检,支撑导播调度互动连线的场景应用,支撑实时图文视频包装,同时涵盖AR、VR实时渲染,支撑超高清编解码、横竖屏采编播,支持云下云上的“制、播、拆、编、存、发、运”一体敏捷化制播工作流组建。使用演播室内的基础设备和传输协议,即可完成虚实融合演播室的节目现场实时制播,除了基础的视频和音频采集制作之外,三维虚拟制播可以实现人物抠像、虚实融合,图文包装系统能够实现节目的CG制作和实时叠加,连线制播系统可以完成多方远程互动连线。虚实融合演播室系统让节目不再是简单的摄制和切换,而是在多重技术应用之下的虚拟与现实的融合和叠加。

传输层　打造接口丰富、多平台协议、跨域网接入的传输层网络,采用入侵防御系统实现安全网关,实现SDI、HDMI、SRT、NVI、WebRTC、RTMP、RTSP、QKDCIP视频矩阵化安全稳定可靠的传输网络。如摄像机、话筒等演播室内采集设备,可以通过SDI、HDMI、XLR、TRS、VGA等视音频接口和线缆传输。线缆的优势是传输稳定,但传输距离有限。在演播室外场或距离较远的场所,适宜使用IP化传输,如使用SRT、NVI等传输协议,或使用WebRTC,实现互动连线功能。

设备层　在总体系统架构中,支撑各种前端视音频采集设备,如制播媒体网关、超高清专业摄像机、VR相机等视频音频设备、采编录播一体化设备、通话设备、灯光设备等,这些设备构成了一个完整的演播室,使演播室可以满足采集、传输、控制等节目制作的基本需求,并能通过传输层的接口实现向外界显示、屏显设备等。

新一代演播室建设具有以下技术要点:

虚实融合CAVE　基于超现实实时渲染引擎,将虚拟场景与现实世界巧妙融合,将计算机生成的数字人、图像、三维场景、视频等虚拟信息与现实拍摄画面相融合,完成虚实融合视频制作。

4k超高清　实现4k、8k的视频采集、视频编码、视频传输、视频编辑、视频分发、视频播放等全流程超高清观看极致体验。

视频IP化　利用NVI、QSRT等主流数据传输协议，实现虚实融合演播室内不同设备的数据可以通过局域网实现超低延时、高效地汇聚传输，同时也兼顾SDI的基带信号、IP传输的结构，部署更快，效率更高。

移动化　利用移动化工具实现远程连线系统，可实现数字演播室和远程嘉宾或记者、虚拟角色的音视频连线。远程嘉宾或记者既可以使用电脑，也可以使用手机来完成与演播室的音视频连线。

平台云端化　利用云计算、5G、“互联网＋”等技术，打造基于5G低延时、超带宽、超链接、沉浸式的“采、编、录、播”超高清视频制播系统和视频云中台，实现策、采、编、发的一体化发展。

五、演播室设计思路

融合演播室以虚实融合技术为核心，以演播室技术为基础框架，可以满足新闻资讯虚实融合制作、“新闻＋政务＋公共服务”全媒体制作、“新闻＋商务”融合制作、多演播远程现场云制作等业务场景。

融合演播室的基础设施即为演播室内的相关设备，如制播媒体网关、视频音频设备、采编录播一体化设备、通话设备、灯光设备等，这些设备构成了一个完整的演播室，使演播室可以满足采集、传输、控制等节目制作的基本需求。

在融合演播室的传输层，如摄像机、话筒等演播室内采集设备，可以通过SDI、HDMI、XLR、TRS、VGA等视音频接口和线缆传输。线缆的优势是传输稳定，但传输距离有限。在演播室外场或距离较远的场所，则适宜使用IP化传输，如使用SRT、NVI等传输协议，或使用WebRTC视频视联实时通信，可以实现互动连线功能。

使用演播室内的基础设备和传输协议，即可完成虚实融合演播室的节目现场实时制播，除了基础的视频和音频采集制作之外，三维虚拟制播可以实现人物抠像、虚实融合，图文包装系统能够实现节目的CG制作和实时叠加,连线制播系统可以完成多方远程互动连线。虚实融合演播室系统让节目不再是简单的摄制和切换,而是在多重技术应用之下的虚拟与现实的融合和叠加。

六、演播室设计原则

作为新媒体节目制作的融合演播室,需要具备极高的稳定性,确保节目制作的安全运行。同时,需要具备数字创新能力和拓展能力,符合传媒发展的趋势,顺应媒体传播的潮流。

安全性 所有环节的设计必须遵循安全稳定的首要原则,包括数据安全、演播室安全、网络安全、设备选型安全、节目质量安全等。

易用性 演播室整体操作快捷、友好,突出用户使用的实用性和友好性;在云平台系统维护上,提供集中的网络管理和配置平台,便于统一设置和管理,分散授权使用。

高效性 在保障安全稳定的制播前提下,采取适当合理的手段,适应快速节目制作传播的需求,缩短制作和传递时间,提升节目的生产效率。

扩展性 在演播室设计时,考虑一定的冗余量,以便根据生产业务需求进行后续升级。在软件功能上,具备一定的扩展修正能力,在不影响核心制播系统运行的情况下,进行系统的平滑升级和更新。

先进性 设计过程所采用的思路、方法、设备、应用构造方法和流程都应当合理、高效,从而实现平台及其之上工作流程的先进,确保一定时期内系统建立后的竞争优势及领先地位。

经济性 在满足系统功能及性能要求的前提下,可开展虚实演播、三维演播、AR、VR、5G互动连线等多种形式,降低系统建设成本。采用经济实用的技术和设备,利用现有设备和资源,综合考虑系统的建设、升级和维护费用,不盲目投入。

七、演播室让节目效果超乎想象

演播室的存在可提供拍摄和制作各类节目的场所,满足不同类型节目的需要，提供安全可靠的录制环境，提高节目制作的效率和效果，满足不断发展的技术和媒体形式的制作需要。笔者认为演播室的核心价值还主要体现在如下几个方面：

实现虚实融合沉浸式互动演播现场制作　覆盖新闻节目、专题策划、时政报道、突发、泛资讯等直播、录播的形式，融合演播室、移动演播室、演播室、外场事件现场多现场。

多方嘉宾实时访谈连线　支持无限数量围观、“十方＋”音视频低延时嘉宾云连线。

观众参与节目演播制作　用户通过H5、App以视音频互动、互动评论、大屏连线互动等多种方式实时参与演播制作，支持千万级访问、百万级并发。

“高格式”的演播制作　融合了4k、8k、真三维、AR、VR、MR高帧率、高动态范围、广色域等高新技术格式，多种视觉呈现效果视频直播、多机位直播、多场景连线互动，让用户直击现场、沉浸式感知现场。

智能化的高效协同　演播制作准备周期缩短，现场制作和后期制作一气呵成；实现智能拆条、打点等在线制作任务，人员团队敏捷协同。

事件背景信息深度解读　用户通过背景素材信息、网络舆情裂变信息、专家连线解读对内容的深度再解读，通过创新互动技术、互动形态、底层重构提升媒体影响力、公信力。

丰富的“新概念”玩法　融合直播、录制、短视频、小视频、长视频；业务场景丰富，具有新奇的观像语言和视觉体验的创新应用场景，引发观众兴趣。

实现智能生产制作资源管理　支持设备资源虚拟化、人员在线化、素材数据化管理，打造适应全媒体生产传播的一体化资源管理架构，构建新型采编流程。

功能全建设　实现大屏、小屏双向播出，提供更多与观众交互式互动的方式，使得演播室与前方空间转换更简单。实现多种外来模拟高标或数字高标信号的接入，提供更多互动发布方式。实现一体化设备播控能力，最大限度发挥包装设备功能，最大范围媒体传播。具有革命性和历史性地实现新的节目直录播创意，充分发挥一体化设备的综合利用效率。

八、演播室建设相关标准

演播室系统的各项软、硬件技术必须遵循现有(或通用)中国标准。若无相应中国标准，则必须遵循相关国际技术标准。主要可分为多媒体方面、传统系统、建筑施工综合布线以及视音频接口等。

音视频编码依据及复用标准 ITU-R BT.601数字电视编码标准、SMPTE 125M规定的数据电气接口标准、SMPTE 125M及EBU Tech 3267规定的数据电气接口标准、ITU-R BT.711供分量数字演播室使用的同步基准信号、SMPTE RP 168为实现同步视频切换关于场消隐切换点的规定、AES3供数字伴音工程线性表示的数字伴音数据的串行传输格式、AES11供数字伴音工程在演播中使用的数字伴音设备的同步格式、ITU-R BT.624对模拟符合输出监视的规定、SMPTE170M规定的数据电气接口标准、《MPEG-2视频标准在数字(高清晰度)电视广播中的实施准则(征求意见稿)》、GB/T 17975-2010《信息技术运动图像及其伴音信号的通用编码》、GY/T 212-2017《标准清晰度数字电视编码器、解码器技术要求和测量方法》。

信息技术软件质量标准 GB/T 17544-1998《信息技术软件包质量要求和测试》、GB/T 16260-2006《信息技术软件产品评价质量特性及其使用指南》。

音声系统设计依据 GB 50371-2006《厅堂扩声系统设计规范》、GYJ 25-86《厅堂扩声系统声学特性指标》、GB 4959-2011《厅堂扩声特性测量方法》、GB/T 50356—2005《剧场、电影院和多用途厅堂建筑声学设计规范》、GBJ 76-84《厅堂混响时间测量方法》、GB/T 14476-93《客观评价厅堂语言可懂度的“RASTI”法》、GB/T 14197-93《声系统设备互连的优选配接值》、SJ2112-82《厅堂扩声系统设备互联的优选电气配接值》、GB9003-88《调音台基本特性测量方法》、GB50198-2011《民用闭路监视电视系统工程设计规范》、JGJ/T16-2016《民用建筑电器设计规范》、GBJ 16-92（2001 年修订）《建筑设计防火规范》、GB/T50314-2015《智能建筑设计标准》、GB/T50311-2016《建筑与建筑群综合布线工程设计规范》、GB50259-2006《电气装置安装工程电气照明装置施工及验收规范》、GB50169-92《电气安装工程接地装置施工质量验收规范》。

灯光技术标准和规范　GB50258-2019《电气装置安装工程施工及验收规范》、GY5045-2006《电视演播室灯光系统设计规范》、GB50016—2006《建筑设计防火规范》、GY/T 152-2000《电视中心制作系统运行维护规程》、GB7000.15-2015《舞台灯光、电视、电影及摄影场所（室内外）用灯具安全要求》、GB7000.1-2015《灯具一般安全要求与试验》、GY5070-2013《电视演播室灯光系统施工及验收规范》、GB50171-92《电气装置安装工程盘、柜及二次回路结线施工及验收规范》、GB/T50356-2005《剧场、电影舞台灯光设计方案院和多用途厅堂建筑声学设计规范》、GAT75-94《安全防范工作程序与要求》、GB J54-83《低压配电装置及线路设计规范》、GB50052-2016《供配电系统设计规范》、GB50054-2011《低压配电设计规范》、GB50034-2013《建筑照明设计标准》、JGJ16-2016《民用建筑电气设计规范》。

其他国家广播电影电视总局有关数字电视设备系统的标准。

4.2 实景演播室技术

一、实景演播室的场景设计

实景演播室，主要由三部分组成：演播区、节目控制区以及演播室辅助区域。

演播区：节目制作的主要区域。演播区通常会全部进行吸声处理，以防止回音和噪声干扰。顶部用来安置灯光设备。演播区会有节目所需的道具、观众席、背景屏幕、互动电视返送等。此外摄像机、话筒等设备也位于这个区域。

根据制作节目类型的不同，演播区可细分为坐播区、站播区、访谈区。

坐播区以屏幕为背景，可用于播报时政、体育、竞技等特别新闻。在弧形记者桌造型下可以多角度进行单人或多人的新闻等特别节目的制作，大大提高了空间利用率。

站播区配备液晶显示屏，与主持人站播配合使用，既可以作为动态背景画面，也可以配合图文做节目播报。不仅可以进行普通的播报，也可以植入前景虚拟进行电话及视频第二现场的连线，也可以进行微博、微信的互动互连。

访谈区借助虚拟前景植入空间或采用后置显示屏的方式作为访谈背景，在视觉感官上具有既视感，满足近景拍摄。可用做新闻专题类、任务访谈类节目制作。

节目控制区即导播间，与演播室相邻，这是协调所有制作活动的地方，也可称为导播室或主控室。导播人员在这里进行现场节目的指挥工作，技术人员负责实时监控现场画面质量，调音师调整各种声源音质，灯光师利用各种专业灯具制造所需的光影效果。

演播室辅助区域是辅助完成节目制作的区域，如布景与道具库、化妆间、休息室等。这些辅助设施对节目的顺利进行和演职人员的休息十分重要。

二、实景演播室系统特点及设备配置

为了满足演播室内声光电采集制作的需求，演播室内需要各种不同的系统分工协作，包括视频系统、音频系统、通话系统、TALLY系统、时钟系统与传输系统等。

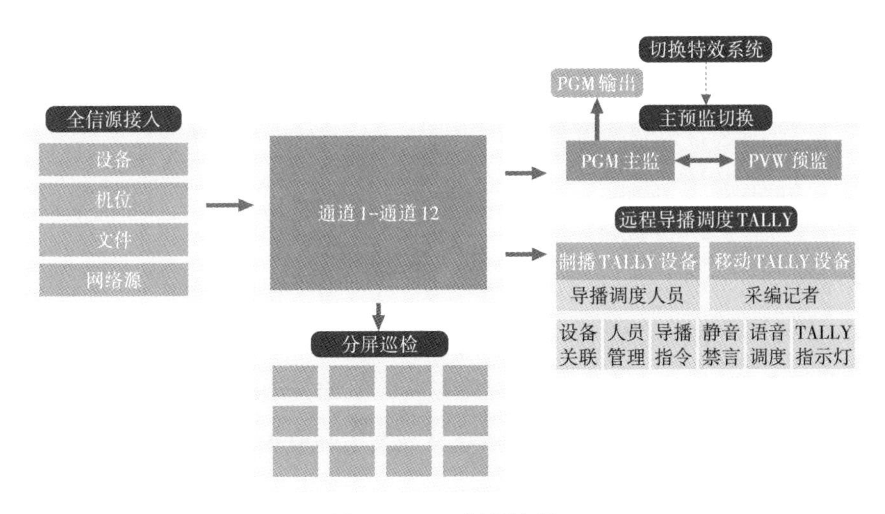

图4.2–1　IP制播流程

基于IP制播，系统一般设计有12路通道加一路画中画虚拟通道。12路通道可接入采集设备、机位、文件以及网络源，通道内接入的源可进行输入源格式配置，重新加载源和关闭操作，通道还有录制和备注功能的采编制播系统。对IP制播系统的输入源配制是多样的。支持接入设备的视频源和音频源，可选择对应的采集卡（最高为4k信号输入），同时可对采集音视频的分辨率、颜色、采样频率等进行调整设置。支持机信输入源，结合本书提到的视频云，当创建的直播活动设置了机位后，可选择对应的机位接入采编录播一体化系统中。当然也可从相应通道加载本地音视频文件或图片文件。至于网络源,系统可接入多种格式的网络流,包括RTMP、HLS、HDL、UDP、HTTP、RTSP、MMS等格式的网络流地址,以及截屏服务器的截屏流。可根据实际需求配置缓冲时间以兼顾直播的稳定性及低延迟需求。

通常情况下,需要对PGM主监(当前正在直播的内容)与PVW预监(通道预览界面)进行切播,可通过进行"硬切"直接切换或"自动"带转场效果切换,在导播切播画面的时候可以选择切换特效,切换特效包括擦除、溶解、伸缩等各类效果。

另外,可通过"黑场"功能紧急替换掉当前直播界面内容,以应对播出过程中的紧急事件,替换内容可在设置中选择纯色、Color Bar、自定义图片。

可通过虚拟切换杆(T杆)手动控制切换速度和进度;也可以使用T杆跟随进行硬切、自动切换、导播控制切换、通道内双击切换。切换时,PGM和PVW上的角标,如时钟、CG、字幕将跟随通道内容一起切换。

在信号监看这一侧,可通过连接一体机的SDI/HDMI输出设备物理输出PGM内容,PGM信号可输出至监视器或导监大屏;可通过分屏巡检功能设置不同的分屏模式,将各个通道画面输出到外部显示器进行分屏巡检,以保障直播过程中实时监控。

演播室中,视频系统是演播室内处理视频信号的重要系统,其流程包括视频采集、设备承托、视频制作、信号监看。视频采集是信号源的采集,是节目制作中的重要一环。视频采集主要将光信号转换为电信号,再利用电信号进入视频系统进行制作。视频采集主要涉及的设备为专业摄像机、相机与手机。而借助视频采集设备的承托平台,可以帮助视频采集设备完成推拉、摇移等镜头变化,主要有三脚架、摇臂、机械臂这几类。对于采集传输过来的信号需要通过导播调度、在线包装、虚拟场景、AR制播、视频编辑等视频系统进行制作。

一般整个演播过程,如果要实现对视频色彩的监看,可配置一台专用监视器,它具有比电视机更精细的电路设计,亮色分离的指标更好,拥有更好的色彩还原。用于监测,还可以显示波形图与矢量图。

再来说说音频系统。

音频系统中,整体的工作流程为音频采集设备通过音频线缆连接至调音台→调音台再通过编组输出→输出至制作设备→功放音箱或CD机等设备,从而实现演播室系统内的音频制作。

音频系统的核心设备为调音台,调音台为音频制作设备,承担着音频系统中调音、编组、增益控制、音效控制乃至幻象供电等工作。

音频采集设备可依据不同使用场景分为几类,包括手持话筒、领夹话筒、头戴式话筒、坐播话筒、界面话筒、吊顶话筒、录音话筒等。演播室系统内,当录制新闻类节目时,可以使用坐播话筒或手持式话筒,界面话筒和吊顶话筒则拥有更好的覆盖范围;当外出采访做互动连线时,更多地使用无线领夹话筒;晚会、庆典等活动,更适合应用无线手持话筒和头戴式话筒;录音话筒拥有较好的降噪功能,可以用于配音与录音。

调音台的输出,需要传输至制作设备,与视频信号进行融合。另外,还需要传输至音箱,监听音箱可以放置于导播间内,用于导播和工作人员及时监听声音质量;而功放音箱则可以放置于演播室内,用于PGM信号的返送,让演播室内的主持人和嘉宾实时收听音频。

此外,通话系统是在节目制作现场导播人员与摄像、灯光及音效人员有效联系的必备系统。依托通话系统,才能合作完成一个好的制片过程及内容。常用的通话系统由纳雅等厂家提供。随着云制作业务场景的增加,传统意义上的演播室通话系统也显示出其局限,比如无法实现远程拍摄机位的通话调度。因此,趣看联合天津德力等厂家实现了5G远程通话调度。

如果说通话系统是一个必备系统，那么TALLY提示系统则是视频系统工作时的一种强辅助系统，一方面通过点亮信号源监视器下的提示灯，提示操作人员参与制作的为哪几幅图像，另一方面通过点亮摄像机的提示灯，提示摄影记者该路信号被选用，操作需细致。

TALLY提示系统可以及时提醒节目导演、摄影记者、技术人员演播室的工作状态，同时具有在节目进行过程中协调导演、摄像员和节目支持人员工作的作用。

时钟系统提供演播室节目播出切换的基准。广播电视技术系统对时钟项目的设计基本要求：一是保证时钟信号的一般技术指标，满足广电业务的需求；二是时钟设备的稳定性和可靠性，满足播出安全的需求。另外，在保证"可靠性"和"功能性"的原则基础上，力图使时钟系统的外在视觉效果，如子钟显示效果、母钟的人机界面和操控性等与整体播出和制作环境相匹配、相协调。

最后说说传输系统。视频系统中的视频传输，指的是将视频的电信号从一端传输至另外一端的过程，由于涉及现场环境的多样性与复杂性，以及传输的距离不同，信号传输往往需要不同的传输途径。有线传输是最常见、最稳定的传输方式。常用的传输线缆包括SDI线缆、HDMI线缆、光纤等，其中SDI线缆稳定而且传输衰减小，是视频系统中最常见的传输方式。无线图传是通过发射机对视频进行编码、调制然后通过天线向外辐射电磁波来发送信息，接收端接收电磁波信号后，再通过解调和解码获取视频信息。相比有线传输，无线图传可以减除烦琐的接线手续，便于携带和安装，因此具有更好的灵活性和便携性。无线图传适用于移动采访、校园庆典等多种场景，也可以用作演播室内的信号传输。

在一些直播中，现场网络往往很不稳定，采用4G/5G聚合直播背包可以同时聚合不同的数据连接，包括内部/外部蜂窝网络、Wi-Fi、以太网、IP微波或卫星。系统里可嵌入3G/4G/LTE/5G模组、2.4/5GHz Wi-Fi、以太网，通过同态聚合不同的带宽实现视频信号的实时传输，并保证传输的稳定性。另外就是通过RTC低延时视音频通信技术。该技术主要应用于实现演播室内和远程的音视频连线，并将连线的音视频信号输出至制作系统，用于节目制作。远程人员可以通过PC网页、手机App，甚至只须使用手机打开一个H5页面即可实现和演播室内的音视频连线互动。同时，智能手机还能充当摄像机或特殊相机的“推流编码器”，只须将HDMI信号通过转接线接入智能手机，手机便可以通过App采集该信号，并将该信号通过App传输至制作系统，此时采集到的信号便不是自身摄像头所拍摄的信号，而是摄像机所拍摄的画面，通过此方式可以实现最为方便快捷的信号采集传输。

三、实景演播室灯光设计

演播室中的灯光处理非常重要。通过合理的灯光布置和调控，可以有效地表情达意和塑造形象，可作为视觉语言中的“调配”手段。

灯光原本有两种含义，一是指视频教材中摄像时负责灯光照明的人员，二是指在演播室内或演播室外摄像时的照明设备。灯光效果是摄像时运用人工照明的方法，利用各种照明器材，对被摄人物、物体布置不同距离的灯光，借以获得具有艺术感染力的视频效果。在电视教材、教学专题片、电视录像讲课拍摄中，经常按照录像情景、场面调度和摄像效果的需要进行布光，突出人物的形象表现，突出电视所要表达的内容，突出教育教学的重点环节。同时，烘托环境气氛，造就教育教学录像片所需要的特定场面，使画面更加鲜明，更加富于造型表现力。当然，在外景摄像中，对自然光要利用反光或折光器材来调节照明，也可以同时辅以适当的人工照明，这是需要另行讨论的一个话题。演播室中，在辅助视频录像拍摄时，被摄人物、物体照明有三个基本光位处理，即主光、副光、逆光。

主光是视频画面中的主要直射光源，直接照射到被拍摄对象上，描绘主体形态和空间感。主光可以塑造被摄对象的形象,突出其特征和立体感,同时创造成主要光线效果,并决定画面的明暗对比。无论是拍摄人物、物体,还是环境,主光必不可少。当然,演播室内的主光源是灯光,室外的光源主要是太阳。主要光源的投射角度、方法、强弱和闪动的形式不同,可以使画面表现出不同的效果、不同的时间、不同的环境、不同的氛围。一般来说,主光照明的方位应该在被摄对象的正侧面稍高的地方,这种布置可以更好地表现被摄对象的立体感和质感,突出其形态和特征。因此,选择合适的主光方向和强度对塑造理想的画面效果至关重要。在视频拍摄中,灯光布置需要考虑人物的活动范围和场景的真实状况。以下是针对不同情况的处理建议:

第一点:如果人物活动范围比较小,如主持人坐在播音台前或站起来播报,可以采用一个主光照明两个活动部位。这样可以使光线投影方向一致,背景只有一个影子,看起来场景比较统一、比较真实。

第二点:当人物活动范围较大,如教师需要经常到讲台下学生中间巡视、到讲台上写板书、操作媒体进行演示等,就需要两个或者几个灯做主光照明。照明不同部位的灯光,既要注意光线的衔接,使人物活动流畅舒缓与画面统一,同时还要注意避免让光线互相影响,减弱了画面效果。

第三点:在拍摄专题片现场采访时,由于拍摄范围很大,而灯具相对很少,可由照明人员举灯跟随被拍摄人物、景物一起活动。在拍摄大场面活动时也是如此,如拍摄主题活动等,但要注意在拍摄同一部专题片时,灯与人物、景物的距离和方位应该尽量保持一致,保持专题片的风格统一。

副光也称作辅助光,是指照在未被主光直射的阴影部分的辅助光线。在视频拍摄中,副光对视频画面明暗起着调节平衡的作用。因其是辅助光,所以经常采用比较柔和的光线。副光与主光二者之间的亮度大小比例影响画面明暗反差和整体视频效果。光比的大小没有固定的数值，要依据现场情况进行调整，不同环境、景物、人物，光比不同。

所谓“光比”，即照射的光线在被摄对象上形成的亮与暗之间的亮度值或照度值之比。光比的大小决定着视频画面的明暗、反差、色调，从而形成不同的画面形式和视频造型效果。因此，在视频拍摄中，对副光的运用和处理需要充分考虑场景、人物和整体效果的需求，以达到最佳的视频效果。在视频摄像中，光比主要表现在以下三个方面：

第一，主光与副光之间的亮度或照度值之比，如同一反光率表面的受光部分与背光部分的亮度值或照度值之比。它是形成视频画面反差最常见、最主要的光比。

第二，相邻部位不同反光率表面之间，如人脸与衣服或背景景物的亮与暗的亮度值或照度值之比。这通常发生在人脸与衣服或背景之间。在有明确的主光、副光的条件下，它对视频画面明暗反差有一定影响。但当采用顺光（正面光）或散射光（在被摄物体上不产生明显投影的光线）时，这种光比是形成视频画面明暗反差最主要的光比。

第三，景物中最高亮度部位与最低亮度部位之间的亮度值或照度值之比，称为最大光比。它有助于增强视频画面色调的生动性。在摄像照明中，通常通过改变副光照明部分的亮度或照度值来控制光比。对于不同反光率表面的局部相邻部位的光比，根据具体条件进行局部处理。

光比是光线处理的一个重要方面，对不同题材、式样的视频教材以及不同的人物，摄像人员往往采用不同的光比处理。一般来说，青年妇女和儿童的光比要小，炉前钢铁工人的光比要大，通常情况下，光比应该在1:2至1:4之间。另外，相比室外，演播室内的环境条件较好些，摄像人员完全可以根据自己的创作意图进行主光、副光的平衡，保持一定的亮度、一定的光比。

接下来聊聊逆光的使用。逆光也叫背光、轮廓光，是从被摄人物、物体背后射过来的光线,可以使被摄对象轮廓分明。在演播室拍摄时,逆光能清晰地勾勒出被摄对象轮廓,增强深度感,使画面更立体。逆光中被摄物体的亮度间隔很大,视频画面中既有明显的耀斑,也有深沉的阴影,阴影居多时,可以形成暗调画面。逆光做主光时可以形成剪影效果,若需要半剪影效果则需加光辅助,一般辅助光是从正面打过去,其亮度要依半剪影的程度而定;后侧逆光也可以照出半剪影的效果。

在演播室中,主光、副光、逆光三种基本光线的光位处理的方法是灵活多变的,只为产生所需效果。如果主光高,副光就要低;主光在侧面,副光就要在正面;逆光根据主光和副光确定好的位置来决定自己的高低、左右,但有时逆光作为隔离光和美化光,也可以不考虑与主光、副光的位置关系。三个光位处理得恰到好处,光线就可以互相补充,即使在被摄对象的位置、方向发生变化时,仍然能够正确表现被摄形象。而一旦处理不当,光线之间就会相互干扰,破坏被摄对象的准确表达。因此,正确的三点布光既要依据拍摄任务的构思,又要创造特定的光线效果。当我们在演播室中,向往着最佳灯光效果,对被摄对象进行布光照明、确定光位、测光强度、调整光比、排除干扰的时候,一定要把握照明的基本方法,严格遵循布光的基本步骤:

第一步,确定主光光位,对被摄对象进行初步造型设计。主光是照明的主要光源,负责描绘被摄对象的主体形态和制造空间感。在确定主光光位时,要根据拍摄场景、人物或物体的形态和位置以及所需效果,来选择合适光位。主光通常从正面或稍侧面的高角度投射到被摄对象上,以突出其形态和立体感。

第二步,配以副光弥补主光的不足之处,改进没有被主光照明部分的造型。副光是一种辅助光源,用于平衡主光产生的阴影和缺乏照明的地方。在布设副光时,要根据主光的位置和效果要求,选择合适的位置和亮度来确保阴影部分得到良好照明。

第三步，为了区别主体与背景，增强被摄对象的空间感，可以运用逆光照明。逆光是从被摄对象背后照射过来的光线，能够勾勒出被摄对象的轮廓和线条。通过调整逆光的强度和角度，可以创造出不同的效果和氛围。

第四步，在布光过程中必须注意各种光线不能互相干扰，副光、逆光应该与主光保持和谐一致。主光、副光和逆光应该保持合适的强度和角度，以保持画面的整体平衡与和谐，避免出现过曝或过暗，也要避免产生不必要的阴影或眩光。

第五步，基本布光完成以后，要检查被摄对象以及整体画面内的受光区是否还存在缺陷，如果已经达到满意的程度，随即测光，调试光比，进入视频拍摄程序。在拍摄过程中，要根据实际拍摄效果和要求进行微调，确保画面的光线效果和艺术氛围达到最佳状态。

四、实景演播室节目制作流程

一般来说，演播室的技术工种有详细的分工，演播室技术部门由七大部分组成：视频、音频、灯光、舞美、服装、化妆、道具。

1.服装、化妆、道具

服装：电视节目的服装要求色彩不要太鲜艳或纯度过高，因为这些色彩在屏幕上还原较差。同时，为避免亮色串扰（爬行），要避免穿密横纹衣服。

化妆：尽量不要过浓，真实自然为好。

道具：在音乐舞蹈节目中释放干冰，色彩泡泡以及冷焰火等，也是道具的职责所在。

2.舞美设计和机位摆放

舞美设计在演播室中扮演着非常重要的角色，它与演出的整体风格和氛围密切相关。舞美设计可以从具体到抽象、从事物基调到质感表现以及平常感等方面进行考虑和设计。

具体来说,舞美设计可以通过对舞台布景、道具、灯光等元素的巧妙安排和组合,创造出符合节目主题和风格的独特氛围。例如,如果节目是关于自然景色的,舞美设计可以通过对自然元素的模仿和再现,营造出清新、自然的氛围;如果节目是关于科幻题材的,舞美设计可以运用科技元素和灯光效果,制造出未来感和科技感。

抽象的舞美设计可以借助一些符号和意象,引导观众对节目进行更深入的解读和理解。例如,运用象征性的图案、符号或装置艺术等元素表达节目的深层含义和主题。

在选择舞美设计方案时,需要考虑节目类型、内容、形式等多方面因素,以确保舞美设计能够有效服务于节目的整体风格和主题。

演播室中的机位选择与摆放也是非常重要的技术因素之一。合理的机位安排能够有效提高节目的拍摄质量和观感,同时也能更好地展现舞美设计的创意和效果。首先,机位的选择必须考虑与舞美配合和协调。机位应该充分展现舞美设计的亮点和特色,同时也要能够有效捕捉表演者的表演和情感。如果机位与舞美设计不协调或者无法充分展现舞美设计的魅力,就会使整个节目的拍摄效果大打折扣。其次,机位的摆放还需要考虑拍摄角度和高度等因素。不同拍摄角度和高度会对节目的视觉效果产生不同影响。例如,从低位拍摄可以让被拍摄对象显得更加高大和有力,而从高位拍摄则可以营造出一种俯视效果。最后,机位的选择和摆放还需要考虑摄像机的运动和稳定性等因素。在拍摄过程中,摄像机的运动可以增加节目的动态感,增强视觉冲击力,但同时也需要考虑运动的速度、方向和节奏等因素。同时,为了保证画面的稳定性和清晰度,还需要注意摄像机的稳定性。

3.视频、音频与灯光

视频技术人员需要确保电源系统正常工作,为录制过程提供技术保障。他们还需要对摄像机、切换台、监视器和其他视频设备进行设置和调试，以确保高质量的视频信号传输和画面呈现。

在制作前，视频技术人员需要对拍摄脚本和节目内容进行深入研究，以确定合适的拍摄方案和画面表现手法。他们还需要与导演、摄影师、编导等密切合作，根据节目要求确定合适的画面比例、色彩调整以及特殊效果的处理等。

在制作过程中，视频技术人员需要时刻关注画面的质量和稳定性，确保拍摄内容的清晰度和流畅度。同时，他们还需要应对各种突发情况，如设备故障、信号干扰等，并提供应急方案，确保节目的正常录制和传输。

音频技术人员需要提前进入录音棚进行录音工作，并挑选各种音乐素材以供后期制作使用。他们还需要了解各个节目对音响的要求，包括现场是拾音还是还音，是否需要特殊效果声以及各种话筒数量等。在此基础上，音频技术人员需要在调音台上进行设置和调试，以确保音响效果达到最佳状态。他们还需要为备用现场扩音方案提供支持，例如在话筒出现异常时能够及时切换到备用设备上，保证演出的顺利进行。

灯光技术人员需要根据节目的内容和要求进行现场布光工作，包括设置天幕、环境、表演区、观众区等各个区域的照明。他们还需要设计和运用电脑灯方案，预先进行编程和调整，以确保演出过程中能够实现灯光效果的变换和控制。此外，灯光技术人员还需要提供备用应急方案，以应对可能出现的灯光设备故障或其他突发情况。在布光过程中，灯光技术人员需要与导演、舞美设计师、摄影师等密切合作，根据节目的需求和要求，确定合适的灯光色彩、亮度、角度和效果等。他们还需要关注灯光与舞台布景、服装、化妆等元素的协调与配合，以制造合适的视觉效果和氛围。

4. 节目的准备阶段

策划（方案文本）—报选题—审批—（方案调整）—（预定演播室）—

考查现场（空间、周边、供电情况和构思机位）—组建工作团队—制定相关技术清单：

包括场地舞美清单（搭景方案、材料材质）、视频清单（机位图、插播源、特技要求等）、音频清单、灯光清单、通信清单。

制定相关技术清单—制定导播工作台本（包括序号、播出时间、区域、节目内容、视频要求、音频要求、灯光、1-N讯特殊任务、V1-Vn插播片内容、备注等）—工作会议系列（①集合会议，阐述各个环节程序；②分工种会议，讨论具体事项）。

5.演播室节目录制流程

节目的排练阶段（带机/不带机）：节目排练（包括表演、道具上下场时间、节目衔接等）—验收各个工种前期的准备工作—带机彩排—协调各部门的配合工作—制定最终的流程单。

节目的录制阶段（注意效率、时间和成本）：提示（各部门准备，关闭手机和不准使用闪光灯照相等）—热场（录观众反应镜头、场面气氛镜头）—开始录制—指挥调机—专人催场（前三个节目在台口候场，其余表演者提前三个节目候场）—场记或导播助理记录并提示—补录（主持人口误或切出的不完美画面等）。

6.节目的后期制作阶段

预定机房—剪辑—包装—成片—送审—播出。

五、实时图文视频包装技术

图文包装系统（CG）的发展历史可以追溯到20世纪90年代初，当时电视节目的制作和播出正逐渐进入数字化时代。随着计算机图形技术的不断发展，人们开始尝试将图文与视频结合，以提供更丰富、更具吸引力的节目内容，于是出现了图文包装系统的雏形。初期的图文包装系统主要依赖于传统的图文制作软件和硬件，如标题机、字幕机等，这些设备可以生成简单的文字和图形。随着计算机技术的进步，图文包装系统逐渐实现了与视频的实时结合，出现了基于计算机平台的图文包装软件。

进入21世纪，随着计算机图形学的发展，图文包装系统得到了进一步的发展和完善。三维渲染引擎的引入使得图文包装系统能够生成更加逼真、生动的视觉效果。同时，随着互联网和新媒体的兴起，图文包装系统也开始被应用于各种新媒体平台，如网络电视、手机电视等。

近年来，随着虚拟现实、增强现实等技术的不断发展，图文包装系统也开始融合这些新技术，以提供沉浸式、交互式的视觉体验。未来的图文包装系统将更加注重个性化和智能化，以满足观众对于多元化、个性化的内容需求。

1.CG包装向互动性演变

CG包装系统运用新媒体互动技术，可以将观众与节目内容进行有效结合，提升观众的参与感，优化观看体验。例如，在直播演播节目中，观众可以通过手机App与节目进行互动，包括实时投票、发表评论、参与游戏、抢红包等。图文包装系统可以整合这些互动信息，将观众的反馈实时呈现到节目中，实现节目与观众的互动。例如在近几年的央视春晚，通过CG包装实现红包互动，增强了节日氛围，极大地提升了节目的感染力和传播力。

具体来说，图文包装系统运用新媒体互动技术的步骤如下：

设计互动环节　根据节目内容和观众需求，设计相应的互动环节。例如，在娱乐节目中，可以设置观众投票选出最喜爱的嘉宾或歌曲；在新闻节目中，可以设置观众评论和分享新闻事件等；在主题活动节目中，可以设置问答、竞猜等环节。一般而言，强互动的节目还可以选择实时连线的方式，比如比较有代表的是云互动类玩法。

开发互动平台　为了实现与观众的互动，需要开发一个互动平台。这个平台可以通过网站、App、社交媒体等多种渠道进行推广和访问。同时，平台需要支持实时投票、评论发布、游戏参与等功能。

整合互动数据 观众的互动数据需要进行整合和分析。例如,可以统计观众的投票结果、评论内容和点赞数量等,以便于节目制作人员了解观众的喜好和反馈。

呈现互动内容 将观众的互动内容实时呈现到节目中。例如,可以将观众的投票结果以图表的形式展示在电视屏幕上;将观众的评论内容进行筛选和整理后,以字幕的形式呈现;将观众参与的游戏结果以排行榜的形式展示等。

响应观众反馈 对于观众的反馈和评论,可以进行响应和回复。例如,可以在节目中邀请观众代表发言;可以在社交媒体上与观众进行互动和交流;可以根据观众反馈调整节目内容等。

2.CG包装向虚拟化演变

CG包装系统运用三维渲染技术,可以将文字、图像、视频等素材融合在一起,生成具有空间感和立体感的画面。例如,可以将虚拟的三维场景与主持人相结合,产生逼真的视觉效果。具体来说,图文包装系统运用三维渲染技术的步骤如下:

设计和制作三维场景 设计师通过使用三维渲染技术,将文字、图像、视频等素材融合成三维模型和场景,并进行材质、灯光、阴影等属性的调整,以实现所需的效果,生成具有空间感和立体感的画面。

角色动画和表演捕捉 在一些虚拟包装场景中,特别是有数字人互动的场景,还需要对角色进行动画设计和表演捕捉。这通常涉及对角色骨骼进行调整,使其能够在三维空间中移动和表达情感。同时,也可以通过表演捕捉技术,将演员的表演转化为三维角色的动画。

特效制作和渲染 在完成角色动画和表演捕捉后,可以添加各种特效,如火、水、烟雾等,以增强画面的视觉效果。然后,使用渲染引擎进行渲染,生成具有真实感的画面。

合成和输出 最后,将三维渲染的画面与实拍的视频、音频等素材进行合成,并输出为最终的影片。

3.CG包装的技术门类

图文包装的技术门类主要包括以下几种:

图像处理技术:图像处理是图文包装的基础,包括图像的采集、编辑、美化等环节。通过图像处理技术,可以实现对图像的裁剪、叠加、变速等操作,以满足包装设计的需要。

三维渲染技术:三维渲染技术可以将文字、图像、视频等素材融合在一起,生成具有空间感和立体感的画面。在图文包装中,三维渲染技术可以用来制作复杂的动画效果和特效,提高包装的视觉冲击力。

数据可视化技术:数据可视化技术可以将各种数据以图形化的方式呈现出来,比如折线图、柱状图、饼图等。在图文包装中,数据可视化技术可以用来呈现数据和信息,提高观众的理解和记忆。

网络技术:基于IP云化的理念,通过网络技术可以实现远程制作、发布和监控,为图文包装提供了更多的可能性。通过网络技术,可以将包装素材和信息传输到不同的地方,实现协同设计和制作。

AI技术:人工智能技术可以用来自动化进行部分图文包装工作,比如自动识别视频中的人物、物体等信息,并自动生成相应的文字或图像。人工智能技术的应用可以提高包装制作的效率和精度。

4.趣看实时图文视频包装的操作应用

趣看在线实时图文视频包装系统基于新一代计算机图形技术,采用全三维实时渲染引擎,拥有自主知识产权。它提供大幅超越传统字幕的广播级实时图形播出效果,为更高水平的视频内容视觉效果的创意和发布提供全新的解决方案。通过CG系统绚丽的三维包装效果以及快速、灵活的播出控制,全面满足在直播类节目的AR、VR三维在线图文包装需求。

设计师提前根据节目制作需要,制作节目包装,或载入系统提供的包装模板。在节目制作过程中,包装系统实时控制包装内容在导播切换系统内的发布与取消。

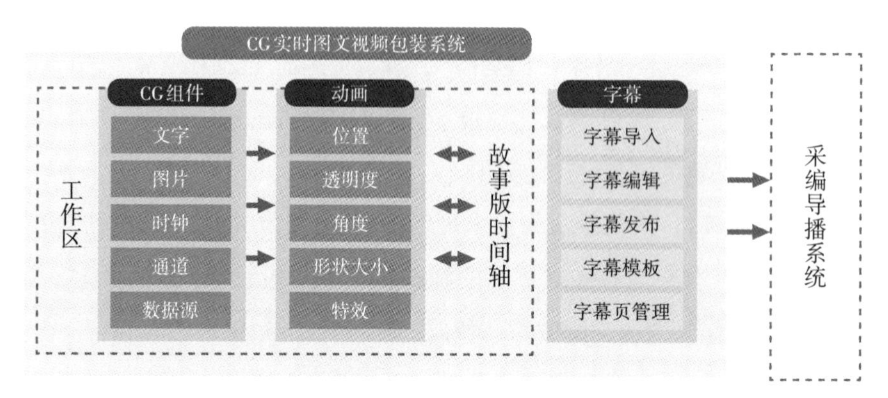

图4.2-2　CG实时图文视频包装系统

实时包装系统制作的节目包装主要包括视频图文动画包装、用户评论互动包装和网络数据实时包装。用户评论数据和网络数据均存储于云端,设计师可根据节目需要提前配置数据包装的展现形式,并在节目制作过程中,实时获取数据、审核数据并展现数据内容。

在节目制作过程中,实时包装系统和采编录播一体化系统通过局域IP网络建立远程连接,包装人员即可根据节目节奏和流程实时控制包装内容及动画的发布。如果在节目制作过程中遇到突发情况需对包装内容进行修改,也可直接在包装系统内对内容进行实时发布。全流程IP化,只需根据对应服务器IP、端口、密码等信息即可完成CG编辑器和采编录播一体化系统连接。

在具体操作上,有几个关键的核心模块需要与众位进行解读:

CG动画编辑:通过多动画CG预编轨道将组件图层化,同时在故事版时间轴上可以进行全局预览,针对不同图层可进行基于时间轴预编轨道的动画处理,入场、出场、强调、自定义动画等,支持针对位置、透明度、旋转角度、形状大小、特效等各类参数进行设置。

故事版时间轴：主要将组件图层化，一个组件对应一个图层，可以对图层做如下操作：隐藏/取消隐藏，重命名，删除以及拖动动画的时间条等。在故事版时间轴上可以进行全局预览，收起/展开时间轴和拖动时间轴进行上下层位置调换。

动画管理器：动画管理器主要用于修改入场、出场、强调、自定义动画下的动画，针对位置、透明度、旋转角度、形状大小、特效5个参数进行设置。支持后缀名为.cgdb和.cgef的动画文件导入和导出。

动画设置：文字、图片、图片序列、动态图片、时钟、定时器和通道可以添加多个动画，可设置动画效果、运动时长、延时时间和重复次数。支持动画类型选择，选择动画类型后，可选择不同类型下的动画。支持选中多个组件，为组件添加共同动画。

CG组件编辑：CG组件包括文字、图片、图片序列、动态图片、时钟、定时器、通道和数据源。在工作区可通过创建和编辑相应的CG组件完成CG包装工程。同时，支持在工作区里选择多个组件，组成CG组，支持对CG组的文字设置、XY轴位置、宽高、透明度、角度、对齐方式等进行设置。

文字组件：文字组件支持不同文字属性：字体，字号，加粗，斜体，下画线，颜色，左中右对齐，XY轴位置，透明度，倾斜度和艺术字等设置。可对字体布局如横排、竖排、竖排堆积效果进行设置。

图片组件：图片组件包括图片、图片序列、GIF动态图片、PSD等，格式包括png/jpg/bmp/Gif/PSD格式。可以设置和编辑图片属性：XY轴位置，图片宽高，透明度和倾斜度。图片序列和GIF动态图片可设置修改循环方式、播放速率。导入PSD格式图片，支持合成图片导入、分图层导入（文本转为图片）、分图层导入（保留文字）三种模式。

时钟组件：时钟组件适用于在直播中加入时间显示，可以修改时钟属性:字体,字号,横竖显示状态,加粗,斜体,下画线,颜色,左中右对齐,XY轴位置,透明度,倾斜度,格式和时区。

计时器组件:定时器组件适用于在直播中加入定时倒计时,计时器支持修改定时器属性:字体,字号,横竖显示状态,加粗,斜体,下画线,颜色,左中右对齐,XY轴位置,透明度,倾斜度,设置初始值。

通道组件:通道组件适用于在包装制作工作区加入通道画面,支持设置通道ID,宽高和裁剪区域。另外,通道还可以修改XY轴位置,透明度和倾斜度。

数据源:CG程序支持空白页数据、RSS数据、新浪微博数据、微直播数据和天气数据,支持excel、csv格式数据,针对数据源可以添加删除行/列,支持文字列和图片列,也可以修改单个数据内容。数据源呈现方式支持切换、跑马和报幕效果。

CG连接与发布:根据对应服务器IP、配置的端口与密码完成CG编辑器和采编录播一体化系统连接。实现远程协同配合对不同角色进行视频直播包装,更高效地处理导播切播事务。CG和studio在CG程序未关闭的情况下断开连接,若有CG已发布,则重新建立连接后可恢复对已发布CG的控制。支持通过CG图文包装系统实时将CG包装发送到采编录播一体机的PGM或PVW画面。CG列表中的CG边框颜色根据CG目前发布状态显示特定颜色,PGM状态CG显示为红色,PVW状态CG显示为绿色,便于区分当前CG发布状态和对应的发布所在画面。

六、典型案例:海内外亿级传播矩阵,揭秘中新网“冬奥24小时”全媒体大型演播制播应用技术

2022年北京冬奥会,我们向世界展现了一个比2008年奥运会时更自信的中国。

在中新网2022年“冬奥24小时”全球全媒体大型直播活动期间,中国新闻网联合全球百家华文媒体进行24小时实时直播报道,共同迎接

2022年北京冬奥会的启幕。趣看团队在演播室全球连线直播、全球直播分发等视频技术解决方案和产品上给予极大的支持。

图4.2-3 “冬奥24小时”全球全媒体大型直播界面

在冬奥赛事版权限制的情况下，媒体如何在不侵权的前提下，乘上冬奥这个举世瞩目的“快车”，参与并表达对冬奥的热切期盼，丰富报道形式，向观众传达赛事以外的冬奥声音？

中新网在24小时的直播中，从各界大咖畅聊神州冬梦，到连线多路记者直击现场声音；从全民参与玩转冰雪运动，到全球友人跨界对话聊冬奥，作出了一次全面而充满可看性的融媒直播节目，让广大网友了解了冬奥背后的故事，看到了国内冰雪运动的蓬勃发展。

图4.2-4 “冬奥24小时”直播画面

另外，本次直播还特意邀请前段时间因《王老师，请支持一下暂时遇到困难的中国足球》的选题策划红遍全网，甚至登上微博热搜的中新网值班编辑与记者，王老师与卢老师，不失为一次令人眼前一亮的热点策划。

在技术的应用上，中新网使用趣看的采编录播一体机及视频云平台，长时间且稳定安全地保障了直播的顺利进行。

图4.2-5　“冬奥24小时”大型直播矩阵

1.全球直播分发，分享来自海内外的冬奥祝愿

本次直播覆盖面极广，中新网联合全球300余家媒体，超1000个账号进行直播。趣看作为中新网的海外转播技术支持方，提供了全网高效稳定的CDN加速节点和极高的网络安全保障。通过趣看视频云将信号推流至Twitter、Facebook、YouTube等众多海外平台及哔哩哔哩等国内各大平台。满足了全球海外华人观看冬奥节目直播和互动的需求。

图4.2-6　“冬奥24小时”海外转播部分画面

2.远程连线调度,低延时保障演播室与现场的高效互动

中新网在直播中大量应用了互动连线。无论是与各地前方记者的连线、海外友人的连线祝福,还是对话退役运动健儿等多种形式,都为节目内容增添了干货与可看性。趣看的远程连线技术摒弃传统连线方式的操作及设备门槛,支持1080p低延时连线,使用最少设备、最少操作,高效实现节目制播生产。

图4.2-7　“冬奥24小时”连线画面

3. 移动直播轻量化执行，快速灵敏报道冰雪运动现场

直播中应用趣看的移动直播方案，轻松便捷地伴随中新网记者探访全国多地冰雪运动现场，通过移动直播台App，从手机端直播采集到分发，更快、更智能、更高效地针对新闻直播现场做出响应并轻量化执行。便于单兵作战，避免传统直播所带来的繁杂准备事务和各项技术挑战，更能专注于与嘉宾的互动，为网友带来生动、极具现场感的报道。

图4.2-8 技术方案实施流程

4. 采编录播一体，视频实时制作

作为一场长达24小时的大型全媒体直播，多种设备信号接入必不可少。多路画面的导播调度分镜切换，给网友呈现了一场丰富完整、内容多样化的节目。另外，通过趣看CG实时图文包装系统，简单快速即可完成视频包装，让节目信息清晰明了，更具IP化、专业化。

图4.2-9　采编录播工作场景一角

5. 安全通道保障，让大型全媒体直播无后顾之忧

对于冬奥这种世界性重大主题的节目制作，不仅需要技术平台功能足够强大，更需要保证安全播控，避免播出事故。趣看提出安全保障方案，通过延时安全播出，保证在紧急情况下能切换到替换画面。

对于本次助力中新网“冬奥24小时”全球全媒体大型直播的顺利播出，趣看副总经理贺波作出如下分析观察：

趣看作为中新社视频直播领域合作伙伴，2022年北京冬奥会大型全球全媒体直播是继2016年里约奥运会现场直播在视频生产与传播领域技术上更进一步的深化应用。整体上看，中新社本次全媒体大型直播从内容矩阵、时空矩阵、技术矩阵、分发矩阵多轮驱动。细节上看，既有内容矩阵上的多元性，且随着时空矩阵的迁移而进行内容的点面深化。从技术矩阵上看，采用了云演播室制播、内外场多点联动、全球低延时导播调度连线、实时CG图文包装、云转播分发、媒资共享等多门类视频技术。在媒体分发矩阵这一层，中新社采用直播策划前置作战策略，提早和国内外媒体建立连接、拉动1000＋全国媒体联动群，网、端、新媒体多平台多账户同屏共振。趣看团队不仅仅提供稳定可靠的“云场端”一体化演播室制作产品和技术解决方案，更有24小时陪伴式线上线下技术支撑服务团队，确保这一重大主题策划直播顺利开展。

4.3 虚拟演播室技术

一、虚拟演播室概述

虚拟演播室技术是一种先进的视听技术，结合了虚拟技术、直播技术和融媒体技术等多种技术。它可以将计算机生成的虚拟场景与摄像机现场拍摄的人物活动图像进行实时合成，使得人物看起来完全融合在计算机所产生的三维虚拟场景中，从而创造逼真、立体感强的视觉效果。为了实现这种融合，需要精确的摄像机跟踪技术和计算机虚拟场景设计。当摄像机拍摄真实人物时，虚拟场景根据摄像机的位置和参数进行透视关系的调整，使得虚拟场景看起来与真实人物在同一环境中。经过色键合成后，人物看起来完全沉浸于计算机所产生的三维虚拟场景中，并且能在其中自由运动，从而创造出逼真的电视演播室效果。

虚拟演播室技术不仅可以在静态布景中应用，还可以在动态的现实存在或虚拟的场景中使用。这种技术的使用极大地丰富了电视节目制作手段，拓展了电视节目的表现形式。通过虚拟演播室技术，人们可以制作出任何想象中的布景和道具。依赖于设计者的想象力和使用三维软件的水平，制作工作者摆脱了时间、空间及道具制作方面的限制，能够自由地遨游在广阔的想象空间之中，极大地提高了节目制作能力。许多真实演播室无法实现的效果，对于虚拟演播室来说，是“小菜一碟”。例如，在演播室内搭建摩天大厦，演员在月球进行“实况”转播，演播室里刮起了龙卷风，等等。有的电视台已经起用了虚拟主持人，并且使之成了明星。虚拟主持人不仅可以配合真人主持人主持，还可以单独主持节目。

虚拟演播室的产生，给视频节目制作、电视广播、网络直播带来了一场革命。

要实现一场高质量的虚拟演播室演播，技术上的要求还是比较高的。基于笔者的工作经验，其中核心是虚拟渲染引擎。基于高质量、高效率的虚幻渲染引擎、实时光线追踪、超高清视频编解码技术，能够极大提升虚拟演播效果。当然，只具备渲染，而没有其他技术能力加持，是不足以完成一档内容制作的。因此，我们还需要配置核心制播相关的业务系统，使演播室具备采编录播一体化制播过程中的“视频采编、导播切换、图文包装、调音混音、播出播控、直播录制”能力，覆盖“4k AR/VR全息制播、真三维虚拟演播、多机位切换、远程互动连线、双机热备、安全时延播出、多码流录制”等特色业务需求，支持多视频、多素材通道和专业音频控制及高标清CG字幕编辑，以满足高标准突发新闻视频直播、三维虚拟节目、AR新闻制作需要，且能够完成传统演播室中的节目信号切换、声音调整、字幕叠加、节目播出、信号录制、流媒体发布等。

当前虚拟演播室广泛应用于突发新闻现场视频直播、演播室三维虚拟节目、AR新闻制作、体育赛事等各类演播活动中。虚拟演播室除了可以模拟真实的拍摄场景，还可以添加虚拟元素，比如虚拟现实、虚拟主播、虚拟道具等，具有成本低、制作效率高、观众体验好等优点，已经成为视频直播中各种节目制作的选择。具体来看：

新闻节目制作：虚拟演播室技术可以用来制作各种新闻节目，包括时政新闻、财经新闻、体育新闻等。在虚拟演播室中，工作人员可以将各种数据以图形化的方式呈现出来，使得数据更加直观易懂。同时，虚拟演播室还可以模拟出各种新闻场景，包括一些难以搭建或根本不存在的场景，如自然灾害、战争场景等，从而为新闻节目的制作提供更多创意和表现空间。

访谈节目制作：虚拟演播室技术可以为访谈节目的制作提供更多选

择和可能性。比如,在制作访谈节目时,虚拟演播室可以模拟符合访谈对象特点和节目主题的场景,营造更加浓郁的谈话氛围,增强节目的观赏性和代入感。

少儿节目制作:少儿节目是虚拟演播室技术应用的一个重要领域。在儿童节目中,虚拟演播室可以模拟各种可爱的动物、动漫角色、童话场景等,使得节目更加生动有趣,能够更好地吸引小朋友的注意力。同时,虚拟演播室还可以实现多个节目的场景切换,降低场景搭建的成本,节省了时间。

娱乐节目制作:虚拟演播室技术在娱乐节目制作中也有着广泛应用。比如,在制作音乐会、晚会等娱乐节目时,虚拟演播室可以模拟各种华丽的舞台效果和灯光效果,使节目更加炫目多彩。同时,虚拟演播室还可以实现多个节目场景的切换,使得节目节奏更加紧凑、更具观赏性。

广告制作:广告是虚拟演播室技术应用的一个重要领域。在广告制作中,虚拟演播室可以模拟各种场景和产品展示效果,使得广告更加生动有趣、更具吸引力。同时,虚拟演播室还可以实现多个广告场景的切换,提高了广告的播放效率和质量。

教育节目制作:在教育节目的制作中,虚拟演播室技术也可以发挥重要作用。例如,模拟一些难以实现或成本极高的实验场景,将抽象的知识点以更直观的方式进行展示,帮助学生更好地理解和掌握知识。

远程在线教育:在远程在线教育中,虚拟演播室技术可以实现教师和学生的实时互动和交流。通过模拟真实的教室场景,学生能在虚拟空间里感受仿佛身临其境的学习体验。

体育赛事转播:体育赛事是虚拟演播室技术应用的一个重要领域。在赛事转播中,虚拟演播室可以模拟各种体育场馆和比赛场景,使观众仿佛亲临现场观看比赛。同时,虚拟演播室还可以实现多个比赛画面的实时切换和处理,提高了比赛转播的质量和效率。

虚拟演播室的问世,为当今电视节目制作提供了一种全新的制作观念与方法。其具体运作流程大致如下:

首先,创意人员拟出节目制作方案,由美术设计师将导演思路制作成详细的“剧本”(story book)。

所谓详细,是指具体到每个画面要素怎么动,主持人的位置怎么变化,是否有虚拟场景中的特写镜头等。因为镜头推进,意味着电脑生成的图像放大。这就要求事先生成的图像尺寸必须大到足以让镜头推进也不影响画面的清晰程度。虚拟演播室运作的这种特殊性,要求导演必须就每个镜头细节与电脑动画场景的制作者做好事先沟通,使负责实施剧本方案的制作人员能充分理解导演的意图,将三维场景提前做好。

其次,导演及创意人员为虚拟演播室电脑虚拟三维场景的操作者“说戏”。

再次,动画师或模型师在电脑中创建模型及贴图。

动画制作是随着计算机图形图像学的发展应运而生的一门专业学科,随着影视及广告业的发展,它的作用日益凸显。动画制作直接影响着节目制作的质量。事实上,虚拟演播室已为传统电视节目制作人提出了一个新的课题:如何利用电脑这种现代科技丰富传统的制作手段。说白了,虚拟演播室就是一个计算机图像产生与合成系统,是用计算机将演播室的观念物化,在制作手段上突破了传统制作手段的一些束缚,使演播室不再受时间和空间的局限。具体的虚拟演播室软件操作者称为“动画师”(animator)或“模型师”(modeler)。他们在整个虚拟演播室节目制作中对演播室最终效果的呈现起着举足轻重的作用,既可以是导演或美工本人,也可以是专业的动画制作者。

动画师或模型师的职责是预先完成节目中所需的电脑三维场景,包括场景中用到的所有贴图。目前,几乎所有的虚拟演播室软件本身并不带有建模及绘画的软件包,多数是利用已有的三维或二维动画、图形图像制作软件来创建模型及模型中需要的贴图,如3Dmax等。这些软件中做好的模型和贴图有的需经过图像格式的转换,再存入虚拟演播室系统的专用目录下,然后才能从虚拟演播室软件环境中读出。大量的矢量数据经过生成后产生的标准倍数位图,作为虚拟环境要么直接存入图形发生器中使用,要么贴在简单的几何矢量模型上。正是由于复杂的场景已预先在其他软件中制作完成,节省了大量运算时间,所以虚拟演播室才能实现实时演播效果。

制作人员从传统的单一执行导演意图的技术员转变成参与节目前期总体方案设计的创作者之一。这种变化是现代科技发展的必然结果,无疑提高了对现代节目制作人的业务要求,同时也扩大了导演的工作职能和范围。对这种要求的变化,我们每个节目工作者特别是制片人与导演必须有充分的认识。否则可能适得其反,即由于前期制作的局限,而影响现场导演的即兴发挥。例如,如果导演希望虚拟场景中的某个部分动起来,如标志从墙上飞起来、主持人面前的主持台自己移走、地面某个部分腾空而起等,就必须将这些带有"动作"的物体提前与电脑模型师讲明,让模型师在用电脑创建时就将这些物体分别作为单个文件单独储存。这与导演看着监视器指挥调整现场镜头中的画面的传统方法是不同的,这也正是虚拟演播室制作电视节目的主要特点。

最后,导演与虚拟演播室操作者合作直播或录像。

与传统演播室相比,主持人或演员所处的现场已不再是五颜六色的舞台,取而代之的是一个全部涂成绿色或蓝色的房间。摄影记者的拍摄对象主体只剩下了主持人或演员。机位的运动取决于电脑中建立的虚拟场景。摄影记者通过监视器看到画面的效果,导演则坐在电脑终端前与虚拟演播室软件的具体操作者共同控制整个节目。如果画面"穿帮",即现场摄像机摇到蓝色背景以外,虚拟演播室软件能根据需要自制出虚拟蓝色背景。对控制虚拟演播室软件操作者的称谓,目前学术界尚无统一说法，国外习惯称之为“Operator”，这也是传统说法的借用。虚拟演播室电脑机位上的操作者（暂且称之为“虚拟控制”）已不再是一般意义上的电脑操作人员。虚拟演播室系统是一个计算机图像合成系统，其控制中心是虚拟演播室的系统软件——它也是虚拟演播室节目制作的“导演台”。因此，具体实施操作的系统控制员无疑成了实施导演意图的最直接执行者。他需要既能熟练运用虚拟演播室软件及其相关的三维动画制作软件，同时又要具备一定的镜头意识和感觉，才能更好地与导演配合，做出理想的节目。

虚拟演播室作为一个新兴的技术，其发展趋势也备受市场关注。虚拟演播室所具有的可塑性和交互性，使得其在其他应用领域中也有着广泛的应用前景。下面我们将从以下三个方面来介绍虚拟演播室未来的发展趋势。

一是虚拟化空间未来会更加真实。虚拟演播室的可视化效果目前已经相当逼真了，但在未来，虚拟化空间的真实度将会更高。不仅会解决数字化建模的通用，还会以更真实的形态、更自然的方式，提供更多的感觉反馈，以提升用户体验度和实用性。

二是互联网技术与人工智能的结合。虚拟演播室与互联网技术、人工智能技术的结合，有望带来更多的应用模式。例如，虚拟演播室可以通过语音识别、自动生成场景等技术，进行更加智能化的节目制作。

三是虚实融合。虚拟演播室中，虚拟元素和真实元素的结合非常重要。未来，虚拟演播室的技术将会更加成熟，虚拟元素和真实元素能够实现更好的融合。例如，虚拟演播室可以通过实时跟踪、实时定位等技术，实现虚拟元素和真实元素更好的结合，提升直播观感。

虚拟演播室今后的发展将迎来更广泛的应用场景。虚拟演播室将会与各种新技术结合，实现更加智能、高效、真实的效果。只有对虚拟演播室系统有深刻了解才能充分发挥其在节目制作中的优势。首先，我们应当了解它能做什么,做出来的效果怎么样。英语中有这样一句话可以很好地概括虚拟演播室的作用:“The only limit is imagination。”这句话的意思是,唯一的局限是想象力。只有想不到的,没有虚拟演播室做不到的。虽然这似乎有点夸张,但虚拟演播室在开拓节目制作领域,充分发挥人的想象力这一点上,确实为我们的导演及美术师提供了充分的创作空间。它是将原有的节目制作设备与三维动画节目制作设备结合在一起的节目制作系统,是视频制作方式的一次重大变革。

二、虚拟演播室技术

虚拟演播室(Virtual Studio)将传统演播室抠像技术与计算机虚拟现实技术结合。它将摄像机拍摄的图像与计算机制作的虚拟场景完美地结合起来,打破了时间和空间的限制,创造出令人惊叹的虚拟世界。整个虚拟演播室节目的制作涉及虚拟场景制作、实时渲染、追踪、绿箱等技术原理。

在虚拟演播室中,摄像机拍摄到的真实人物和景物称为“前景图像”,而通过计算机软件制作的二维或三维动画图形则被称为“虚拟背景”或“虚拟场景”。这些虚拟场景可以是来自录像机或摄像机的视频图像,也可以是静止图像,但最常见的是计算机创作的二维或三维图形CG(Computer Graphics),即虚拟场景。虚拟场景可分为二维虚拟场景和三维虚拟场景。二维虚拟场景是指景物只有平面效果,没有厚度,而在三维虚拟场景则呈现出立体的、具有Z方向厚度的效果。这些虚拟场景不仅提供了丰富的视觉效果,还增强了节目的真实感和纵深感。在虚拟演播室中,人物可在前景与后景之间穿插、运动,从而增强视觉效果的纵深感和真实感。

三维虚拟场景的制作可分为几个步骤:

第一步,建立三维模型。工作人员需要对虚拟场景中出现的所有物体按自然尺寸比例建成三维模型,包括对物体的形状、大小和细节特征的准确再现。这一步通常使用专业的三维建模软件来完成，如3Dmax、Maya、Zbrush、Unreal等。

第二步，添加材质和纹理贴图与动画和特技。建完模型后，需要为其添加合适的材质与描绘。这包括对物体表面材质、颜色、反射、透明度等属性的调节，以及对纹理的细致描绘。这些材质和纹理贴图可以是从真实世界中拍摄的图像，也可以是计算机生成的图像。在虚拟场景制作中，还需要根据实际节目表现的需要，制作一些事件序列和特技效果。例如，物体的运动轨迹、碰撞检测、动态特效等。这些效果可以通过编程或者使用专门的特效软件来实现。

第三步，完成虚拟场景的布局和灯光效果。接下来需要对虚拟场景中的模型物体进行精确定位，并设置合适的灯光效果以及阴影。要特别注意的是，如果设置了PBR材质，那么虚拟灯光会直接影响虚拟物体，所以要同时关注全局灯光对材质的反射影响。

第四步，在制作与调整完虚拟场景和所需的布置之后，接下来就是三维虚拟演播室制播环节。三维虚拟演播室制播技术主要是对实时场景、动画播控，以及虚拟摄像机的控制。这里会涉及对各种高清、标清画面的广播级实时渲染输出，满足各类三维虚拟演播节目制作需求，同时还需在制播中对多场景、灯光、三维动画等进行实时控制，实现对视频栏目内容更生动形象的表达。

另外，在虚拟演播室中，如果要实现XR/AR的效果，必不可少的是三维虚拟演播室的跟踪技术（有轨和无轨）。当前市面上有四种方式可以实现有轨追踪，包含网格跟踪技术、传感器跟踪技术、红外跟踪技术、超声波跟踪技术。其基本原理都是采用图形或者机械的方法获得摄像机的参数，如摄像机的X、Y、Z、Pan（位置参数）、Tilt、Zoom（云台参数）、Focus（镜头参数）。由于每一帧虚拟背景只有20毫秒的绘制时间，所以要求图形工作站实时渲染能力非常强大才行，对摄像机的运动没有更多的限制，摄像机跟踪系统可以如在真实场景里一样推拉摇移做各种效果。这项技术一般适合专业电视台、大中型企业等对节目制作、网络直播效果要求较高的客户。

对不涉及物理追踪的虚拟演播，采用的一般是无轨追踪方案。这种方案需预生成三维背景和三维虚拟运镜机位，即先制作好背景三维模型，然后预先定义好摄像机的运动和参数设置，根据这些数据生成每台虚拟摄像机的视图画面，最后运用色键将前景和相应的虚拟背景结合起来。这种方案可以生成比较真实的虚拟背景，对图形工作站实时渲染能力要求不高，但摄像机只能切换机位，且摄像机机位必须事先与背景调整好比例和透视关系。

再来谈谈虚拟演播室的绿箱搭建。

在虚拟演播室系统中，抠像技术与虚拟场景技术的优劣对整个系统性能好坏至关重要，但这些技术的应用都建立在一个基本的环境中——虚拟演播室的绿箱（或蓝箱）。绿箱是主持人活动的实际场景，绿箱建设的好坏，可能给后续的虚拟制作工作产生重大的影响。

在实际进行绿箱设计时，首要考虑的问题就是演播室的空间问题。绿箱的大小必须满足摄像机拍摄的范围要求，既不能过小而限制镜头的活动，又不能盲目扩大绿箱面积而导致空间浪费。然后，根据节目性质规划绿箱大小。我们在实践中发现新闻及小型访谈类的节目镜头表达一般较为简单，大多以正面近景辅以少量侧面全景，且镜头固定，无须推拉摇移，主持人也在固定位置播报。这种场景下对绿箱的要求也就不高，绿箱可以做得较小，只要顾及侧面全景不穿即可。如果是录制综艺性节目，主持人和镜头都会有所移动，一些特别镜头的推拉摇移较多，变化较大，这就要求绿箱也要相对较大，给出足够的镜头活动空间。

确认了绿箱空间之后，就需要考虑绿箱的整体设计。绿箱装修主要包括立面和一个地台。立面与地台的夹角应大于90度，以减少反射到主持人身上的光;立面与地台间最好采取弧形过渡,这将更容易均匀布光,而且墙壁间也不会互相反射。圆滑的角落可以帮助减少灯光的明暗差异。地板应该足够大,以避免主持人的面光形成的强阴影打上立面。

绿箱能否顺利完成虚拟演播室的录制任务,制作工艺的好坏是关键之一。在制订制作工艺时,要从以下几个方面来考虑:

首先是制作材料。目前制作绿箱主要使用两种材料——玻璃钢和木材。玻璃钢具有强度高、变形小、不可燃等优点。采用玻璃钢材料制作绿箱,可以减少防火、防变形等预处理工程,大大缩短工期。然而,玻璃钢成本较高,因此绝大多数绿箱采用价格便宜的木料制作,但木料具有易燃、易变形等问题,一般在施工前期需进行脱水、防火等预处理工作。

其次是搭建的结构方式。特别是搭建体积较大的绿箱时,搭建过程复杂且施工周期较长,积木式的拼接方式便成为最佳方案。积木式拼接方式将绿箱分为若干部分,在施工场地对各个分块进行加工,完成后将各部分在演播室中通过榫接等方式接合在一起,形成完整的绿箱结构。采用这种方式的优点是能缩短室内施工周期,缺点是对施工水平的要求较高,需确保各部件平面、弧面、球面的尺寸精确与表面平滑。

接下来,就需要对绿箱进行刷漆处理。在虚拟演播室系统中,虽然不局限于抠绿,但绿色有几个优点:一是绿色能更好地保护人体的皮肤颜色;其次,人员衣服或物品的绿色相对于其他纯色尤其是三元色中的红色与蓝色更少;三是人员在绿色环境中工作要比在其他纯色环境中愉快。整体漆面完成需要上四五遍绿漆和一遍清漆增加漆面的光亮度和保护层,而在刷漆过程中,还要注意上漆期间的通风问题,及时更新室内空气。

建设好绿箱之后,还要考虑演播室中的灯光问题。虚拟演播室中的灯光布置与传统的演播室有所不同,需要特别注意均匀性、色彩和光比等问题。在通常情况下,针对虚拟演播室多机位的特点,为了使摄像机在各个角度抠出的图像都不会出现“抠透”或者“绿边”,绿色舞台及绿色背景都需要被照得非常均匀。如果绿墙比绿地板的色调深,那么在最后合成的图像中就会出现虚拟地板图像和背景图像相比偏黄的情况,造成整个场景色温不均匀。因此,为了提高抠像效果和图像质量,需要确保演播室的布光均匀。这样也使得抠像效果越好,人物在地面的影子就越饱满和真实。另外,在虚拟演播室里,主持人的主光、辅助光、轮廓光需要单独布置。主光是用来照亮播音员的主要光源,辅助光用来增强播音员阴影部分的亮度,轮廓光则是用来勾勒播音员的轮廓。这些光源需要合理布置,使人物光和环境光之间有合适的光比,使人物在能保证最佳还原的同时,也能和场景很好地融合在一起。此外,为了提高抠像效果和图像质量,还需要注意以下几点:

一是避免使用点光源。点光源会在播音员的脸上产生明显的阴影,影响图像质量。因此,需要使用柔和、均匀的光源来照亮演播室。

二是要控制色温。不同颜色的光源会产生不同的色温效果,因此需要选择合适的灯光颜色和色温来匹配虚拟演播室的场景需求。

三是要避免过度照明。过度照明会使图像显得过于刺眼和不自然。因此,需要控制灯光亮度,使图像看起来更加自然柔和。

四是要使用反射板。使用反射板可以将灯光反射到演播室的各个角落,提高整个场景的亮度。

在虚拟演播室中,除灯光外,服装的选择对抠像效果也起着重要作用。

一般来讲,拍摄主体的服装要避免与背景相同或相近。这是因为如果服装颜色与背景相近,会导致抠像时边缘不清晰,甚至“抠透”,影响图像质量。因此，选择与背景对比度较高的颜色或图案的服装是较为理想的选择。另外，白色或颜色特别浅的衣服也不宜使用。因为这些颜色在抠像时不容易被完全抠除掉，会影响人物的边缘和背景的融合。

演员和真实道具在绿箱中投下的影子也需要考虑。

这些影子需要随人及道具一起进入虚拟空间，并且为了更好地提取阴影，灯光的设置需要使阴影处的绿色电平与背景绿箱的绿色电平有较大区别。这样可以让影子更加真实地融入虚拟空间。

三、三维实时渲染引擎技术

实时渲染技术是虚拟演播室中的一项重要技术，指在演播过程中通过计算机图形学技术，将虚拟场景与现实人物和物品进行实时合成，生成逼真的三维图像场景。这种技术可以帮助虚拟演播室配置更高效的制作流程，实现更加丰富多彩的视觉效果。实时渲染技术需要高性能计算机硬件和软件支持，包括图形处理器、内存、存储器等。同时，还需要开发和应用专门的图形算法和渲染引擎，以实现高效的图像渲染和合成。

在虚拟演播室中，实时渲染技术可以将虚拟场景和现实人物、物品进行实时合成，并根据需要进行动态调整和修改。该技术的主要特点是实时性和逼真性。例如，可以根据需要添加阴影、反射、透明等效果，提高图像逼真度，增强视觉效果。

此外，实时渲染技术还可以实现多种特殊效果，如虚拟摄像机、虚拟灯光、虚拟道具等。这些效果可以大大提高虚拟演播室的制作效率和创新能力，同时也为制作人员提供了更多的自由度和灵活性。涉及三维实时渲染引擎的应用，则需要三维虚拟演播系统具有三维空间、三维模型和三维跟踪，广播级图像输出，可同时实时渲染十亿级别三角面片、两百多兆纹理贴图、全部类型的灯光及指数型光照模型、多路活动视频的能力。因此,在实现大场景、精细化、色彩丰富、任意组合的虚拟光效及特技效果的虚拟场景要求下,对渲染引擎系统的稳定性要求较高。只有系统稳定,建模人员才可以无所顾虑地以任意复杂度进行建模。三维实时渲染业务系统从功能角度看,主要含视图轨迹编辑,基于轨迹的播出控制,任意虚拟物体、虚拟灯光、特技效果均可按场频进行任意运动、旋转和缩放,且其属性也都可以实时调整。这里不得不提及趣看的三维渲染系统。该系统采用图形工作站配置,保证系统高效、稳定运行,图像渲染色彩绚丽真实,图像不抖动、无撕裂、不拖尾。在虚拟摄像机的移动过程中不出现马赛克、不模糊。制作完成时输出的图像质量达到广播级要求,能够非常完美地应用于广播电视节目的制作。通过将真实摄像机的信号直接输入到系统中,该系统无须做多余调整,便可直接输出合并后的完整图像效果。

对三维渲染引擎技术系统的考量,有些常见的指标点。首先,需要具备强大的图形渲染能力,渲染速度可达到10亿个三角形/场。其次,输出图像保证32位真彩色,平滑、稳定、清晰度高,没有抖动、裂像、粗糙等现象。输出的三维场景始终无锯齿、闪烁或抖动现象。最后,三维场景和动画,通过图形工作站输出不失真,无须重新调整。

想要搭建满足此类技术属性的三维渲染引擎,需要综合考虑技术架构和算力支撑两大要点。从通用三维渲染技术架构角度看,这包含有几个主要模块。

数学引擎模块:该模块负责进行三维渲染所需的大量数学运算,例如向量代数、矩阵理论等。这些运算包括但不限于向量和矩阵的乘法、转置、求逆等操作,这些操作是进行三维图形渲染的基础。将数学运算独立成一个模块能保证数学运算的快速处理,同时也方便程序的编写和维护。

图形支持模块:该模块负责实现引擎图形渲染的功能。在三维渲染引擎中，图形渲染是最核心的部分，它包括几何运算、光照计算、纹理映射等多个方面。图形支持模块通常会封装底层图形API（如OpenGL或DirectX），并为上层开发提供统一的调用接口，这样能够保证上层开发人员使用统一的开发模式，提高开发效率。

算法库：三维世界中的各种渲染处理都有自己的算法，例如光晕效果、水面效果、烟雾效果等。这些效果需要通过特定的算法来实现，算法库为这些渲染处理提供算法支持。算法库通常会封装各种常用的算法，如粒子系统、动画系统、物理模拟等，方便开发人员使用。

配置管理：针对不同的硬件条件和渲染需求，会有不同的操作流程以及渲染质量。例如，对于低端硬件，可能需要关闭一些高级特效来保证性能；对于高端硬件，则可以开启更多的特效来提高渲染质量。因此会产生许多配置文件，这些配置文件由配置管理器统一管理，以便于引擎的处理。配置管理模块通常会提供一些预设的配置方案，同时也可以让开发人员自定义配置方案，以满足不同的需求。

IO处理模块：在大多数的三维渲染引擎中，都有交互式的设计，程序需要输入设备输入的指令进行相应操作。例如，用户可以通过键盘或鼠标来进行视角控制、选择物体等操作。采用独立的IO模块来响应这些输入，可以保证引擎处理的更快速、有效。IO处理模块通常会监听用户的输入事件，并将其传递给相应的模块进行处理。

时间管理模块：三维渲染引擎需要对时间进行精确的控制和管理，例如FPS（每秒帧数）的控制、动画系统的更新等。时间管理模块负责处理这些问题，保证渲染结果的准确性和流畅性。它通常会提供一些计时工具和函数，方便其他模块进行时间相关的计算和控制。

资源管理模块：三维渲染引擎需要处理大量的资源文件，例如模型文件、材质文件、纹理文件、音效文件等。资源管理模块负责管理和加载这些资源文件，以提高资源加载的速度和效率。它通常会提供一些资源缓存机制和加载工具,方便开发人员使用和管理资源。

调试工具:在三维渲染引擎的开发过程中,需要进行大量的调试和测试工作。调试工具模块提供一些调试工具和日志功能,方便开发人员进行调试和排查问题。它通常会提供一些调试窗口和工具栏,以及日志记录和输出功能。

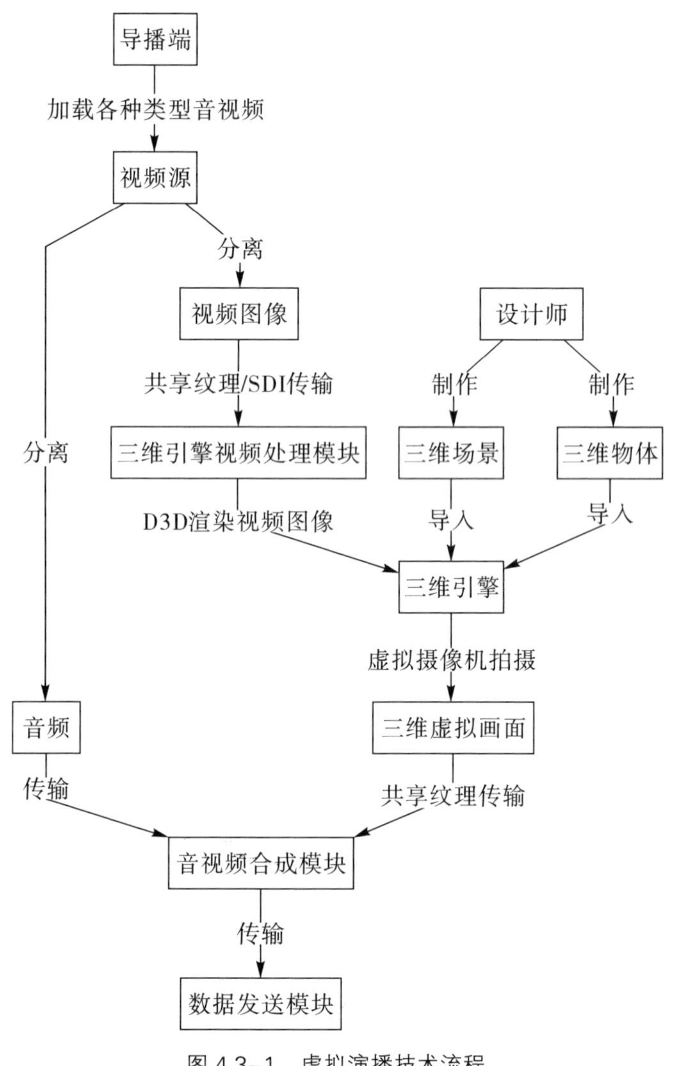

图 4.3-1　虚拟演播技术流程

下面就材质系统技术、三维粒子技术、实时抠像技术这三项关键技术展开介绍。

1.材质系统技术

材质系统是三维渲染引擎中非常重要的一个部分，负责定义物体表面的视觉属性，包括颜色、纹理、反射、透明度等。材质系统定义了物体表面如何与光照互动，以及如何在屏幕上呈现出最终的图像，反应的是物体表面对入射光的反射量。发亮的材质，会反射更多入射光；发暗的材质，会吸收更多入射光。透明的表面，一些入射光会穿透材质。

材质系统通常包括以下几个组成部分：

材质编辑器：材质编辑器是用于创建和编辑材质的工具。它通常提供一些可视化的界面和工具，让开发人员可以直观地编辑材质属性和纹理。材质编辑器还支持导入和导出外部的材质文件，如.obj、.fbx等格式。

材质库：材质库是用于存储和管理材质的数据库。它通常提供一些常用的材质模板，如金属、玻璃、布料等，同时也支持开发人员自定义和扩展材质库。

材质着色器：材质着色器是用于将材质属性和纹理与图形渲染相结合的程序。它通常根据物体的形状和纹理信息，计算出物体表面的颜色、反射、透明度等属性，并将这些属性传递给渲染管线进行渲染。

光照模型：光照模型是用于模拟光照在物体表面产生的效果的模型。它通常包括漫反射、镜面反射、阴影等效果，以及环境光、漫反射光、点光源、聚光灯等不同类型的光照光源。

纹理映射：纹理映射是用于将纹理坐标与像素坐标相对应的过程。它通常通过将纹理坐标映射到像素坐标上，来实现对物体表面的纹理贴图和纹理变形等效果。

材质系统在三维渲染引擎中起着非常重要的作用，能够使物体表面呈现更加真实和生动的视觉效果。通过不同的材质属性和纹理设置,可以模拟各种不同材料的表面效果,如金属、玻璃、布料等。同时,光照模型和纹理映射等技术的运用,也能够增强场景的真实感和视觉效果。

材质系统中最重要的就是光泽度,向材质添加发光可使材质在场景中显示为可见光源。材质发光属性用于控制材质表面发光的颜色和强度。Color自发光颜色可添加到Global Illumination(全局光照)计算中,用以指定此材质发出的光如何影响附近其他对象的环境光照,常见有三种形式:Realtime、Baked与None。

Realtime:将此材质的自发光添加到场景的Realtime Global Illumination(实时全局光照)计算中。这意味着此自发光会影响附近对象(包括正在移动的对象)的光照。在这种模式下,自发光会根据对象的移动和位置变化实时更新,呈现出更加自然和动态的效果。

Baked:将此材质的自发光渲染到场景的静态全局光照中。此材质会影响附近静态对象的光照,但不会影响动态游戏对象的光照。但是,光照探针仍然会影响动态游戏对象的光照,这种模式下,自发光的效果会在场景构建时确定下来,不会随对象的动态变化而改变。

None:此材质的自发光不会影响场景中的实时光照贴图、烘焙光照贴图或光照探针。此自发光不会照亮或影响其他游戏对象。材质本身具有发光颜色。在这种模式下,自发光将完全独立于场景中的其他光照效果。

Material主要用到四种颜色模式:

环境光(AMBIENT):环境光,顾名思义,就是周围环境散发出来的光。这种光,光源方向来源于四面八方,对环境中的所有物体,都起同样的照明作用。

漫反射(DIFFUSE):漫反射,反应的是物体表面对光的反射性质。

入射光,照射到物体表面后,被反射到所有方向,且所有方向的光的强度一致。

镜面光(SPECULAR):镜面反射和漫反射正好相反。入射光,照射到物体表面后,经过镜面反射,只反射到单个方向。这就和我们高中物理学的入射角等于反射角类似。因此,我们看到镜面反射在物体表面就是又一个亮斑。

辐射光(EMISSION):辐射光,是指不需要外面的光源,物体自身发出的光。

另外,对材质进行细化控制调整,以实现对材质外观的精确控制,可呈现更加真实和生动的视觉效果。以下是一些常见调整:

金属度(Metallic)和平滑度(Smoothness):这些属性可以影响材质的外观和反射方式。金属度由纹理的红色通道中的值控制,表示材质的金属成分含量。平滑度由纹理的Alpha通道控制,表示材质表面的粗糙程度。通过调整这些属性,我们可以模拟出不同材质表面的反射和质感效果。

法线贴图(Normal Map):这是一种用于表达物体表面凹凸质感的贴图技术。通过在贴图中存储表面法线信息,可以将平坦的表面映射出凹凸不平的效果。这样可以使物体表面更具立体感和细节。

视差高度贴图(Height Map):这是一种配合法线贴图使用的技术。它存储了表面高度信息,可以用来表达物体表面的起伏和地形。通过结合法线贴图和高度贴图,可以创造出更加逼真的三维场景。

遮挡贴图(Occlusion):这种贴图用于提供关于模型哪些区域应接受高或低间接光照的信息。间接光照来自环境光照和反射,因此模型的深度凹陷部分(例如裂缝或折叠位置)实际上不会接收到太多的间接光照。通过应用遮挡贴图,可以更好地模拟出真实世界的照明效果。

细节贴图(Detail Map):这种贴图允许在之前主纹理基础上叠加第

二组纹理。这样可以实现在近距离观察时呈现出清晰的细节效果,而在远距离观察时则不需要细节纹理。这样可以增强模型的视觉效果,使其在各种观察距离下都保持逼真和生动。通常主要的细节贴图组用于给皮肤添加细节,如:毛孔、头发,或者给裂缝调整色调和给砖墙上添加青苔,或者给金属器具添加抓痕等磨损。

辅助贴图(Secondary Map):辅助贴图或细节贴图允许在主纹理上覆盖第二组纹理。这样可以实现更小尺度上的重复纹理覆盖,以增强材质的细节和复杂性。这种贴图可以应用于反照率颜色贴图和法线贴图等方面,以进一步增强材质的视觉效果。

2.三维粒子技术

三维粒子技术是一种在计算机图形学中被广泛应用的复杂模拟技术,涉及大量粒子的动态生成、属性和渲染。这些粒子可以模拟各种抽象视觉效果,如火焰、爆炸、烟雾、水流、火花、落叶、云、雾、雪、灰尘和流星等。

粒子系统是实现这种模拟的关键工具,由大量可见元素构成,每个元素都具有相同的表现规律,并会随机表现出不同特征。这些粒子通常以一个像素或一个小多边形来表示,几何特征十分简单。在粒子系统中,粒子属性会随时间调整,以控制粒子行为。这些属性包括粒子的位置、速度、大小、颜色等。同时,粒子系统也支持对粒子的各种参数进行设置,例如粒子的产生和消失时间、粒子的流动速度和加速度等。

三维粒子技术被广泛应用于各种模糊景物的模拟,如火焰、爆炸、烟雾等。这些模糊景物很难用具体的形状和大小来描述,而粒子系统则可以通过大量粒子的动态变化来模拟出这些效果。虽然粒子系统可以产生非常逼真的效果,但它对计算机的性能要求非常高。当粒子数量巨大时,对机器的性能要求便会更加苛刻。因此,在使用三维粒子技术时,需要权衡效果和性能之间的关系。

如果要产生自定义的三维粒子，则要自己定义一个Particle对象，然后将这个Particle对象设置为粒子产生器的模板。

这个过程是通过函数“Emitter∷set Particle Template”来实现的，具体来讲，包含以下几个步骤：

第一步，粒子产生。

quksg中粒子的产生，使用的是一个叫作粒子发射器(Emiter)的东西。使用的类叫作quksg Particle::Emitter。这个粒子发射器不停地产生新的粒子，每个粒子都从粒子发射器的初始位置发出，然后以一定的初始发射角度和初始发射速度向外发出。这里使用的是OSG自己内置的一个标准发射器osgParticle∷Modular Emitter。

第二步，粒子管理。

粒子发射器不停地发射粒子，这些发射出来的粒子如何管理呢？需要粒子系统来管理。对应的类叫osgParticle∷Particle System。粒子发射器，发射出来粒子后，交给粒子系统，就不用操心了。这个转交的过程，是用emitter→set Particle System(ps)实现的。粒子同时具有物理属性和图像属性。它的形状可以是任意的点(Point)、四边形(Quad)、四边形带(Quad Tripstrip)、六角形(Hexagon)或者线(Line)。每个粒子都有自己的生命周期。生命周期也就是每个粒子可以存活的秒数(生命周期为负数的粒子可以存活无限长时间)。所有的粒子都具有大小(Size)、ALPHA值和颜色(Color)属性。每一组粒子都可以指定最大值和最小值。为了便于管理粒子的生命周期，粒子系统通过改变生命周期的最大值和最小值来控制单个粒子的渲染。(根据已经消耗的时间，在最小值和最大值之间进行线性插值)。

第三步，粒子显示。

由于粒子系统本身只负责管理粒子，并不负责显示粒子，所以还需要一个东西将粒子显示出来。quksg中是通过quksg∷Geode将粒子系统显示出来。然后通过 geode→addDrawable(ps)将粒子系统与 Geode 结合起来。

放置器(quksg Particle :: Placer):设置粒子的初始位置。用户可以使用预定义的放置器或者定义自己的放置器。已定义的放置器包括:点放置器 Point Placer(所有的粒子从同一点出生)、扇面放置器 Sector Placer(所有的粒子从一个指定中心点、半径范围和角度范围的扇面出生),以及多段放置器 Multi Segment Placer(用户指定一系列的点,粒子沿着这些点定义的线段出生)。

发射器(quksg Particle :: Shooter):指定粒子的初始速度。Radial Shooter 类允许用户指定一个速度范围(米/秒)以及弧度值表示的方向。方向由两个角度指定:theta 角,即与 Z 轴夹角;phi 角,即与 X、Y 平面夹角。

计数器(quksg Particle :: Counter):控制每一帧产生的粒子数。Random Rate Counter 类允许用户指定每帧产生粒子的最大和最小数目。

标准放射极(quksg Particle :: ModularEmitter):一个标准放射极包括一个计数器、一个放置器和一个发射器。它为用户控制粒子系统中多个元素提供了一个标准机制。

第四步,粒子更新。

由于粒子在不停运动,所以需要不停更新。粒子系统的更新是通过类 qosg Particle :: Particle System Updater 来实现的。然后通过 psu→add Particle System(ps)来将更新器和粒子系统进行关联。最后,将粒子系统加到场景中需要添加三个东西到场景树中:发射器、显示的 Geode、更新器。

3. 实时抠像技术

面向虚拟演播制作,实时虚拟抠像技术可以将图像中的某个区域与其他区域分离或去除。抠像技术主要方法有色差抠像(Color Difference

Keying)、亮度抠像(Luma Keying)、色度抠像(Chroma Keying),以及近年发展起来的AI实景抠像技术(AI Keying)。

色差抠像基于图像中的颜色差异来分离区域,亮度抠像基于图像亮度和暗度来分离区域。色差抠像的原理是利用图像中的R、G、B三通道颜色差异来识别不同区域。通过将图像转换为颜色通道,可以识别需要保留的颜色区域和需要去除的颜色区域。然后,编辑可以将去除的区域进行填充、替换或删除,以达到抠像的效果。色差抠像需要注意色彩的准确性和均匀性,以保证抠像后的图像质量,否则在进行处理时可能得到的输出结果较为突兀,边缘分割明显,前景细节丢失,绿色溢出较为严重。

亮度抠像的原理是利用图像的亮度和暗度来识别不同区域。算法上,通过将一幅彩色图像转换为黑白图像,可以识别出需要保留的亮部区域和需要去除的暗部区域。然后,编辑可以将去除的区域进行填充、替换或删除,以达到抠像的效果。亮度抠像需要注意图像的细节和阴影,以保证抠像后的图像质量。

色度抠像在HSV彩色空间中进行。在这个空间中,H表示色调,即我们通常所说的颜色;S表示饱和度,表示颜色的浓淡程度;V表示亮度,表示颜色的明暗程度。色度抠像算法需要预先手动选择背景颜色。然后,通过计算整幅图像与背景颜色的距离或相似度,来判断哪些颜色属于背景,哪些颜色属于前景。这个计算过程会产生一个alpha图,表示每个像素是否属于背景或者前景。色度抠像技术利用图像的颜色信息来求解不透明度。具体来说,它将彩色图像转换到HSV空间,然后对色度分量(H)进行软阈值分割。但是,在实际应用中,由于光照等因素影响,色度分量可能无法完全区分不同的颜色信息。因此,我们通常会对色度(H)、饱和度(S)和亮度(V)三个通道进行加权计算,以求得更为准确的不透明度。色度抠像技术因其快速且能得到较好的绿幕抠像效果,被广泛应用于实时场景中。

AI抠像技术利用人工智能技术来抠出图像中的特定部分。该技术可以自动识别和分离图像中的主体和背景,快速、准确地将主体从背景中分离出来。AI抠像技术主要基于深度学习和计算机视觉技术。其中,深度学习技术可以通过训练大量的数据来让计算机自动识别图像中的特征和模式,从而实现对图像的自动分割和识别。而计算机视觉技术则可以通过对图像的像素进行分类和分割,来实现对图像的精细处理。如下图所示,任意背景下的人物抠像是基于人像识别技术,首先将图片进行实体分割,边缘拟合,在卷积神经网络算法引擎下进行人像提取,将提取到的人像与替换背景进行融合的过程。

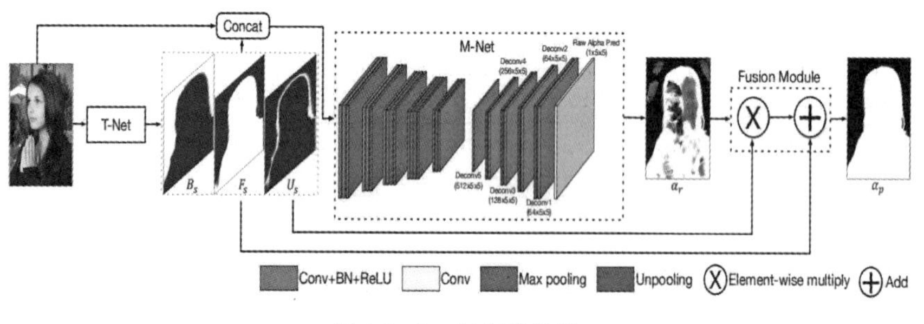

图4.3-2　AI抠像流程

AI抠像技术的实现过程通常包括以下五个步骤:

图像采集:通过相机等设备采集图像数据。

预处理:对采集的图像进行预处理,包括去噪、增强等操作,以提高图像质量和识别效果。

特征提取:利用深度学习技术对预处理后的图像进行特征提取,识别出图像中的主体和背景。

抠像处理:根据提取的特征,对图像进行抠像处理,将主体从背景中分离出来。

合成与输出:将抠出的主体与背景进行合成,生成最终的图像输出。

AI抠像技术具有高效、准确、自动化等优点,可以广泛应用于图像处理、视频编辑、广告制作等领域。同时,随着人工智能技术的不断发展,AI抠像技术的准确度和效率也在不断提高。

面向高要求的虚拟抠像需要,趣看自主研发的抠像算法与调优算法,通过抠蓝、抠绿,实现一键吸色抠像,且支持摄像机、网络流、视频媒体文件、图片文件等蓝绿抠像源。每路信号可独立设置色键参数,能实现抠像效果人物边缘无黑边、无蓝(绿)边、无闪烁、无锯齿,人物运动或摆手时无蓝(绿)边、无拖尾的效果。

如图4.3-3所示,绿幕蓝箱抠像是基于色键处理技术实现前后景分离,对绿色、蓝色等背景色进行识别,利用算法将背景颜色去除分离前景,抠出人像与替换背景进行合成,最后进行渲染,形成想要的背景视频画面。

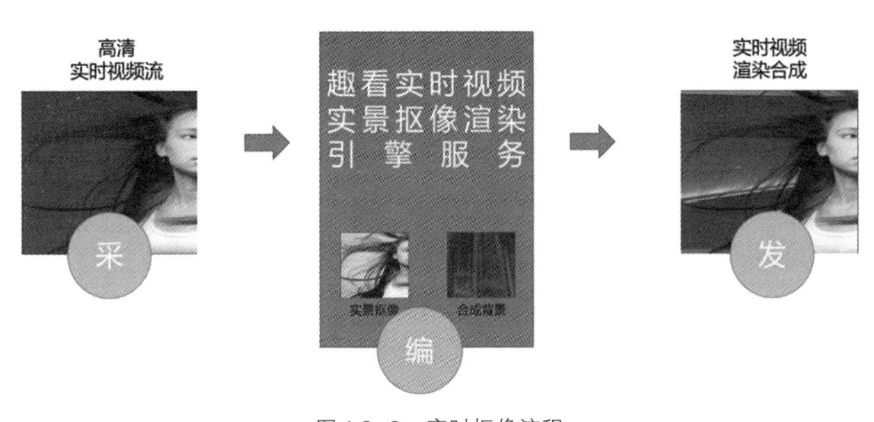

图4.3-3　实时抠像流程

以下是抠像效果:

图4.3-4　不同画面抠像效果

四、三维虚拟场景编辑技术

三维虚拟场景编辑技术用于创建、管理和控制虚拟场景。虚拟演播室依托三维实时渲染引擎，能够对三维场景及模型等进行全面编辑和包装，为直播提供3D包装场景。可以从3dMax、Maya、C4D等导入建模模型，操作便捷，可进行场景替换、模型编组、场景动画等，支持纹理贴图、全景光源。为“VR＋AR＋MR”的直播包装场景提供全方位支撑。

图4.3-5　虚拟演播室界面

在三维虚拟演播室系统中，常见的需要进行播控的有虚拟场景动画播控、虚拟机位推拉摇移、源画场景平面替换、机位切换速度变化。

一套交互友好、界面简洁的播控系统能够充分保证动画场景切换、镜头摇移推拉等各种精细化操作,从而完美呈现虚拟场景。此外,实时交互技术、远程交互技术是虚拟场景播控技术的关键部分,它允许主持人与虚拟场景进行实时互动和操作。通过传感技术,系统可以捕捉主持人的动作和输入,并转化为虚拟场景中的指令,实现与虚拟场景的交互。虚拟场景播控技术还可以通过人工智能技术进行智能化的播控,例如自动化切换场景、自动调整灯光等,以提高虚拟场景的展示效果和用户体验。

下面重点就三维虚拟场景编辑系统进行介绍。

三维场景编辑系统采用强大的实时三维引擎,可以实时修改场景中任意物件的空间位置、大小、朝向等属性,另外所有物件的纹理都可以替换为本地图片、视频以及外来信号,还可以做纹理动画,运动方向和速度均可调整。提供场景替换修改能力,支持定制个性化的图文元素,支持多种格式的三维模型导入。使复杂的虚拟场景、动画制作通过简单的操作呈现出震撼的视觉效果。在编辑系统中,灵活高效运用虚拟摄像机、模型加载编辑、替换元素、光源、模板、动画、视图,可以为虚拟效果增彩不少。

摄像机元素:可通过设置摄像机元素的位置,旋转可视角度和改变显示参数,来调整实际3D场景在画面中呈现的状态。通过对摄像机添加多个相位,支持手动控制摄像机运动来调整3D模型在直播中呈现的效果和动效转场等。

模型加载与编辑:支持静态三维模型和动态三维模型的导入,包括3Dmax、MAYA等三维设计软件制作的FBX、OBJ格式三维模型文件,并可保留原三维模型的尺寸、材质、纹理参数;三维组件的材质和纹理可调节,材质支持环境光颜色、漫反射颜色、镜面反射颜色设置;纹理支持dds、png、jpg、bmp、tif、tga格式图片,支持带alpha通道的纹理贴图;

支持图片、图片序列、全景图片导入;支持创建替换元素、平面、光源、空对象。

替换元素:替换元素主要有人物、大屏和logo。替换元素数量不作限制。

支持组件转换为替换元素,替换元素在虚拟演播室内可替换为其他视频、图片素材、外来信号。

平面元素、文字元素:支持对平面元素及文字元素进行对应参数设置,以便用于虚拟演播系统中,包括位置参数、旋转参、缩放、轴点、不透明度、阴影等一系列设置。

全景:全景元素支持球形全景和立方体全景图片导入。

光源:支持添加点光、聚光、平行光三种不同类型的光源,支持光源的颜色、方向、强度、阴影衰减的设置,灯光变化支持添加关键帧以使3D模型物体的呈现更加真实和融洽。

模板:内置多套三维场景模板,可以快捷导入使用。支持当前虚拟摄像机机位保存为预设相位,保存的相位可在虚拟演播室内快速调用。

动画:支持不同组件之间建立父子元素的关系,父元素的运动和变换可带动子元素的运动和变换。支持对组件进行位移、旋转、缩放操作。支持参数控制和视图区控制两种控制模式,视图区控制的位移和缩放支持单轴方向、平面方向和立体空间方向变换。平面元素支持图片序列导入,图片序列运动模式和循环模式可调,支持png、jpg格式的图片、图片序列,支持带alpha的图片导入。平面、替换元素支持跟随摄像机,跟随摄像机后,组件始终与虚拟摄像机保持平行,自动跟随摄像机运动。同时,支持通过关键帧为三维组件添加三维动画。支持关键帧的添加、复制、剪切、移动、粘贴、删除和清空。支持创建动画层,对不同的组件设置分别可控的动画。

视图：支持单视图、双视图、三视图、四视图四种不同的操作视图模式。每个视图区支持前视图、透视图、摄像机视图、俯视图、右视图、左视图右键快速切换。支持通过鼠标对视图区域进行拖动、旋转、推拉的控制，支持一键恢复默认视图。支持根据导入模型的大小，自动调整视图区可视范围大小。支持摄像机视图实现对虚拟摄像机位移、旋转的控制。支持对虚拟通道内支持环境控制的场景进行光照和气象的控制。

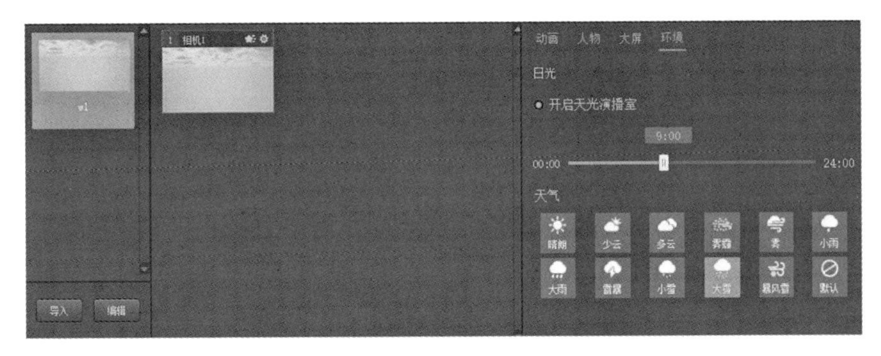

图4.3-6　虚拟气象环境管理面板

气象：滑动时间轴，可使场景中的光照模拟24小时的日照状态。点击天气模块，则可将场景中的天气状态进行切换。点击开启天光演播室，则场景中的日照将模拟系统时间的日照。时间轴不可手动调整，但会根据系统时间自动进行调整。

五、虚拟跟踪与无限蓝箱技术

在虚实融合演播室中，三维虚拟场景是一个模拟的空间，而摄像机拍摄的画面是一个实体的二维空间。在制作三维虚拟节目中，常常会遇见摄像机不便移动、拍摄画面较为单一的问题。

虚拟跟踪技术可以最大限度地解决这个问题。虚拟跟踪技术可以读取摄像机的镜头数据，如推拉、摇移、变焦等，并可以使用键盘对摄像机进行遥控。在摄像机进行相应操作时，三维虚拟场景也会进行相应的变化（如推拉摇移等），使整体的节目在镜头变化时更为平滑和顺畅。

无限蓝箱技术可以解决演播室内蓝箱、绿箱面积有限的问题。镜头在移动时可能会移动到蓝箱之外，拍摄到灯光等其他物件。无限蓝箱技术则可以让蓝箱无限延伸，即使拍摄到蓝箱以外的物件，也可以视作蓝箱，用抠像技术抠除，而不出现在最终的三维虚拟节目中。

相机属性面板下支持对相机参数、追踪设置和元素可见性的设置。其中追踪设置包含手动追踪、云台追踪和手机追踪。

云台追踪，需要连接云台，选择配置文件，选择串口，根据效果设置相应延迟帧数。当云台追踪启动时，应用模式默认为MR模式，需要设置关联通道，也就是云台相机画面接入的通道，支持调整关联通道的位置。无限蓝箱功能，在云台追踪时，云台摇向非绿幕区域时，可能会露出实景的情况，此时使用无限蓝箱，可以避免这种情况出现，让虚拟场景充满整个现实场景中。在使用时，需要设置一个蓝箱模型，在可控元素中有个设为蓝箱的选项，制作一个大于等于现实绿幕场景的物体，将其设为蓝箱即可。

手机追踪需要配合移动直播台App全息功能。

点击进入AR追踪，可以看到界面中有个定原点，找到一个平面，点击定原点。

在导播台中的“通道输入”选择“NVI输入”，然后将通道与手机追踪中的追踪通道和关联通道绑定就可以了。

元素可见性可对场景中的人物，设置在该相机下的可见性。

需要注意的是相机属性面板参数的调整需将视图切换到该相机视图下才能在场景视口中看到效果。

六、AR、VR演播技术

1.AR

AR（Augmented Reality），即增强现实技术，它将虚拟信息与真实世界无缝融合。通过将计算机生成的文字、图像、三维模型、音乐和视频等虚拟信息模拟仿真后，再将其应用到真实世界中，AR使得两种信息互为补充，实现对真实世界的“增强”。AR演播即通过AR技术来实现演播室内容与视觉的增强。这种演播室方式通常基于三维构建的虚拟图形、图像，通过空间定位追踪，将其叠加至演播室实景拍摄画面上，创造出一种全新、生动、立体的视觉画面效果。

在演播室中的AR应用技术主要包括实时跟踪技术、三维渲染、虚拟摄像机、屏幕空间与真实空间的无缝衔接互动技术等。

实时跟踪技术可以实现对真实场景中的人、物、景的跟踪和定位，从而实现对虚拟元素的精确渲染。当前市面上有两种典型的空间识别与追踪技术，一种是基于SLAM深度学习算法，通过单个或多个深度摄像机（单目、多目）来对所在演播室空间的关键标的物实施标定与识别。这种方式速度快、成本低，但存在数据传输稳定性、可靠性以及校准性差的问题。还有一种就是通过红外定位，这种方式比较典型的方案是在所在空间布置一台红外发射器，通过发射器去识别贴在空间四周的反光点。因为反光贴位置固定、密度均匀且分布存在一定的随机性，所有接收到的反射位置比较精准，但这种方案价格比较昂贵。目前这类方案市面上有Redspy、Mosys等国内外产品。三维渲染技术可以将真实场景中的物体进行三维建模，以便对虚拟元素进行渲染和互动。借助强大的三维场景编辑器，可以在摄像机拍摄的实景信号中实时添加虚拟前景，如模拟的景色、工具、人物等。虚拟摄像机技术可以实现对虚拟元素的拍摄和展示，同时可以与真实场景中的物体进行互动。屏幕空间与真实空间的无缝衔接互动技术可以将虚拟元素与真实场景进行无缝融合,从而创造出更加生动、立体的画面和效果。AR技术可以让实景与虚景完美融合,同时可以给最终制作的画面提供极强的沉浸感和科技美感。

在AR演播室中,通常需要使用多种技术和设备来实现这些功能。例如,需要使用高清晰度摄像机来拍摄真实场景,同时需要使用计算机和相关的AR技术设备来对虚拟元素进行渲染和互动。此外,还需要使用跟踪和注册技术来实现对真实场景中的物体和人物的跟踪和定位。

图 4.3–7　AR合成示意,使用AR技术,在桌子上呈现西湖实景画面

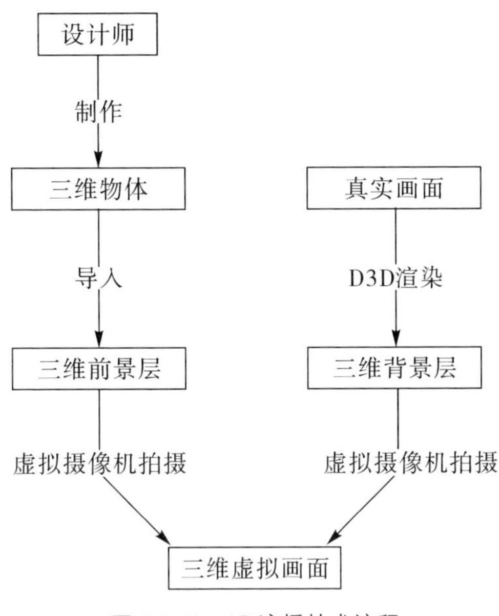

图4.3-8　AR演播技术流程

要实现AR演播室，业务技术流程相对复杂，以趣看AR演播流程为例：

第一步：三维引擎通过SDI、共享纹理、本地媒体播放等技术手段，获取音视频数据，并通过D3D技术将视频数据渲染到三维场景中作为背景层。

第二步：三维设计师设计三维物体。三维引擎加载该三维物体，并在三维场景前景层做显示。

第三步：三维引擎使用虚拟摄像机，在三维场景中做实时拍摄，将三维场景的3D画面具象化为2D图像。

2.VR

VR全景演播和AR演播不一样的关键，在于输出画面与输入信号源类型不同。VR全景演播中的“VR”(Virtual Reality)指的是虚拟现实技术，顾名思义，VR全景演播是基于全景、结合了虚拟现实技术的演播形式。该技术在媒体制作应用中一般用于全景摄像。用户通过手机、VR头显设备或全景球幕360度无死角地观看现场画面,靠自己实现现场画面的“切换”。VR全景具有交互性强的特点。观众可以通过设备操作,如转动头部、调整视角等,自由探索和交互直播现场。随着5G技术的普及和发展,5G网络高速度和低延迟特性将为VR全景直播提供更加流畅的体验和更广阔的应用前景,VR全景演播也将迎来新的机遇。

在VR全景演播整体解决方案中,需要借助专业的VR演播制播技术,包括VR全景拍摄设备、VR编码器、网络传输设备等。

图4.3-9　VR合成示意①

在VR全景演播中最为凸显的技术问题是要解决VR全景相机拍摄的2:1畸变广角图像(含VR相机源、VR包装的融合图像畸变),使其转为正常非畸变图像,进一步通过全景播放器让观看者身临其境地进入全

① 资料来源:嘉兴广电禾点点团队联合趣看策划的《嘉兴国际马拉松大直播》活动。

景图记录的场景中。

VR图转正常图技术架构图：

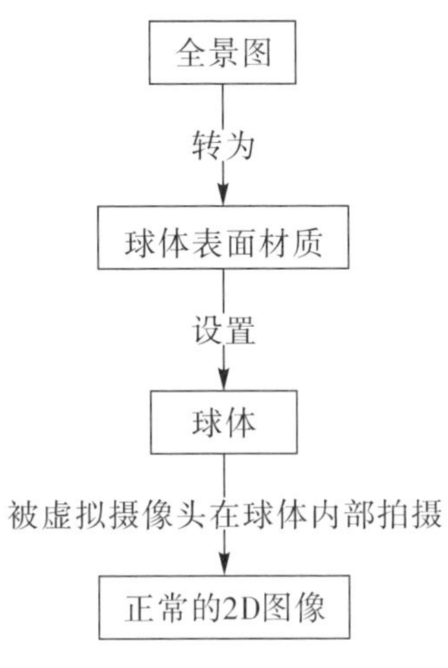

图4.3-10　VR演播技术流程

VR图转正常图是什么技术原理呢？

全景图是一种广角图，通常标准的全景图是一张2∶1的图像，其背后的原理就是等距圆柱投影。等距圆柱投影是一种将球体上的各个点投影到圆柱体的侧面上，然后将投影结果展开成2∶1的长方形图像。

全景展示其实是等距圆柱投影的逆过程。具体来说，就是将全景图作为材质贴到三维场景的球体上进行渲染。通过虚拟摄像头放置在球体内部进行拍摄，从而得到正常的2D图像。

将三维场景的图像，转成全景图像，在VR播放器中360度无死角查看当前演播节目。

VR全景图可以是球体，也可以是六面体来完全包裹住整个空间。这种六面体可以通过算法优化，转化为球体的2∶1图像，以提供更广阔的视角。在实现VR图像输出的过程中，使用6个虚拟摄像机分别采集6个面的2D图像画面，并借助特定算法将其统一转化为2∶1全景图。

下面介绍立方体转球体的算法原理。

将立方体转换为球体,其基本原理是计算出球体图像中的每个像素点与立方体图像中相对应像素点之间的映射关系,然后将立方体图像中的像素点渲染到球体图像上。通过将视角放在球体中心,并从球心观看球面的场景映像,可以产生一种全方位的空间视觉体验。同样的原理也可以应用于将立方体转为全景图。我们需要做的就是将球面上的像素点映射到立方体上,以实现从球心出发的全景视觉体验。

介绍完基本原理,接下来是数学建模。首先,我们建立一个球坐标系。该坐标系由三个变量描述,分别是半径r、竖直方向上的夹角θ和水平方向上的夹角φ。对于球体,我们可以假定其表面上任意一点的位置由这三个变量确定。在球坐标系中,球体的半径r是固定的,而夹角θ和φ则可以随着观察者的位置和方向而变化。通过建立球坐标系,我们可以将球体表面的点映射到立方体表面上的点。具体来说,我们可以根据球坐标系中的三个变量计算出立方体表面上的对应点的坐标:

$$r=1$$

$$0<\theta<\pi$$

$$-\pi/4<\varphi<7\pi/4$$

这样我们就可以得到球面上的各个点在直角坐标系中的x、y、z:

$$x=r\sin\theta\cos\varphi$$

$$y=r\sin\theta\sin\varphi$$

$$z=r\cos\theta$$

对于球面到立方体上的投影,我们需要的是角度θ和φ相同时,延长球的半径r直到和立方体的面相交。假设这个长度是R,由于我们设了半径r是1,所以球面上的点为$(\sin\theta\cos\varphi,\sin\theta\sin\varphi,\cos\theta)$对应的立方体上的点是$(R\sin\theta\cos\varphi,R\sin\theta\sin\varphi,R\cos\theta)$

如果我们要求$x=1$,则这个平面上的点:

$$1=R\sin\theta\cos\varphi$$

则可以求出来

$$R=1/(\sin\theta\cos\varphi)$$

所以在x平面上映射的点就是

$$(1,\tan\varphi,\cot\theta/\cos\varphi)$$

通过这种方式,我们可以将球体表面的像素点映射到立方体表面,并将立方体表面的像素点渲染到球体表面。由于我们是以像素为单位来进行处理,所以需要遍历球面图上的每个像素,然后在立方体上获取对应的像素点。然而,经过这种方式进行计算后的结果是小数,并不能完整对应到立方体的实际像素点上。这时需要就近取最近的像素点来填充。例如,如果计算出来的像素点位置为3.4,则取3所在的像素点填充。通过这种就近取最近像素点的填充方式,我们可以实现球体到立方体的转换,并获得较为准确的视觉效果。当然,这种转换方法也可能导致一些误差,但可以根据实际应用场景的需求进行调整和优化,以尽量减小误差的影响。

七、虚拟数字人

虚拟数字人在演播室的应用主要是通过虚拟演播室技术实现的。在虚拟演播室中,虚拟数字人可以作为虚拟主播或嘉宾出现,与真实的主持人或嘉宾进行互动。这种应用可以带来很多好处,例如提高节目的创意性和观赏性,为观众带来全新的视觉体验,降低制作成本和时间等。目前,越来越多的媒体和节目制作公司开始将虚拟数字人应用于演播室节目制作中。例如,央视网的小C与演播室的真人嘉宾、前方两会代表三方同框的两会融媒直播节目《两会C+时刻》,真正让3D超写实数字人技术在主流思想的表达中发挥关键作用。浙江卫视的数字人“谷小雨”在亚运会期间参与了亚运会系列宣传报道,其主持的@亚运版块,聚焦网络最新最潮的亚运热点,以具有感染力的内容形式,带领大众以全新视角感受亚运氛围，感受运动之美。此外，诸如上海广播电视台的“申雅”、北京广播电视台的“时间小妮”、山东广播电视台的“海蓝”、《人民日报》的“小晴”、《中国青年报》的“小青”、澎湃新闻的“小菲”、大众新闻的“钟小加”等，都表明众多媒体机构正纷纷构建自己的数字人内容生态体系。

虚拟数字人是新一代多模态人机交互系统，是有智能、有形象、可交互的“数字分身”。借助多屏帧级同步图像播放引擎、虚实摄像动作捕捉技术、三维虚拟演播实时渲染技术、AI虚拟数字人技术及实时音视频通信技术，可以打造专属的虚拟数字人，实现实时虚拟互动、AI虚拟播报等应用。

图4.3-11　趣看数字人元元正在做《元元闹元宵》直播

虚拟数字人系统一般情况下由人物形象、语音生成、动画生成、音视频合成显示、交互等5个模块构成。

根据人物图形资源的维度，数字人的人物形象可分为2D和3D两大类。从外形风格来看，可分为卡通、拟人、写实、超写实等不同风格。为了实现数字人的语音和动画生成，语音生成模块基于文本输入，能够生成与文本内容相符的人物语音。动画生成模块同样基于文本或其他动捕信号，生成与之相匹配的人物动画。这些模块的技术涉及人工智能、图形学等领域。最后，音视频合成显示模块将人物语音和动画进行合成处理，最终以视频的形式显示给用户，这个模块的功能实现需要考虑音频和视频的同步、画质优化等因素，以确保数字人的表现达到最佳状态。交互模块是数字人技术中最重要的组成部分，使数字人具备了与用户交互的能力。通过语音语义识别等智能技术，交互模块能够识别用户的意图，并根据用户当前意图决定数字人后续的语音和动作，进而驱动人物开启下一轮交互。

根据交互模块有无，数字人可分为交互型数字人和非交互型数字人。非交互型数字人系统运作流程相对简单，主要是根据输入的目标文本生成对应的人物语音及动画，并合成音视频呈现给用户。

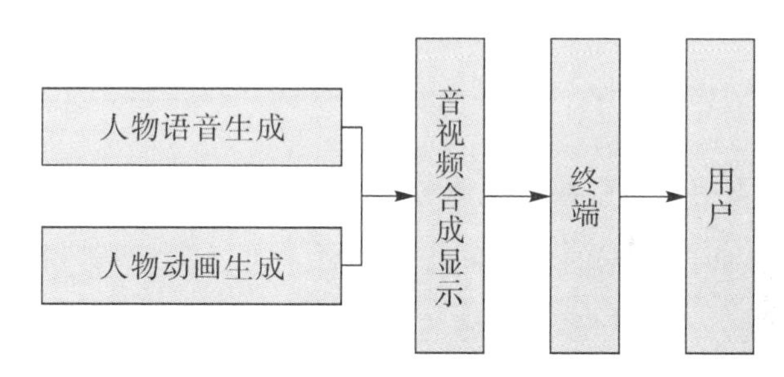

图4.3-12　非交互类虚拟数字人系统运作流程

交互型数字人根据驱动方式的不同可分为智能驱动型和真人驱动型。智能驱动型数字人可通过智能系统自动读取并解析识别外界输入信息，根据解析结果决策数字人后续的输出文本，然后驱动人物模型生成相应的语音与动作来使数字人跟用户互动。

该人物模型是预先通过AI技术训练得到的，可通过文本驱动生成语音和对应动画，业内将此模型称为TTSA（Text To Speech & Animation）人物模型。真人驱动型数字人则是通过真人来驱动数字人，主要原理是真人根据视频监控系统传来的用户视频，与用户实时语音，同时通过动作捕捉采集系统将真人的表情、动作呈现在虚拟数字人形象上，从而与用户进行交互。当前随着ChatGPT等生成式大模型以及行业应用大模型的应用,在自然语义理解与多模态生成技术发展上有了质变。

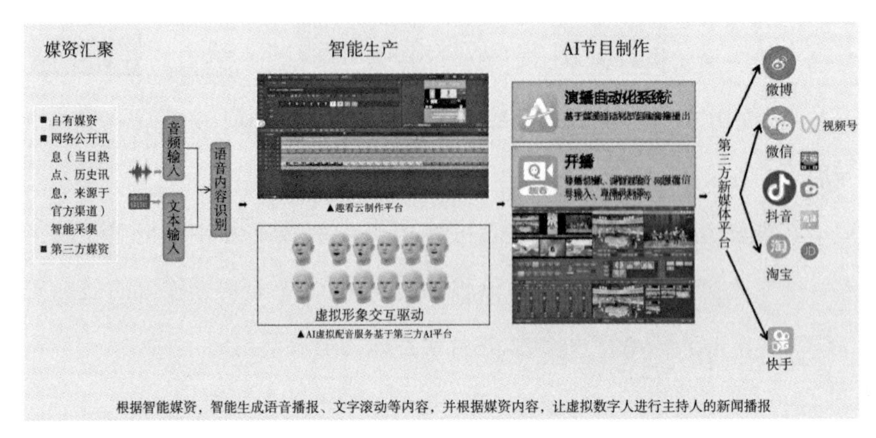

图4.3-13 趣看智能驱动型虚拟数字人运作流程

在真人驱动交互型数字人业务系统中,关键需要解决三维角色模型与真人动捕、面部数据的实时同步。通常来讲,解决动捕和面部数据的实时同步,是一个涉及多个领域的复杂问题,需要的技术和方法包括数据捕捉、数据处理、数据传输和实时渲染等。

动作捕捉技术是实现实时同步的关键。动作捕捉技术通过在演员身上安装传感器,捕捉其动作和表情,并将这些数据实时传输到计算机中。计算机通过特定的算法将这些数据转化为数字信息,用于驱动三维角色模型的动作和表情。在动作捕捉技术方面,有传统的机械式捕捉和现代的惯性捕捉、光学式捕捉等方式。它们各有优缺点,可以根据实际需求选择。机械式动作捕捉设备通常由刚性杆和关节组成,可以捕捉目标的精确位置和动作。光学式动作捕捉设备则通过跟踪目标上特定光点的位置来完成动作捕捉。惯性式动作捕捉设备利用绑定在身体重要关节点的感应芯片捕捉关节点变换,进而通过算法分析转化为人体的动作数据。当前市面上主要的动捕设备一般是光惯混合式。

面部捕捉技术用于实现三维角色模型与真人表情同步。通过在演员面部安装高精度的传感器、相机等记录设备，捕捉其表情和面部“眼、嘴、眉、颊、鼻”的微动作，并将其转化为参数数据。这些数据通过常见的UDP或TCP协议实时传输到目标主机计算机中，再通过特定的算法将这些数据转化为三维角色模型脸部骨骼节点数字信息，从而驱动三维角色模型的面部表情和微动作的同步。面部捕捉技术可以捕捉微妙的面部表情和动作，使数字角色的表情更加真实和生动。与传统的动画制作过程相比，面部捕捉技术可以大大提高制作效率，同时降低制作成本。因为不需要手动调整和修改表情，可以避免烦琐的过程。面部捕捉技术通常分为两种类型：机械式和光学式。机械式面部捕捉设备通常由多个关节和刚性连杆组成，配备角度传感器，固定在人的嘴、眼睛和其他位置。当运动发生时，角度传感器可以测量角度的变化，并根据连杆的长度计算空间中固定点的位置和运动轨迹。光学式面部捕捉设备则基于计算机视觉原理，通过摄像头捕捉面部运动，分析面部图像的变化来计算面部动作和表情。随着移动终端的人脸技术的增强，基于移动手机的光学面部技术也开始广泛应用于当前的实时虚拟制作中，像基于ARkit的FaceLink App应用可以无缝实现移动面部与UE Matahuman实时绑定驱动全链路贯通，极大降低面部技术成本。

数据传输技术是实现实时同步的另一个关键环节。在动作和面部捕捉过程中，需要将大量的数据从演员传输到计算机中。为了实现实时传输，需要使用高速的数据传输协议和技术，如Wi-Fi、蓝牙等无线传输技术，或者光纤、USB等有线传输技术。

实时渲染技术是实现三维角色模型与真人动捕、面部数据实时同步的最后一步。在接收到演员的动作和面部数据后，计算机需要将这些数据实时渲染到三维角色模型上。实时渲染技术需要强大的计算能力和高效的算法支持，以实现高质量的渲染效果和实时响应。为了提高实时同步的效果，需要对捕捉到的数据进行处理和优化。例如，去除噪音、平滑数据、压缩数据等操作，可以提高数据的准确性和传输效率。同时，针对不同的应用场景和需求，需要选择合适的算法和参数来优化数据处理效果。

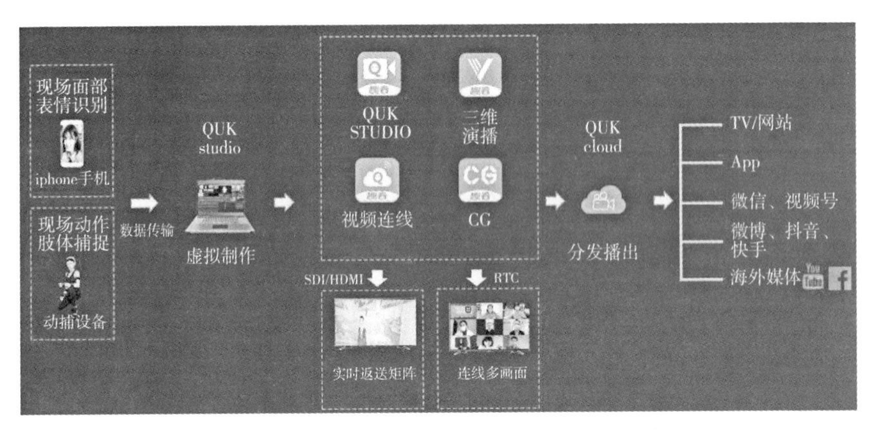

图4.3-14　趣看真人驱动型虚拟数字人运作流程

通过上面的虚拟数字人的技术链介绍，相信大家对这一细分技术门类有了一定的理解。理解技术是为了更好的业务应用。笔者这里简要梳理当前市面上的几类主要的虚拟数字人技术面向行业业务的应用模式。

1. 直播＋数字人

虚拟数字人直播的应用场景非常广泛。在娱乐直播中，虚拟数字人可以作为虚拟偶像进行音乐会、舞蹈表演、游戏直播等娱乐活动的直播，吸引大量粉丝的关注和观看；虚拟数字人电商直播也有很广泛的应用，虚拟数字人可以作为电商平台的代言人，进行产品介绍、推广和销售，吸引消费者的关注和购买；面向教育直播，虚拟数字人可以作为虚拟教师进行在线授课，为学生提供便捷、高效的学习方式，例如通过直播方式进行远程教育、在线答疑等；基于虚拟文旅直播，虚拟数字人可以作为虚拟导游进行旅游直播，带领观众体验不同的景点和文化，提供更为生动、形象的旅游体验；面向新闻直播，虚拟数字人可以作为虚拟新闻主播进行新闻播报,提高新闻传播的效率和准确性,例如通过直播方式进行实时新闻报道和解读;针对企业宣发直播或虚拟活动直播,虚拟数字人可以作为企业的形象代言人,进行产品展示、宣传和推广,提高企业的知名度和美誉度。或者虚拟数字人可以作为虚拟主持人或嘉宾,参与各种活动的直播,例如文艺晚会、庆典仪式、展览展示等。

2.新闻+数字人

新闻播报数字人是指利用数字技术和人工智能技术,实现自动化新闻播报的虚拟数字人。这种数字人可以模拟真人的语音、口型、表情等特征,通过事先输入的文本或语音合成技术,自动生成新闻播报内容,实现快速、高效、准确的新闻播报。

新闻播报数字人的应用场景非常广泛,可以应用于电视新闻、广播新闻、网络新闻等多种媒体形式。在电视新闻中,数字人可以作为虚拟主播,进行实时新闻播报和解读;在广播新闻中,数字人可以作为虚拟声音,进行音频新闻播报和报道;在网络新闻中,数字人可以作为智能助手,为用户提供个性化的新闻推荐和播报。

3.营销+数字人

在直播和短视频的巨大流量池下,虚拟数字人技术可以创新内容和营销,成为品牌从营销同质化竞争中脱颖而出的关键。利用虚拟形象进行直播或者短视频内容创作,能更好地促进企业传递品牌价值,帮助商家留存粉丝,助力成交,创造收益。首选应用便是品牌代言和广告宣传。虚拟数字人可以作为品牌的虚拟偶像或代言人,进行广告宣传和代言。例如,一些服装、化妆品等品牌,常常使用虚拟模特来展示产品,吸引消费者关注。再者,在互动娱乐和游戏中,虚拟数字人可以作为游戏角色、虚拟偶像或者智能助手等,与用户进行互动娱乐。例如,一些游戏和App会推出虚拟偶像或智能助手功能,与用户进行互动交流,提高用户的参与度和黏性。其次,面向智能交互和智能客服,虚拟数字人可以作为智能交互和智能客服的代表，进行智能问答、智能推荐、智能客服等工作。例如，一些电商平台或服务型App会推出智能客服功能，通过自然语言处理和语音识别技术，与用户进行交流互动，提供更加便捷、高效的服务体验。

数字人营销具有以下优点：

互动性高：虚拟数字人具有与用户进行互动的能力，可以通过语音、文字、表情等方式与用户进行交流，提高用户参与度和黏性。

创意空间大：虚拟数字人的形象和动作可以自由设计，具有极大的创意空间，可以吸引用户的眼球并提高品牌知名度。

成本低：虚拟数字人的制作和维护成本相对较低，可以节约营销成本，提高营销效率。

可持续性强：虚拟数字人可以长期使用，可以通过不断更新和优化来提高其性能和表现力，实现长期的营销效果。

4.教育＋数字人

互动式教学：数字人可以作为虚拟教师或同学，与学生进行自然、实时的互动和对话。它们可以根据学生的学习进度和能力水平，提供个性化的反馈和建议，帮助学生更好地理解和掌握知识。这种互动式教学方式能够增加学生的参与感和投入度，激发他们的好奇心和思维能力。数字人还可以充当艺术家或音乐家的角色，与学生进行互动，引导学生进行绘画、创作和音乐演奏等艺术活动。它们可以根据学生的兴趣和需求，提供专业的艺术和音乐指导，帮助学生发掘自己的艺术天赋和提高审美能力。

虚拟实验室：数字人可以在虚拟环境中模拟现实世界中的实验室场景，为学生提供实验操作和探索科学原理的机会。通过数字人的引导和解释，学生可以在安全、可控的环境中进行实验操作，了解科学原理和实验过程。这种虚拟实验室不仅可以降低实验成本和风险，还可以提高实验效率和教学质量。此外数字人可以作为学生学习过程中的辅助工具，提供实时翻译、辅导答疑、解释概念等功能，帮助学生更好地理解学习内容。它们可以根据学生的学习需求和困难，提供个性化的学习支持和建议，帮助学生提高学习效果和自我学习能力。

八、典型案例："浙"里庆丰收，看浙视频如何借力技术打造媒体融合新生态

秋分时节，浙视频联合浙报集团县级融媒体中心共享联盟进行农民丰收节联动直播，首次由省级融媒体平台带动区县融媒体平台，实现横跨浙江六地的丰收节特色联动直播，这在打造全省区县融媒联盟生态圈上添了重要一笔，也为趣看云场端一体化融合演播中心的创新应用和实践落地提供了典型的案例。

图4.3-15　"浙"里庆丰收宣传页面

本场"5G＋AR"联动直播，内容紧凑、形式多样、精彩纷呈。浙报集团作为浙江省区县融媒建设方案引导者，在短短6天内联动丽水日报报业传媒集团和浙报融媒体共享联盟临安站、建德站、柯城站、莲都站、象山站、三门站策划联播内容,向观众全面呈现浙江农创故事、开镰割稻活动、当地特色农产品,并邀请了两位浙江农业科学院专家何圣米老师和楼宝老师直播讲解农产品特色,释放了乡村多元价值,对唱响农民丰收节主旋律赋予了重要意义。

图4.3-16 "浙"里庆丰收直播页面

这场直播也是内容新生态最好的成果。融媒体时代,技术正在推动媒体融合进入新阶段,有了技术的支撑,内容才能展开无限的可能。趣看为这场丰收节联动直播技术赋能,实现了多现场远程连线、AR三维场景切换、多级导播调度、安全播出播控等,完全刷新了想象。

1.跨域实时多方协同制作

除6个分会场外,这场联动直播场内还分主持人与嘉宾进行访谈的主演播室和进行互动抽奖与实时连线各地记者的副演播室。一线采访、嘉宾访谈、演播室连线、主持人与观众互动等形成了良性的演播生态,让整场直播环环相扣、有张有弛。这得益于趣看融合演播室的跨域实时多方协作制作功能,除了观众看到的三方互动外,H5直播页面的图文更新、实时评论回复、AR呈现等,都由不同的人在不同的场地参与制播。

图4.3-17　融合演播室一

融合演播室采用大量IT化、高集成方案，大大降低了演播系统的建设成本。即使分散在“天涯海角”，每个工作人员在云端就可以实时监测直播情况参与制作，还能够轻量化实现多方互动连线帧同步、远程演播调度、AR/VR全息视频制播、4k超高清制播等，帮助媒体机构实现“用得起、用得好、向前用”目标，推动媒体融合向纵深发展。

图4.3-18　融合演播室二

2. 用户实时参与演播制作

在“衢州柯城：高山蔬菜忙采摘‘您的周末菜篮子’满当当”的主题单元中，主持人因为没有任何防雨措施，网友纷纷表示“小姐姐太难了”“给主持人一把伞吧”。主持人撑伞后，网友又刷屏“终于有伞了，感动”“哈哈哈安排上了”……通过微视窗 H5，网友的弹幕被赋予了鲜活的情感，仿佛与直播人物感同身受。主持人也能够通过实时弹幕了解网友的想法与诉求并进行实时互动，甚至根据实际情况调整直播状态。这让直播不再显得呆板冰冷，观众与主持人之间的黏性也变得更高。

图 4.3–19　主持人与弹幕可实时互动

微视窗 H5 的功能不止于此。H5 页面可以定制装修，根据丰收节主题包装相对应的直播框，同时也可以横竖屏同页切换观看，实现图片、短视频、文字等多种形式的内容聚合。在这一页面，主持人每个单元设置了一个抽奖环节，参与过弹幕互动的网友都有机会获得肯德基赞助的中秋礼品，这体现了 H5 强大的互动运营能力。

图4.3-20　主持人进行微视窗H5功能展示

3.AR虚实结合展现丰收节

你能想象在演播室看到一群湖羊奔腾而过，一只大闸蟹张牙舞爪，一辆拖拉机在稻田上行驶吗？这会是一幅怎样的景象？在每个嘉宾访谈环节，AR场景进行了特殊的串场，比如在播完“台州三门：‘舞爪横行’的青蟹准备上桌咯”后，主持人在问及青蟹的特点时从现场屏幕右下角爬出了一堆螃蟹，一只快大出屏幕的青蟹舞弄着八只爪子和两只大钳子悬浮在主持人身边，并且360度三维展示自己的身体“线条”，让网友能够清晰地边听专家讲解边看青蟹实物图，极大增强了沉浸感。

图4.3-21　AR虚实结合展现丰收节

通过移动AR制播技术系统，可以支撑各县区地“丰收”数据可视化，不再局限于室内大型演播室设备和环境的约束，通过移动终端（手机）就可以实现在任意地点（农田、菜棚、展厅、舞台灯户外）AR全三维场景的增强虚拟现实的效果，让技术赋能内容，实现视觉盛宴。

4.专业连线制播

这次的联动直播，在主会场现场，1台一体机接6路信号导播各地主持人画面，采用“2演播厅+6分会场”的直播模式，用移动Tally实现导播双向消息调度，让主持人、摄影记者实时收到直播信号播出情况，实时进行双向沟通。同时，实时进行Tally信号、导播指令的下达，极大提高了导播和前方摄像、主持人的沟通效率。

图4.3-22　专业连线制播

趣看一体机内置5G模组的赋能，辅以H.265实时视频编解码技术，同时采用低延时视频实时通信技术，对远程移动连线侧弱网下优化数据传输算法（专利技术），从而实现了嘈杂的庆丰现场也可以输出高清画质低延时连线效果。

5.演播室场景设计服务：高效搭建能力

值得一提的是，这场直播全程是在趣看的融合演播室里完成的，从演播室搭建到AR模型的确定、三维场景的制作，再到宣传海报、H5的完善，趣看仅用了三天时间。在时间有限的情况下，趣看的AR场景制作团队，根据农产品实物图制作出逼真的三维动画，核心打造的五个场景，共设计千万级三角面场景模型，实现AR与实景演播室的完美融合，多次引起网友的赞叹。

图4.3-23　演播室场景制作团队在工作

这支专业AR场景制作团队已为多场重大活动提供艺术包装服务，如深圳广电的“5G＋AR＋无人机”全媒体大直播、《浙江日报》的“5G＋AR打卡西湖十景”直播，嘉兴马拉松禾点点5G融媒体直播等，都获得了一致好评。该团队也在不断的实践中越来越成熟，将服务于更多大型直播。

4.4　XR实时虚拟制作演播室技术

一、XR实时虚拟制作概述

XR实时虚拟制作是一种面向节目现场的技术，将虚拟现实和增强现实与实时三维渲染引擎技术相结合，使空间介质（绿箱/LED）及显示介质内外的虚拟场景实时伴随摄像机视角，实现数字创作内容的所见即所得。其中技术应用营造出无限空间感，可广泛应用于新闻跨屏访谈、主题新闻创意演播、政企融媒创新发布、融媒元宇宙、沉浸式展厅等业务应用场景。

实时虚拟制作架起了内容制作的现实和虚拟之间的桥梁，让整个创意流程更加透明。

与传统制片技术相比，实时虚拟制作促使演播制作过程更为敏捷化、协作化和非线性。它使创作者（包括部门主管）以协作方式快速对视觉细节进行实时迭代，而不是将所有决定推迟到后期阶段。迭代过程在策划创意早期便开始，基于实时渲染引擎可生成高质量预览场景画面。不同团队创建的资源在统一的管理池中，会彼此兼容、共享、互联，可在采编播全流程中进行应用。另一方面，对电影制作人而言，传统前期制作和视觉特效制作往往具有不确定性，整个过程会涉及更多的沟通和协作。通过实时虚拟制作，可实现前期制作和主要的拍摄工作从整体上有组织地实施。不管整个团队是否同时在场，都可提前对制作过程中有关镜头和片段的创意进行决策，而不是拖到后期制作。

当前面向XR实时虚拟制作有两种典型的应用：

1.混合虚拟制作

混合虚拟制作是一种通过摄像机追踪将绿幕摄影与CG元素合成的技术，可为导演和摄影、主持与嘉宾等各类角色提供实时预览。这类虚拟制作在现场直播中广泛应用。混合虚拟制作的两种主要模式是实时制作和后期制作。在实时制作方面，混合虚拟制作采用了高性能的GPU和实时引擎技术，使制作速度和质量得到了大幅提升。这种制作方式可以在现场直播中实现实时合成效果，为观众提供生动、逼真的视觉体验。

绿幕中的实时混合虚拟制作最早出现在广播新闻天气预报中，天气预报员通过色键技术与天气预报图像融为一体。

2.实时LED墙镜头内虚拟制作

实时LED墙镜头内虚拟制作是指将实时引擎的图像输出与摄影机跟踪相结合，生成完全位于镜头内的最终图像。相比绿幕混合虚拟制作画面实时展现在LED墙与摄像机返送监视器，现场每个人都能准确看到镜头中的内容。摄影师可像对任何真实物体取景那样拍摄，主持可对着面前实实在在的实时最终成像进行播报甚至表演。这种技术可消除绿箱中常见的色彩溢出污染问题,也避免了不必要的反射光线。

虽然将实景影像投射到身后的屏显以实现摄像机拍摄效果的概念并不新鲜,这可以一直追溯到20世纪30年代,该技术通常用于汽车驾驶镜头。

通过实时引擎为LED墙投影创建图像,这一巨大突破在于实现了更强的真实感和视差效果。

现在,我们来具体了解一些实时虚拟制作的关键特性和优势。海量三维场景特效、精美CG包装、自由DIY:因虚拟制作而受惠颇多的其中一个就是数字资产的高保真创建与非独占共享重用。在构建数字资产时,当我们努力提升数字资源的视觉保真度和实时效率时,我们会发现,从视效预览到最终成像阶段,可以更频繁地利用这些资源,而无须付出额外成本和时间来重新创建所需对象。这是因为我们直接将细节层级(LOD)控制和资源优化整合进了制作流程以及技术系统中。这种整合使得相同的高质量资源在经过适当处理后,能够在目标帧率下实时工作,并始终保持视觉真实度。这使得在整个制作过程中我们不仅可以更有效地利用这些资源,还可以在预览阶段和最终成像阶段,节省大量时间和成本,无须重新创建,提高了最终产品的质量。

此外,由于优质资源是考量的一部分,在实时虚拟制作系统中,内置海量三维场景库,搭配精美多场景3D文字、图表、特效模板,将虚拟演播与CG包装制作一体化,自定义包装呈现,这些非独占的、共享的数字资源可得到快速调整并被交付到客户实际内容制作的流水线上,以便创建与主题相匹配的宣传内容。这既给内容团队节省了时间,又避免了设计师因重建可能导致的质量、一致性问题。

真三维实时渲染引擎,影视级虚拟运镜、超便捷协同控制:实时引擎提供了更具可塑性的工具,使创作者在虚拟采景图像中能看到特定的取景线,或者为场景添加并重复使用某种视觉特效。传统虚拟制作场景中的远程、多用户协作通常包括远程视频反馈或屏幕分享。实时引擎因其深度集成“多用户”远程协作和通信功能。例如,机位运镜、PPT投屏、屏幕切换、AR组件效果数据,统统可以在手机端远程操控,一个人也能轻松驾驭整场直播。

实时物理效果意味着创作者不仅可以在理论上创建特技并检查摄像机的移动轨迹,而且还可以用类似于真实的物理效果来进行模拟。此外,通过更加逼真的物理效果为视效预览和最终画面创建动画,使得人人都能成为优秀的导演,提供3∶1∶1专业运镜技巧方案,实现自定义相机机位,一键触发多机位灵活切换。而分布式渲染可将多个引擎实例并行并协力输出到视频转换器,实时提高动画的性能和分辨率。这意味着镜头内的实时视觉特效可以超过4k甚至8k的图像分辨率,从而提供惊人的图像真实度。

实时智能抠像:实时虚拟制作一般还集成溢色处理、边缘收缩、动态跟踪,带来超高品质的沉浸式视觉效果呈现。

多人连线互动:面向新媒体节目创意,互动连线是最快的视线方式,因此实时虚拟制作通过构建特色多人连线大屏,音画实时传输、实时融合、异地嘉宾一键融入,云上云下超低延时交流互动,千里之遥也宛若近在咫尺。

二、实时虚拟追踪与镜头文件畸变校正技术

在XR实时虚拟演播制作技术方案中,想要实现真实的运镜效果需要做到两个关键要点:一是要实现虚拟世界与实景世界坐标系同步,二是要实现虚拟摄像机所有参数(传感器尺寸、焦距、位置、旋转角度等)与实景摄像机完全同步。

由于真实相机镜头存在畸变,为了使虚拟摄像机的成像与实景摄像机完全一致,虚拟摄像机需要模拟真实摄像机的镜头畸变。这种模拟可

以确保虚拟摄像机与实景摄像机的成像效果贴合,从而获得更好的节目制作效果。

为了实现这种效果,实景摄像机需要配合能够实时返回追踪数据的设备,如云台和摇臂等。这些设备可以提供实景摄像机的位置、旋转角度、位移、变焦等参数信息。这些参数信息被获取并同步到虚拟摄像机中,使虚拟摄像机的运动轨迹和拍摄角度与实景摄像机完全同步。

通过模拟真实摄像机的镜头畸变并同步实景摄像机的参数信息,可以实现更加逼真的运镜效果。

实现虚拟世界与实景世界坐标系同步的技术原理复杂度并不高,但由于其操作烦琐,往往影响最终效果。因此,笔者就实现的技术步骤简述如下:

首先,设计师需要建模一个跟现实世界真实物体比例一致的虚拟场景。

将虚拟场景的世界原点与现实世界中各个追踪设备调整成一致,同时需要在实时虚拟制作系统中调整虚拟摄像机所有参数,使之与实景摄像机完全同步。然后,校准真实相机的镜头,制作镜头畸变文件,并将镜头文件中的畸变参数同步到虚拟摄像机中。在获取真实相机的参数信息后,便可以通过Freed协议获取相机在云台/摇臂中的位移、旋转、俯仰角度、变焦的信息。从而将真实相机的参数信息同步到虚拟摄像机中。

镜头畸变实际上是光学透镜固有的透视失真的总称,也就是因为透视原因造成的失真。这种失真对于照片的成像质量是非常不利的,毕竟摄影的目的是为了再现,而非夸张。但因为这是透镜的固有特性(凸透镜汇聚光线、凹透镜发散光线),所以无法消除,只能改善。

可以选择用以下校准方式来计算畸变参数和摄像机固有属性。

棋盘格(Checker Board):使用一个物理棋盘格校准,其边角会被自动检测到。

点方法(Points Method):使用带有可识别校准图案的校准器,可以是任何对象,其特征必须由用户手动指定。

这一步的具体实现方法可以扩展。如可以校准图像中心。理论上相机的图像中心,在相机传感器的最中心位置,但是因为施工、硬件等原因,导致相机的图像中心会有细微偏差,制作镜头文件是需要矫正这部分偏差达到最佳效果。可以在校准镜头后手动调整图像中心的位置。还可以校准节点偏移。因为云台/摇臂的追踪数据,只能跟踪自己本身的数据,但是我们需要的实际上是摄像机CCD成像位置的数据。CCD成像位置与云台和摇臂原点之间存在偏移,所以需要校准这部分偏移,达到最佳效果。

可以使用以下方法来做节点偏移校准:Aruco标识、棋盘格。其中Aruco标识是一种特殊的点方法,使用图像处理技术来捕捉带有Aruco图案的跟踪校准器,连续多次捕捉,从而通过算法计算出节点偏移。而棋盘格使用图像处理技术以及一个带有棋盘格图案来捕捉跟踪校准器的2D位置,连续多次捕捉,从而通过算法计算出节点偏移。

三、基于实时虚拟制作的融媒创作空间建设与运营

在媒体深度融合背景下,许多媒体集团旗下布局十余个IP工作室,但由于创作空间不足、建设成本过高、制作能力偏弱、传统图文表达模式稍显落后等因素,大大制约了媒体内容生产的品质与效率。因此,新诞生的"融媒创作空间"作为跨内容场景的各类融媒IP工作室共创共享空间,或许是一次对媒体内容生产模式的全新改革。

"融媒创作空间"以"简约、易用、先进"为理念,采用"1+N"的一体化模式,一个空间兼备多个内容创作室,从集团、部门到栏目,覆盖时政、民生、帮办、问政、热评、交通、法制、财经、教育、气象、健康等多个业务场景视频化制作需要,为传媒、教育、政企行业众多内容工作室提供"高品质、高效率、一体轻量、简便易用"的视频内容生产与传播的基础设施与公共

服务平台。该系统应用在直播创作、访谈连线、视频录制/发布/带货场景，为多元化的数字内容产出提供便利、降低成本，促进业务融通，实现矩阵实体化、应用规模化、建设集约化。

“融媒创作空间”基于一体化技术系统架构，支持专业摄像机、移动直播台、网络流、IP信号、无人机等多格式、多协议的信号接入，通过视频新媒体生产与技术平台实现实时虚拟制作、云直播、云制作、云分发等跨内容场景轻量化融媒创作。融合高帧率实时三维引擎渲染、影视级虚拟运镜、实时智能抠像、多人连线互动、虚拟数字人、AIGC等技术，实现所见即所得的效果。以虚实融合技术为核心，以演播制播技术为基础框架，满足跨内容场景下的多个融媒IP工作室常态化新闻资讯虚实融合制作、“新闻＋政务＋公共服务”全媒体制作、“新闻＋商务”融合制作、多演播远程现场云制作等业务场景。

融媒创作空间的基础设施即为演播室内的相关设备，如制播媒体网关、视频音频设备、采编录播一体化设备、通话设备、灯光设备等，这些设备构成了一个完整的演播室，使演播室可以满足采集、传输、控制等节目制作的基本需求。

在融媒创作空间的传输层，如摄像机、话筒等演播室内采集设备，可以通过SDI、HDMI、XLR、TRS、VGA等视音频接口和线缆传输，线缆的优势是传输稳定，但传输距离有限。在演播室外场或距离较远的场所，则宜使用IP化传输，如使用NDI、SRT、NVI等传输协议，或使用RTC实时通信，可以实现互动连线功能。

使用演播室内的基础设备和传输协议，即可完成融媒创作空间的节目现场实时制播，除了基础的视频和音频采集制作之外，三维虚拟制播可以实现人物抠像、虚实融合，图文包装系统能够实现节目的CG制作和实时叠加，连线制播系统可以完成多方远程互动连线。融媒创作空间系统让节目不再是简单的摄制和切换，而是在多重技术应用之下的虚拟与现实的融合和叠加。

作为新媒体节目制作的融媒创作空间，需要具备极高的稳定性，确保节目制作的安全运行。同时，需要具备数字创新能力和拓展能力，符合传媒发展趋势，顺应媒体传播潮流。因此在建设时，建议遵循以下设计与建设原则：

安全性：所有环节的设计必须依托安全稳定这一首要原则，包括数据安全、演播室安全、网络安全、设备选型安全、节目质量安全等。

易用性：演播室整体操作快捷、友好，突出用户使用的实用性和友好性；在云平台系统维护上，提供集中的网络管理和配置平台，便于统一设置和管理，分散授权使用。

高效性：在保障安全稳定的制播前提下，采取适当合理的手段，适应节目快速制作传播的需求，缩短制作和传递时间，提升节目的生产效率。

扩展性：在设计演播室时，考虑一定的冗余量，以便根据生产业务需求进行后续升级。在软件功能上，具备一定的扩展修正能力，在不影响核心制播系统运行的情况下，进行系统的平滑升级和更新。

先进性：设计过程所采用的思路、方法、设备、应用构造方法和流程都应当合理、高效，从而实现平台及其工作流程的先进性，确保一定时期内系统建立后的竞争优势及领先地位。

经济性：在满足系统功能及性能要求的前提下，可开展虚实演播、三维演播、AR、VR、5G 互动连线等多种形式，降低系统建设成本。采用经济实用的技术和设备，利用现有设备和资源，综合考虑系统的建设、升级和维护费用，不盲目投入。

再从技术架构上来看，融媒创作空间整体以演播室为核心，连接外场、导播室、云端。

融媒创作空间从业务需求及节目制作环节出发，功能分区可依据空

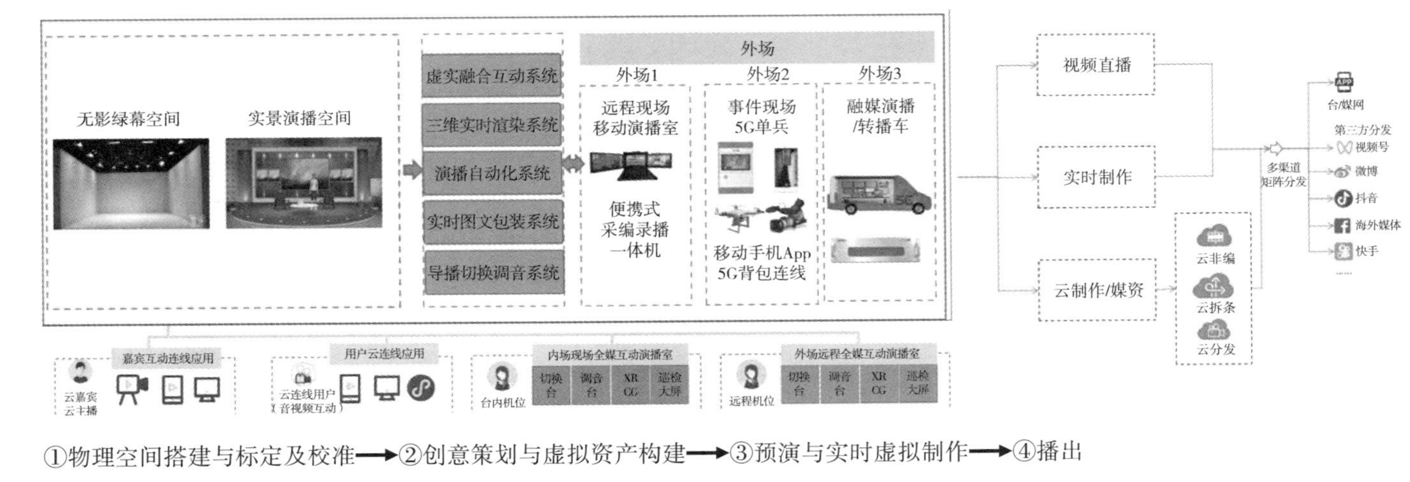

①物理空间搭建与标定及校准⟶②创意策划与虚拟资产构建⟶③预演与实时虚拟制作⟶④播出

图 4.4–1　“融媒创作空间”组织架构

间大小规划为多个虚拟创作区与实景区融合。此规划可最大化合理利用空间，整体线条连贯的设计使创作空间满足虚实融合的节目形态，各景区既可独立拍摄应用于节目或同一节目的不同版块，同时兼顾每个区域满足节目互动要求；各创作区设计满足节目全景、中景、特写的全方位镜头拍摄需要。

融媒创作空间满足多机位、多景别、全景式高清节目拍摄要求。整体舞美效果与灯光设计、技术设备制作统筹规划，舞美效果、单体造型、空间布局、细部处理、使用装饰材料材质等方面均突出虚实融合的主旨，主体色彩与灯光效果、栏目定位协调一致，突出设计的整体特色，且符合摄像机的拍摄显色要求。整个演播室设计时可以做到在虚拟处融合实景，在实景处融合虚拟，互不干扰却又互相协调。融媒创作空间设计规划大致如下图所示：

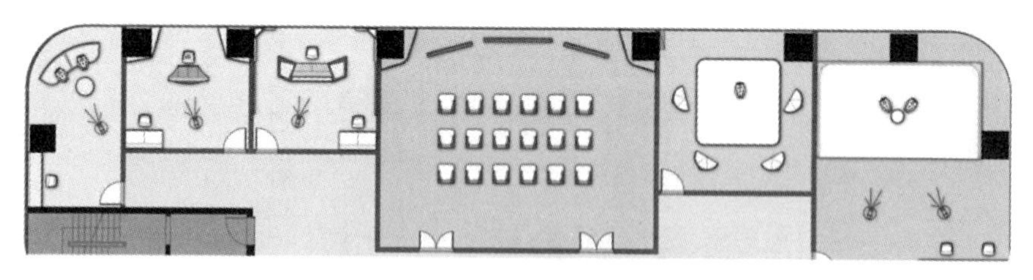

图4.4-2　融媒创作共享空间多网络模式设计规划示意图

融媒创作空间主要强调虚实融合，设计有虚拟区、设备区与置景区。

虚拟区采用虚拟抠像绿箱形式，搭配三维虚拟系统可快速地实现虚拟演播制作功能。抠像绿箱的好处在于可以在有限的空间内完成广阔的虚拟场景的应用。绿箱在设计时要充分考虑实际场地大小、录制节目内容、机位景别形式，让绿箱能够满足节目制作的需要，却又不会占用演播室过多的空间。

实景置景区则根据不同工作室内容生态，可以灵活进行置景，置景原则上宜从简。

在设备区需要有专业的灯光设计及画面生态系统(摄像机、云台、脚架、收声)与实时制作系统(采编录播)。灯光设计是指在演播室内使用一定的照明设备,按照节目情景、场面调度和摄像效果的需要进行布光。用实景区来突出人物的形象表现,突出节目需要表达的内容,同时,还可以烘托环境气氛,造就节目所需要的特定场面,使画面更加鲜明,赋予造型更强的表现力。而在虚拟区,灯光可以将人物身上的光线如面光、阴影光等打匀,也可以将人物与背景的绿箱做到有效的区分,可以帮助制作系统更好地实现人物抠像,也可以让出现在虚拟场景中的人物看上去更立体、更形象。

融媒创作空间场景示例如下:

图4.4–3　融媒创作空间示例

融媒创作空间的核心技术系统为实时虚拟制作系统。实时制作系统在保持全高清广电级视频制作水准的基础上,融合最前沿新媒体技术,以三维场景虚实融合化、软硬件制播导播一体化、采编播包装虚拟IP化、直播制播连线云化为核心理念设计研发,有效解决了传统视频制作系统功能单一、设备价格高昂、携带不便、与新媒体业务脱节等问题,是融媒创作空间系统中的重要中枢。

该系统集多机位导播实时调度、三维虚拟演播、虚拟场景、AR全息制播、移动场景追踪、现场视频连线、多机位切换、高清流媒体直播发布、调音混音控制、延时节目播出、CG字幕角标叠加、媒资存储、分屏巡检、在线包装等为一体，以满足高标准突发新闻视频直播、三维虚拟节目、AR新闻制作需要。该系统因为其兼容性、跨终端性、IP云化等特效，使得其能够面向新媒体制播场景，和融媒创作空间进行完美融合，可以大大提高内容生产的效率，丰富内容制作的场景。

四、典型案例：上海报业集团融媒创作空间，融媒共享共建，一体多面，创新传统媒体融媒视频发展的新模式

为推进媒体融合向纵深发展，增强融媒共享能力，更好地适应新时代新型主流传媒集团的视频化和数智化建设，上海报业集团打造的“融媒创新空间”正式落地应用，并获得热烈反响。该空间旨在成为生产高质量融媒产品的技术孵化基地和媒体共享的创意空间。通过整合技术平台优势，提高数字内容生产质量与效率，为各家媒体提供技术支持、新技术孵化和高质量服务。在“融媒创新空间”落地应用过程中，趣看作为上海报业集团视频新媒体技术合作伙伴，以融媒体技术应用赋能深度融合，为其旗下各媒体工作室提供新形态媒体产品技术深度服务，并派驻技术专家进行全程陪伴式业务运营服务。

图4.4-4　上海报业集团启动2023年度融媒工作室赋能计划

本次建设规避传统媒体融媒视频制作模式下易出现的重复投资、技术人员紧缺、利用率不足等问题，上海报业集团采用“一体多面”模式，降本增效，协同共建。

在“融媒创作空间”落地应用过程中，利用虚实融合沉浸式互动演播系统，协助《新闻晨报》、《新民晚报》的《新民帮侬忙》节目、《解放日报》等旗下多家媒体工作室进行视频直播、短视频、云课堂、成长体验课、会议/论坛等各式节目制播，助力打造富有影响力、感染力、号召力的红色大V和“塔尖”IP。

在《新民晚报》的《新民帮侬忙——夏令热线》节目中，通过使用趣看轻量级绿幕、视频帧级抠像、远程异地连线制播、画中画、CG包装、智能在线视频非编拆审、云媒资存储、直播推流等功能，节目组在简易绿幕演播室中便可实现快捷、高效的现场节目制作，同时远程连线记者了解现场情况，进行实时云端精彩片段的拆条编辑。这不仅大大提高了视频生产质量和效率，而且有助于促进优秀作品的二次创作和传播。

图4.4-5 融媒创作空间演播室一角(一)

在“融媒体小记者成长营结营仪式”中，老师带领小记者们切身沉浸式体验了“所见即所得”的乐趣，通过三维实时渲染、抠像合成，小记者已然身临其境踏入新闻演播室，体验真正的记者播报新闻的场景。数字化的艺术表达，创新校园美育传播路径，在潜移默化中让学生接受美育，培养兴趣。

图4.4-6　融媒创作空间演播室一角（二）

助力澎湃新闻用镜头“走访”全球，展示丝路青年看家乡。

十年来，我国与152个国家、32个国际组织签署了200多份共建“一带一路”合作文件，覆盖我国83%的建交国，遍布五大洲和主要国际组织，构建了广泛的朋友圈。在此之际，澎湃新闻策划推出《丝路十年》系列节目，联动全球丝路青年，争当“体验官”，一同看家乡。

该节目运用了实时虚拟制作，融合内容创新创作、高帧率三维实时渲染技术，主持人和嘉宾只需在简易的绿幕空间中，便可实现所见即所得的效果，一体轻量，高效易用。

图4.4-7　融媒创作空间演播室效果呈现

不仅直播创作，该节目还能够实现多人访谈连线、视频创作。比如一键跨国连线，能使千里之外的人宛若近在咫尺。再比如丝路青年用镜头讲述丝路沿线人文盛景，感受大美家乡，传递“一带一路”的温暖力量。

在时间紧、任务重的情况下，该节目创新推出与众不同的系列主题栏目，采用“虚拟＋连线＋访谈＋现场”的新媒体视频玩法，实现“小创作·大看点”。小创作是单点制作，规模小、策划小、空间小（10平方米的绿幕）；大看点，是从演播场景而言，虚拟效果AR前景植入、动态入场、虚拟连线扩展屏，从整体到细节，使观众耳目一新。

正如上海报业集团党委书记、社长李芸在启动仪式上强调：应加强技术平台赋能，打造更具现代化、先进性的创新技术试验场和创新人才培育场，集团新建融媒创新空间，大力探索“数字人”“云网协同”等智能技术在融媒生产中的应用，提高生产效能。

视频生产进入“新视代”，融媒创新空间的“大展身手”，恰恰证实融媒共享共建、技术赋能生产的强大潜能。未来，趣看将深耕虚拟制作、VR/AR/XR全景直播、智能媒资、AIGC等前沿领域，不断提供优质产品和业务运营深度服务，为共建共享媒体行业新生态献力。

第五章

智能媒资技术与应用

5.1　智能媒资概述

随着媒体融合深入发展和媒体视频业务的推进，媒体资产管理将成为重要的业务支撑单元。而针对融媒体市场中日益普及的4k、图片、全媒体稿件等节目类型的媒资支撑能力，则需要引入智能化、互联网化等多种先进的技术手段，以便适应当前超高清、高清节目制播和媒体深度融合发展的需要，为媒体内外用户提供高效、安全、可靠的媒体资产管理与共享平台，打造一个能够适应融媒体发展，以智能化、数字化为基础的智慧媒资平台。

智能媒资管理系统是整个融媒体云平台的核心内容和支撑，可以统一管理和处理各类媒体资源，包含视频、音乐和图片等。通过智能处理平台进行自动技审和智能识别与分析等预处理工作，为内容管理、检索和生产加工业务提供服务。此外，智能媒资系统一般具有在线媒资检索能力，可以满足编辑记者在各类非编工具中查看调用媒资素材的需求，极大方便了日常工作。制作完成的成品节目可以直接归档保存到媒资库，也可以通过媒资库签发到新媒体发布中去，实现新媒体制作的快速发布。

媒资系统还可以对新闻线索、电子报、图片、视频等各种来源、多种形态的资源进行统一管理和个性化展现。可以基于资源的内容属性、时间属性、栏目属性、主题属性、来源属性等进行分类管理;可以通过自动聚类或人工关联的方式,以专题或事件为中心来组织和管理资源,更加便于内容发布系统查找和使用。

全媒体内容库统一管理系统,包括素材库、媒资库、发布库、成稿库、业务库,实现对全媒体内容的统一收录加工、修改、筛选、编目、标签、检索、归档、应用等管理。基于AI技术可对媒资进行结构化,能有效地识别和自动归档目标对象。同时,该媒资管理系统能够把数字媒资内容与多个平台需求方进行有效对接同步。一方面,演播室和智能媒资系统能实现内容共通共享;另一方面,演播室节目能及时回传到媒资平台。

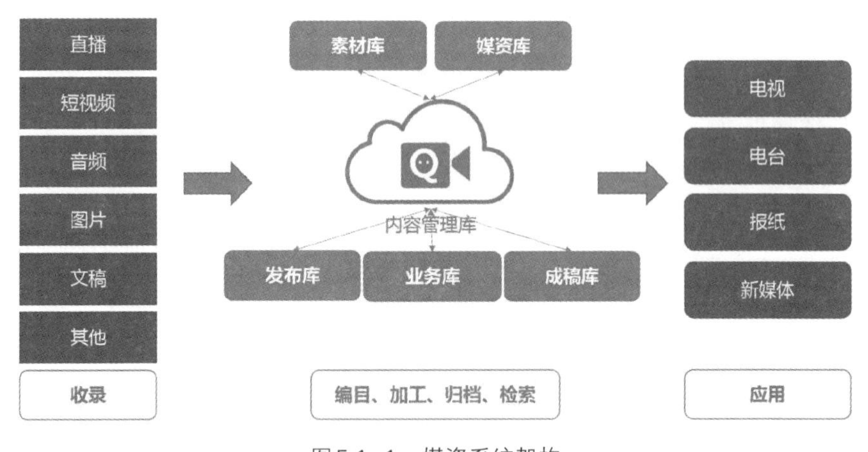

图5.1-1　媒资系统架构

以本书编者经手的多个媒体机构和媒资项目建设经验来看,当前媒体机构在构建媒资业务库时,通常有这样的考虑,一方面构建基于公有云的云媒资系统,实现对在线资源的综合性管理,另一方面构建基于私有云的本地化媒资系统,实现对重要内容的云上云下同步,安全管控。这种混合云架构的媒资系统有助于集团媒资的分级管理、共享再生应用。

因此，从能力角度来看媒资系统，其需要涵盖媒资上载、多级编目、智能检索、海量存储管理、下载输出、转码、点播发布、媒资备份等核心媒资管理功能，以实现对各类数字化内容进行收集、获取、加工、处理、保存、再利用。与传统媒资系统应用方案相比，面向新媒体时代的媒资系统简化了网络的复杂性，而混合云架构降低了用户的投入成本，以其动态扩展和高可靠安全性满足用户不同时期需求。具体来看，几个关键能力要求如下：

智能编目：需要系统支持素材的分类、描述及标签化。在媒资入库智能编目部分，我们主要引入了人脸识别技术、语音识别技术、OCR识别技术及自然语言处理技术（NLP）。这些技术可以帮助系统自动识别和分类素材，大大提高了编目的效率和准确性。

在线检索：系统支持按照标签、视频、音频、图片等不同方式进行检索，同时也支持根据视频时长、画质、分类、文件名称/上传时间进行检索。

分类设置：可进行两级分类设置。用户可以根据自己的需求对素材进行更加细致的分类。这有助于更好地管理素材，提高了分类的灵活性和实用性。

标签设置：可新建、删除标签。用户还可以在编目时给素材设置标签。

目录管理：支持多级目录管理。用户可以自由地进行创建、重命名、删除、添加多级子目录等操作。

除了需要具备处理公有云媒资的通用能力之外，一般我们在建设私有化媒资系统时，有几点需要重点考虑。

首先，媒资同步。媒资的同步指将媒资系统中的数据、文件进行同步共享与交互，可以是将公有云媒资同步到私有云，亦可以把私有云媒资同步到公有云。随着相关媒资行业、国家标准的出台，不同厂家的媒资系统对接已比过去方便了不少。当然，当前我们在看标准的落地时，还有更重要的考量因素,那就是相应系统是否符合不同媒体业务部门的工作,特别是大视频、大互联背景下媒资管理的需要。从技术角度看,要解决媒资同步问题,需要考虑数据同步、文件同步、触发机制、同步规则、安全性保障这几方面的能力要求。如在数据同步方面,媒资同步要将媒资管理系统中的数据与其他系统进行实时同步,包括素材、节目、分类信息、标签等数据。而文件同步,则要考虑视、音、图、工程等多类型文件的同步。再就是触发机制与同步规则。当媒资管理系统中的数据或文件发生变化时,会自动触发同步过程,将变更的数据或文件同步到其他系统中。这有助于确保各系统之间的数据和文件的一致性,减少手动同步的工作量。更重要的是用户可以根据自己的需求设置数据和文件的同步方式、同步频率、同步路径等规则。最后就是安全性。这需要考虑包括数据加密、身份认证、访问控制等多种安全性保障措施,确保数据和文件的安全性,防止未经授权的访问和泄露。

其次,对本地转码系统的高可靠性要求。通常情况下,本地媒资系统部署的核心能力就是转码功能。需要将视频、图片转码成多分辨率、多格式的文件。而解决本地转码系统高可用性的有效手段是改变视频数据的编解码方式,实现视频数据的高速转换。常见的解决方式是使用多线程和分布式转码技术。这种技术可以通过使用多个转码线程或分布式节点,以提高转码速度。当然,基于AI的转码算法和硬件加速转码技术也能够实现高倍速转码。

最后,对视频编辑能力的要求越来越高。私有化媒资系统从以往单一的存储系统转向为业务应用而生成的管理系统。一般来讲,我们在部署私有化的媒资系统时,会建议一起部署视频非编、拆条系统。打破固有媒资存储应用的单一局面,提升媒资的再生利用效率。如果遵循这一思路,那么上面提高的视频编辑工具的业务效率就能够大大提升。

云媒资技术系统该如何实现?

在视频化时代，行业里面其他媒体已经开始着手建设新的媒资系统。随着媒体机构的视频资源越来越多，之前的系统存在对于视频资源的管理分散、各自存储、不便管理等问题。并且，视频审稿机制依赖微信等公共平台，无法跟采编系统、发布系统形成安全可控的统一管理。其他譬如视频的多平台统一发布、快速查找等功能都明显不足，所以需要一个视频时代的数字媒体资产的传、存、管、发的全流程业务整体解决方案。围绕媒资的上传汇聚、转码存储、分类编目、数据统计等流程，系统还需具有先进的扩展性，充分匹配业务需求和管理流程，做到高效转码和资源整合。媒资平台建设包含账户管理系统、角色权限管理系统、数据统计系统、倍速转码系统、上传汇聚系统、智能分析系统、存储管理系统等。

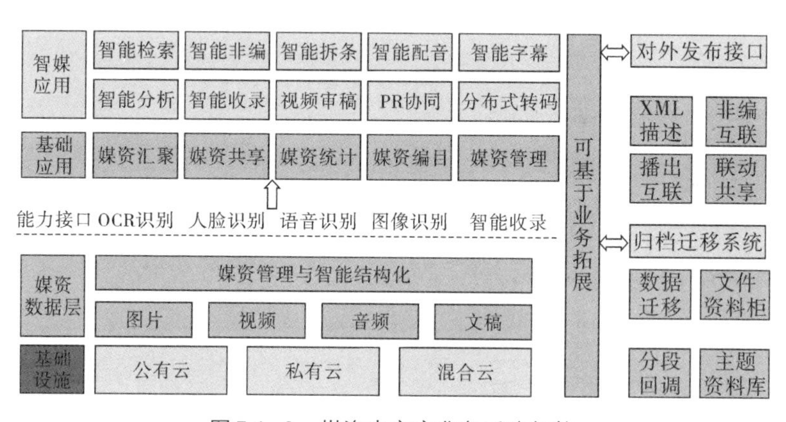

图5.1-2　媒资内容库业务系统架构

智能媒资管理系统承接媒体机构的媒资存储、管理、转码以及智能检索分析等业务应用。系统支持高倍速自定义转码服务，可满足用户大量的视频媒资转码需求。同时满足视频直播RTMP流的录像存储及M3U8格式转码服务应用。智能媒资管理系统作为开放的系统平台，支持与媒体现有的其他信息发布平台间的数据进行对接交互，实现数据同步以及内容分发同步业务。

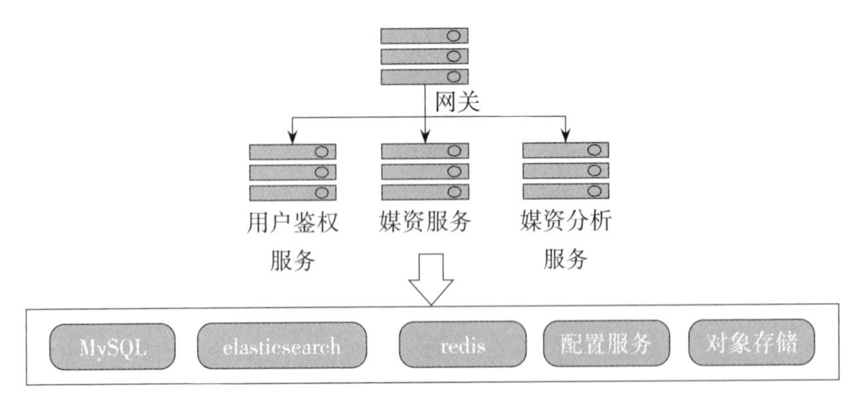

图5.1-3　云媒资技术模块架构

在媒资系统中，所有请求通过网关进行分发，通过用户鉴权服务判断用户基本操作权限，媒资服务提供具体媒资管理、媒资统计、媒资编目等核心服务，媒资分析服务提供音视频的基本原始信息。主要结构化数据存储在MySQL，Elastic Search存储文本信息，文件保存在对象存储中。

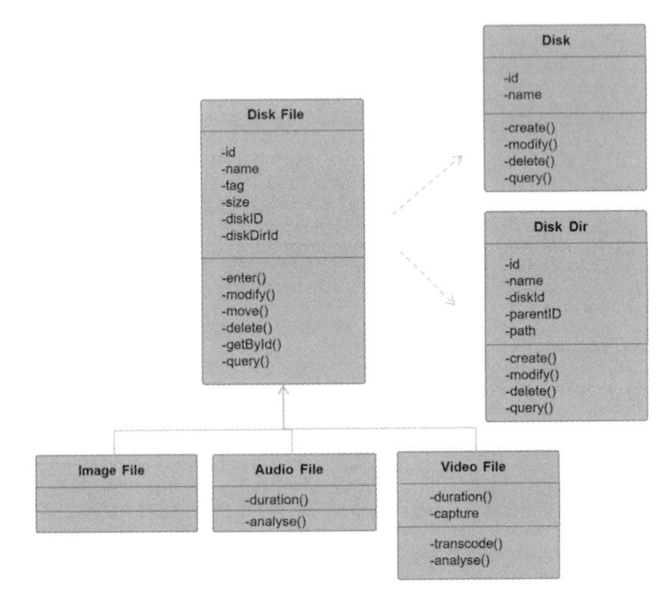

图5.1-4　媒资类图设计

核心类图如上图，Disk为媒资库，一个用户可以有多个媒资库，如素材库、成品库等,Disk Dir为媒资库目录,目录有层级关系。Didk File为媒资库文件,Image File(图片)、Audio File(音频)、Video File(视频)继承该类。

不同于网盘设计思路,在目录下查看文件列表时,可以查到本目录下所有子目录下的文件,该逻辑更符合主流媒资系统管理内容的方式。实现该功能我们在Disk Dir引入了字段path,path存储内容格式为:"根目录Key/子目录Key/...",Key通过自增ID转为字段串,包括大小写字母和数字共62个字符。使用该结构,刚好满足MySQL字符串索引方式,可以命中MySQL的索引,提高检索效率。同时,目录查询较频繁,返回数据量也较大,避免了使用Elastic Search检索。

5.2　媒资的业务库分类

媒资系统业务库可以根据不同业务需要和目的进行分类。通常来讲,按媒体业务来构建整个业务库的偏多,常用的标准媒资库为素材库与成品库。另外还有面向组织的分类方式,虽然用得不多,但将权限系统融合到业务库中的做法越来越多。比如在素材库下挂载机构分支的库,通过设置权限来实现库的大类管理。还有按照媒资的内容类型进行分类的媒资系统,不过从业务发展角度看,媒资内容类型只会越来越多,因此我们只能固化现有输入图片库、视频库、文档库,而将过程中的如psd、pr工程等类型归到其他。这种方式适用于建设对外的版权媒资系统,不适用于集团内部生产、传播及管理。这时把类型当作业务库的一个筛选分支,反而会更加合适些。

下面就以常见的业务库分类中的素材库与成品库为对象来进行分类介绍。

一、素材库

当前新闻机构面临来自传统媒体和新媒体的双重压力,需要提高内容生产和分发的效率,并降低运营成本。笔者基于现有业务系统的详细调研与分析以及对现有业务流程和数据流的了解,构建统一的融合媒体素材库业务系统,实现传统广电、报业素材和新媒体素材的整合与共享。在建设过程中,打通与原有台/网之间的接口,汇聚机构内自产的相关新闻内容,利用公有云服务提供4G/5G回传、手机爆料、收录、记者站、拍客回传等不同方式的素材汇聚。

在素材库中,根据素材内容的来源、使用方式,融合媒体素材分为共享素材和个人素材两大类。

共享素材包括:收录素材、成品素材、UGC素材。在收录素材业务中,可对各融媒体中心提供的新闻素材,以及CNN、AP等主流国际媒体直传的新闻素材、重大报道、突发事件直播(直传)信号收录素材、各新闻栏目播出信号等进行素材收录。

成品素材则指机构内产生的通稿成品,以及各新闻栏目、新媒体栏目生产的成品内容。至于UGC素材,则指通过互联网平台,面向公众用户汇聚的新闻素材。一般为用户爆料或拍客提供。

个人素材包括上载素材、互联网下载素材。其中上载素材使用P2、蓝光等专业存储介质上载的素材,或使用CF卡、SD卡、移动硬盘等通用介质存储上载的素材。

互联网下载素材指用户通过互联网下载的视频、音频和图片素材。

融合媒体素材库是一个集素材存储、共享、处理和应用于一体的多媒体资源库,其在设计上应具备以下功能和应用特点:

逻辑隔离:融合媒体素材库分为素材共享区和用户工作区,这两个区域之间进行逻辑隔离,确保不同用户之间的素材和数据相互独立,互不干扰。

素材共享存储:用于存储共享素材,为所有用户提供电视和新媒体生产所需的全部素材内容。这样,所有用户都可以方便地访问和使用这些共享素材,提高了资源利用率和生产效率。

个人素材存储:用户工作区用于保存个人素材,为每个用户提供独立的、相互隔离的业务空间,都可以在自己的工作区内进行素材的存储、组织和编辑,确保个人数据的安全性和隐私保护。

多网络接入:支持制播网、办公网和互联网接入,实现素材的随时随地共享。用户在工作区内,可同时使用个人素材和素材共享区素材进行电视和新媒体生产。

安全访问:为了确保素材的安全性,支持用户通过硬链接、只读方式进行安全访问,用户只能访问自己有权限访问的素材和区域。

权限管理:支持对栏目、素材设置访问权限,管理员可以根据实际需求设置不同用户对不同栏目或素材的访问权限。

二、成品库

成品库是媒体资产管理的重要组成部分,主要负责存储和管理已经制作完成的音视频节目、新闻稿件、图片等多媒体资源。成品库能够存储大量的多媒体资源,能够对这些资源进行分类、标签化、元数据提取等操作。成品库可以对每个多媒体资源进行版本控制,记录每个资源的修改历史和版本信息。这样,用户可以根据实际需求选择不同版本的资源进行访问和使用。同样,成品库也可以对不同用户设置不通过的访问权限,并支持通过关键词、标签、时间等多种方式快速查找自己需要的多媒体资源。更重要的是成品库的版权内容可以支持不同部门、团队之间共享与溯源,且因成品库面向播出业务,所以其还支持对多媒体资源进行转码和压缩操作,方便用户在不同的设备或平台上使用。一般,媒资的存储按存储容量进行计费,所以如果构建了私有化媒资系统的话,我们还会设定一定的媒资归档回收逻辑,这样有利于媒资成本的节控。

在成品库中,成稿库聚集所有过审的广电文稿、新媒体文稿,实现统一管理。支持对成稿库数据可见进行管理,实现个人、部门、全部多维度的数据管控,并可对成稿库进行检索,可按照稿件关键词、部门、时间、状态进行检索。此外,还支持对成品库中的成片库数据可见性进行管理,实现个人、部门、全部多维度的数据管控。可支持对成片按照片子标题、制作人、时间、ID、生产端进行检索。

5.3 媒资编目检索技术

媒资库是存储着各种类型的媒体资料数据,如视音频资料、文本文件等,可进行全面管理的完整解决方案。其目的是将现有的多媒体内容进行数字化或数据化,并采用适当编码方式进行数码编码,然后再记录到成熟稳定的媒体上,达到内容的长期保存和重复利用的目的,以满足节目的制作、播出和交换的需要。在媒体库的管理过程中,对媒资进行编目是非常关键的一步。编目则是对媒资进行索引与分类,通过为每个媒资设置唯一的标识符,并将其与相应的元数据(如标题、描述、关键词等)相关联,从而实现对媒资快速、精准的检索。

一、云媒资统一检索分布式搜索引擎

Elastic Search是一个开源、分布式、使用REST接口、为云而设计的搜索引擎,其设计基于Lucene库。Lucene可以被认为是迄今为止最先进、性能最好、功能最全的搜索引擎库。Lucene本身并不提供高可用性及分布式部署。想要发挥其强大的功能,你需使用Java并将其集成到应用中。Lucene非常复杂,需要深入了解相关知识才能理解它是如何工作的。从设计之初,分布式部署就贯穿整个设计,可方便地使用其他语言进行对接使用;Elastic Search使用Java编写并使用Lucene来建立索引并实现搜索功能,但是它的目的是通过简单连贯的RESTfulAPI让全文搜索变得简单,并隐藏Lucene的复杂性。Elastic Search使用起来非常简单,因为它提供了易于使用的RESTfulAPI及许多合理的缺省值,并对初学者隐藏了复杂的搜索引擎理论。随着知识的积累,用户可以深入了解

Elastic Search的高级特性,并根据不同需求进行定制和优化。主要基于这一切都是可配置的,并且配置非常灵活。

Elastic Search的功能:①分布式搜索和分析引擎,ES自动可以将海量数据分散到多台服务器上存储和检索;②近实时全文检索,秒级别对数据进行搜索和分析;③对海量数据进行近实时的处理。

分布式以后,Elastic Search就可以采用大量的服务器去存储和检索数据,自然而然可以实现海量数据处理。

跟分布式、海量数据相反,Lucene是单机应用,只能在单台服务器上使用,最多只能处理单台服务器可以处理的数据量。

Elaatic Search的特点:①可以作为一个大型分布式集群(数百台服务器)技术处理PB级数据服务大公司,也可以运行在单机上服务小公司。②Elastic Search不是什么新技术,主要是将全文检索、数据分析以及分布式技术合并在一起,才形成了独一无二的特性。③对用户而言开箱即用,非常简单,作为中小型应用,只需3分钟部署就可以作为生产环境的系统来使用。数据量不大,操作不复杂。④数据库功能面对很多领域是不够的,优势是适合各种联机事务型操作,特殊的功能有比如全文检索、同义词处理、相关度排名、复杂数据分析、海量数据的近实时处理。但Elastic Search作为传统数据库的一个补充,提供了数据库所不能提供的很多功能。

二、云媒资微服务框架

Spring Cloud是一个服务治理平台,是若干个框架的集合,提供了全面的分布式系统解决方案。这个平台涵盖了服务注册与发现、配置中心、服务网关、智能路由、负载均衡、断路器、监控跟踪、分布式消息队列等功能。

通过Spring Boot风格的封装,Spring Cloud将复杂的配置和实现原理进行了屏蔽,并为开发者提供了一套简单易懂、容易部署的分布式系统开发工具包。这意味着开发者可以快速地启动服务或构建应用,同时能够快速和云平台资源进行对接。微服务是可以独立服务单元进行部署、水平扩展、独立访问(或者有独立的数据库)的一种服务单元，在Spring Cloud的帮助下，开发者可以更轻松地构建和管理这些微服务。

Spring Cloud五大重要组件：

服务发现——Eureka/Consul/Nacos。这是一个服务注册与发现的解决方案，主要用于实现服务治理。它包括Eureka服务器和Eureka客户端两个组件，支持集群部署。Eureka服务器负责服务注册与发现，而Eureka客户端则负责与服务端进行心跳交互，以更新服务租约和服务信息。

客服端负载均衡——Netflix Ribbon/Feign。面向客户端侧的负载均衡工具，主要提供客户侧的软件负载均衡算法。它能够根据一定的策略，如轮询、随机等，对服务实例进行负载分配，以实现服务的均衡调用。

服务网关——Netflix Zuul/Spring Cloud Gateway。这是一个API网关组件，主要承担着路由、负载均衡等多种作用。它能够将请求根据一定的规则路由到相应的服务上，同时也可以对请求进行负载均衡的处理。类似Nginx，但增加了配合其他组件的特性。

断路器——Netflix Hystrix。作为断路器组件，用于保护系统，控制故障范围。当某个服务器发生故障时，Hystrix能够快速地断开连接，避免故障的扩大，从而保护整个系统的稳定性和可用性。

分布式配置——Spring Cloud Config/Nacos。这是一个配置管理的解决方案，包括服务器端和客户端两个组件。它能够提供统一的配置中心，让各个服务能够共享配置信息，从而简化配置管理的复杂性。

5.4 AI智能媒资分析系统

传统媒资系统编目成本过高、编目质量难以控制。

编目环节是传统媒资的重点和难点环节。它将视音频资源中的信息以数据单元的形式加以提取和整理。编目人员要根据细则规定，划分节目层次，抽取关键帧，分析节目主题内容，描述画面，填写相关著录项。编目质量的好与坏，直接影响这些节目的后期再利用率。在这个环节上，编目的工作主要依赖人工完成，这就注定造成成本高昂、效率低下。编目人员需要花费大量的时间进行主题分离和画面描述，且由于编目人员业务素质高低不同，著录的编目信息水平参差不齐，因此编目的质量也难以控制。另外，随着时间的推移，编目信息也要进行更新，但人工编目在这一点上很难做到。结果就是人工审核效率低。

媒资出入库的节目都需要进行审核。传统媒资的审核工作主要由人工完成，对敏感人物、敏感词语等进行逐一审核。在这一环节上，要想真正地把控好敏感资源，需要经验丰富的审核人员，且需要进行长时间的、不间断的培训，人力资源成本非常高，而且还难免出现差错。

再者，检索效率较低，检索手段比较单一，用户体验较差。

由于人工编目的著录层次不可能做得很高，因此大量的节目信息没有被充分地提取出来，只能基于关键词去查找，就会造成检索的维度非常低。编辑记者在使用的时候，总是抱怨查找不到想要的节目。

随着近年来互联网应用的飞速发展，产生了如标签化标注、个性化推荐等很多有价值的应用模式。AI和大数据的发展，也取得了较多的应用成果，如语音识别、人脸识别、OCR识别、画面场景识别、自然语言分析等。与此同时，在视频文件存储和检索过程中，为了更高效地利用视频资源，需要对视频内容进行结构化分析、索引和存储。视频结构化是一种视频内容信息提取技术。它对视频内容按照语义关系，采用时空分割、特征提取、对象识别等处理手段，组织成可供计算机和人理解的文本信息。从数据处理的流程看，视频结构化描述技术能够将监控视频转化为人和机器可理解的信息，并进一步转化为实战所用的情报，实现视频数据向信息、情报的转化。

为了弥补传统媒资的缺点和不足，在建设新型媒资系统的同时，将人

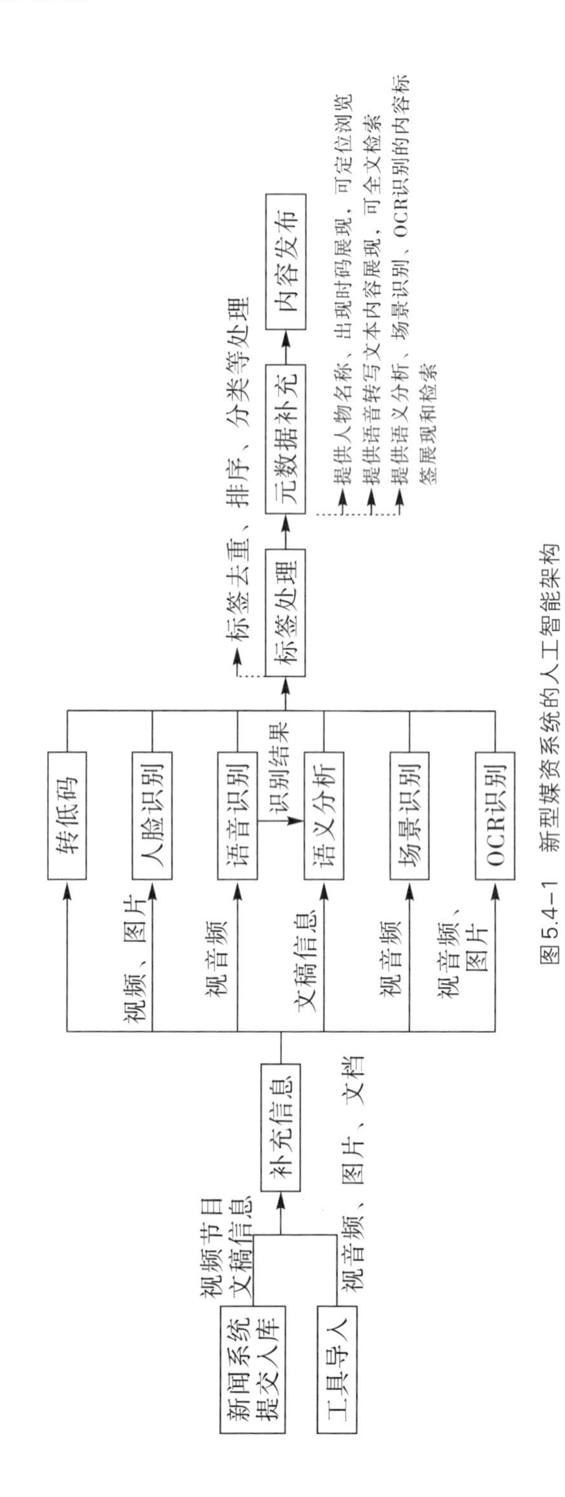

图 5.4-1　新型媒资系统的人工智能架构

工智能技术与传统媒资业务相结合，建立AI智能标签体系规范，打造智能化媒资系统，让媒资系统更智能化地提供编目、检索、下载、内容审查等媒资应用服务，降低媒体资料管理加工人员工作强度，提高工作效率。

新型媒资系统的人工智能系统架构，主要涵盖媒资入库智能编目业务、智能出库审核业务和基于标签的节目检索等环节。

集成建设AI智能分析模块，通过接入成熟的服务商（腾讯云、阿里云、百度云等）的人工智能模块建设智能分析能力，对视频片段提供智能鉴黄、AI拆条、声音转译为汉字、OCR文字识别、人脸识别、图像标志分析等。

在上述架构中可以看到AI媒资系统最为关键的部分是收录与结构化服务。其中AI智能媒资收录，通过对媒体网端发布内容的链接实现成片媒资自动收录，同时自动采集媒资文稿，基于多模态NLP技术，实现媒资的主题词、关键词、地名、人名等多语义的理解和分析，从而自动生成媒资的多类标签。在媒资的检索业务中可通过标签快速、准确检索到媒资内容，实现智能媒资分析检索的业务应用。再通过AI智能媒资结构化服务实现视频媒资人脸智能识别、语音智能识别、OCR智能识别功能服务，最终实现对视频资源的智能结构化、标签化，从而节省大量传统资源编目时间，提高资源管理的结构化效率。

随着深度学习指数级发展，深度学习的框架使用在人工智能领域也起着举足轻重的作用，这其中包括Tensoflow、Pytorch、Keras、Paddle等。本书综合行业应用特点和需求就以上几个框架进行综合性对比分析，并基于Paddle实现智能化内容分析检索。具体几个深度学习框架对比分析如下：

经对比分析，本书基于PaddlePaddle（飞桨）深度学习框架进行技术研究，相比国内其他平台，飞桨是一个功能完整的深度学习平台，也是唯一成熟稳定、具备大规模推广条件的深度学习平台。飞桨在提供用于模型研发的基础框架外，还推出了一系列的工具组件，来支持深度学习模型从训练到部署的全流程。

表 5.4-1　深度学习框架选型对比分析

框架	Tensoflow	Pytorch	Caffe2	PaddlePaddle(飞桨)
厂家	Google	Facebook	Facebook	百度
优势	适合深度学习和人工智能领域的开发者进行使用,具有强大的移植性	语法相对简便,利用动态图计算,开发周期通常会比 TensorFlow 短一些	跨平台、轻量级、模块化和可扩展的深度学习框架。Caffe2 以原 Caffe 为基础,在设计时考虑到了表达、速度和模块化。不仅仅支持 Windows、Linux、Macos 三大桌面系统,也支持移动端 iOS、Android,可以说是集训练和推理于一身	集深度学习核心训练和推理框架、基础模型库、端到端开发套件、丰富的工具组件于一体,是中国首个自主研发、功能完备、开源开放的产业级深度学习平台
框架	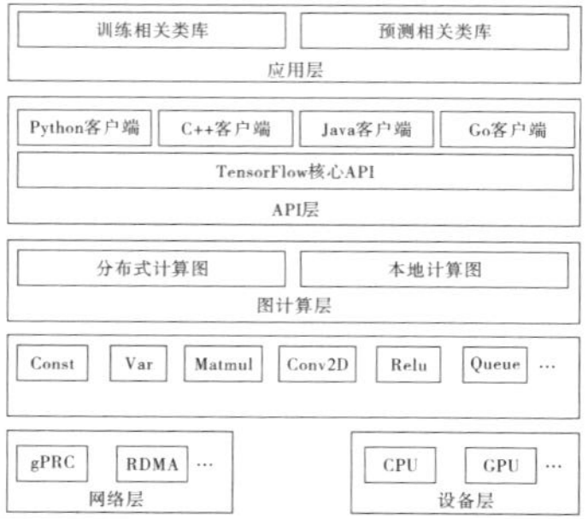 训练相关类库 预测相关类库 应用层 Python客户端 C++客户端 Java客户端 Go客户端 TensorFlow核心API API层 分布式计算图 本地计算图 图计算层 Const Var Matmul Conv2D Relu Queue … gPRC RDMA … 网络层　CPU GPU … 设备层	略	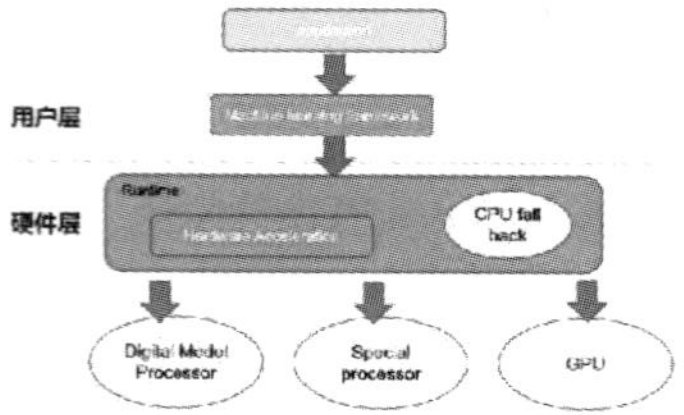 用户层 硬件层 Runtime CPU fall back Digital Model Processor Special processor GPU	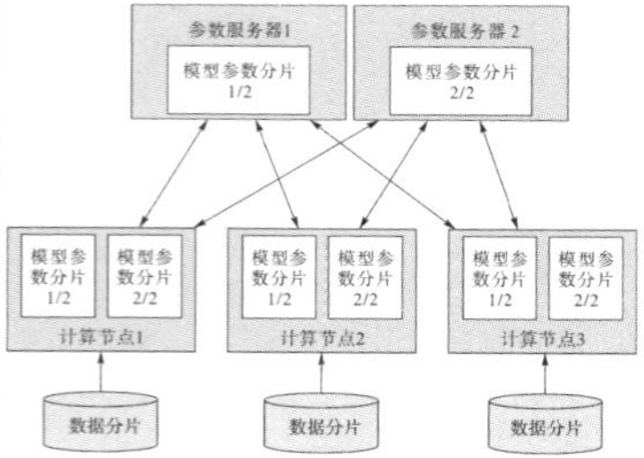 参数服务器1 模型参数分片 1/2　参数服务器 2 模型参数分片 2/2 模型参数分片 1/2 模型参数分片 2/2 计算节点1　计算节点2　计算节点3 数据分片
适用场景与领域	工业应用领域	科研领域	应用在视觉、语音识别、机器人、神经科学和天文学	图像识别、语音识别、自然语言处理、机器人、网络广告投放、医学自动诊断和金融等领域有着广泛应用
媒体行业适用性	良	一般	一般	优

面向模型训练，飞桨提供了分布式训练框架Fleet API，还提供了开启云上分布式训练的便捷工具PPoC。同时，飞桨也支持多任务训练，可使用多任务学习框架PALM。

面向模型部署，飞桨针对不同硬件环境，提供了丰富的支持方案：

Paddle Inference：飞桨原生推理库，用于服务器端模型部署，支持Python、C、C++、Go等语言，将模型融入业务系统的首选。

Paddle Serving：飞桨服务化部署框架，用于云端服务化部署，可将模型作为单独的Web服务。

Paddle Lite：飞桨轻量化推理引擎，用于Mobile及LOT等场景的部署，有着广泛的硬件支持。

Paddle.js：使用JavaScript（Web）语言部署模型，用于在浏览器、小程序等环境快速部署模型。

Paddle Slim：模型压缩工具，获得更小体积的模型和更快的执行性能。

X2 Paddle：辅助工具，将其他框架模型转换成Paddle模型，转换格式后可以方便使用上述5个工具。

其他全研发流程的辅助工具：

Auto DL：飞桨自动化深度学习工具，自动搜索最优的网络结构与超参数，免去用户在诸多网络结构中选择困难的烦恼和人工调参的烦琐工作。

Visual DL：飞桨可视化分析工具，不仅仅提供重要模型信息的可视化呈现，还允许用户在图形上展开进一步交互式分析，得到对模型状态和问题的深刻认知，启发优化思路。

Paddle FL：飞桨联邦学习框架，可以让用户运用外部伙伴的服务器资源训练，但又不泄露业务数据。

Paddle X：飞桨全流程开发工具，可以让用户方便地基于Paddle X制作适合自己行业的图形化AI建模工具。

飞桨的技术优势：开放便捷的深度学习框架：支持声明式、命令式编程，兼具开放灵活、高性能；网络结构自动设计，模型效果超越人类专家。

超大规模深度学习模型训练技术：千亿特征、万亿参数、数百节点的开源大规模训练平台，万亿规模参数模型实时更新。

多端多平台部署的高性能推理引擎：兼容多种开源框架训练的模型，不同架构的平台设备轻松部署，推理速度全面领先。

产业级开源模型库：开源“100＋”算法和“200＋”训练模型，包括国际竞赛冠军模型，快速助力产业应用。

以下讲解视频内容分析技术架构。

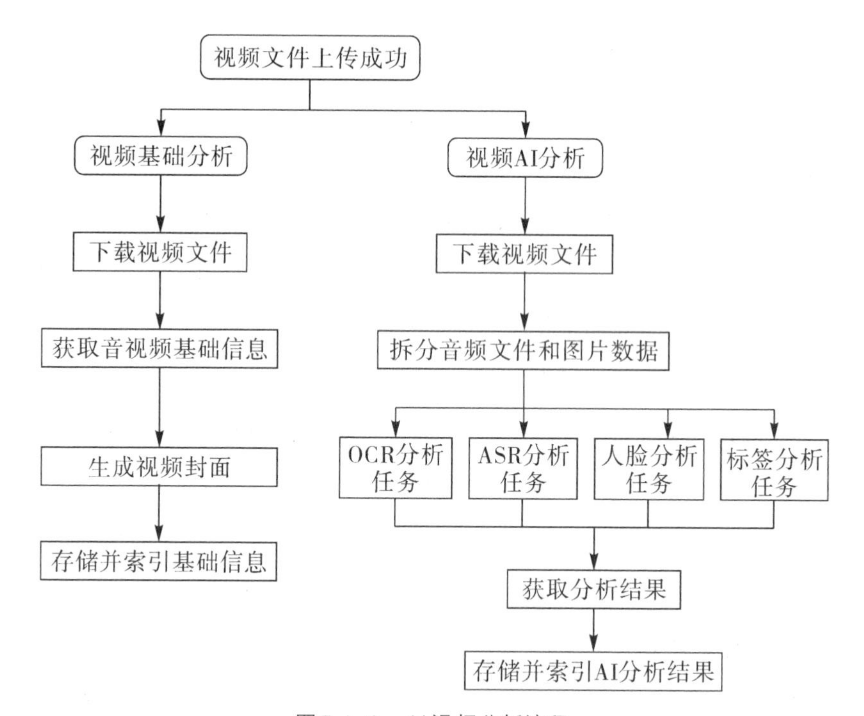

图5.4-2　AI视频分析流程

如上图，视频上传后自动发起视频基本分析流程，记录并存储基础信息后，即可实现基础信息的检索；视频AI分析由用户手动触发，具体的AI分析没法直接分析视频文件，需要根据具体AI任务的要求提供数据，比如ASR需要将视频中的音频单独拆分出来，而ocr和人脸分析则需要图片在分析前需要间隔一定时间获取关键帧，提供分析任务，同时需要记录关键帧对应的时间点。

完整流程实现基于任务调度实现，使用MQ完成任务下发和结果的返回。其中AI分析任务使用飞桨平台，完成AI的分析。视频分析结果，结构化数据，如时长、大小等信息同时使用mysql索引和Elasticsearch索引，其他AI信息只使用Elasticsearch索引，根据用户检索条件，结合mysql和Elasticsearch完成内容的检索。

下面就视频内容分析的技术应用进行详细介绍。

一、人脸识别

人脸识别(Face Recognition)基于面部分析技术，提供包括人脸检测与分析、五官定位、人脸搜索、人脸比对、人脸验证、活体检测等多种功能，提供高性能、高可用的人脸识别服务。

InsightFacePaddle是基于PaddlePaddle实现的，开源深度人脸检测、识别工具。InsightFacePaddle目前提供了三个预训练模型，包括用于人脸检测的 BlazeFace、用于人脸识别的 ArcFace 和 MobileFace。从流程上，先检测后识别。

人脸检测benchmark模型：在人脸检测任务中，在WiderFace数据集上，BlazeFace的速度与精度指标信息如下。

表5.4-2　BlazeFace速度与精度指标信息表

模型结构	模型大小	WiderFace精度	CPU 耗时	GPU 耗时
BlazeFace-FPN-SSH-Paddle	0.65MB	0.9187/0.8979/0.8168	31.7ms	5.6ms
RetinaFace	1.68MB	-/-/0.825	182.0ms	17.4ms

在人脸识别任务中，基于 MS1M 训练集，模型指标在 lfw、cfp_fp、agedb30 上的精度指标以及 CPU、GPU 的预测耗时如下。

表 5.4-3　模型指标在 lfw、cfp_fp、agedb30 上的精度指标及 CPU、GPU 预测耗时表

模型结构	lfw	cfp_fp	agedb30	CPU 耗时	GPU 耗时
MobileFaceNet-Paddle	0.9945	0.9343	0.9613	4.3ms	2.3ms
MobileFaceNet-Mxnet	0.9950	0.8894	0.9591	7.3ms	4.7ms

测试环境：

CPU：Intel(R) Xeon(R) Gold 6184 CPU @ 2.40GHz

GPU：a single NVIDIA Tesla V100

InsightFacePaddle 的参数如下：

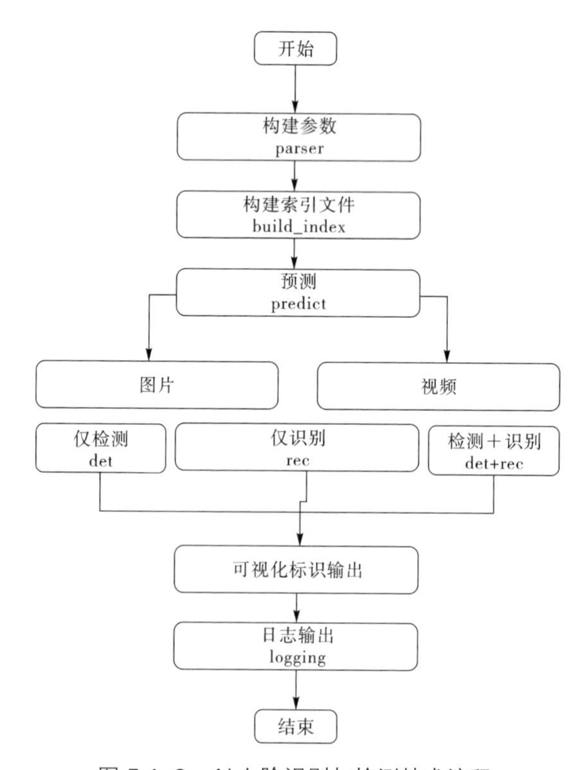

图 5.4-3　AI 人脸识别与检测技术流程

①库及模型导入

```
import insightface_paddle as faceimport
logginglogg ing.basicConfig(level=logging.INFO)
```

②获取参数

```
parser=face.parser()parser.print_help()
```

③构建索引

```
1. parser=face.parser()
2. args=parser.parse_args()
3. args.build_index="./demo/friends/index.bin"
4. args.img_dir="./demo/friends/gallery"
5. args.label="./demo/friends/gallery/label.txt"
6. predictor=face.InsightFace(args)
7. predictor.build_index()
```

④预测

```
1. parser=face.parser()
2. args=parser.parse_args()
3. args.det=True
4. args.rec=True
5. args.index="./demo/friends/index.bin"
6. args.output="./output"
7. input_path="./demo/friends/query/friends.mp4"
8. predictor=face.InsightFace(args)
9. res=predictor.predict(input_path, print_info=True)
10. for_in res:
11. pass
```

以趣看智能媒资系统中的AI人脸识别在拆条中的应用为例，在系统中可根据视频中检测到的人脸提供人脸数据，选择对象后实时分析对象出现的时间片段。

图5.4–4　人脸识别界面

人脸检测与分析：对任意一幅给定的图像，对其进行识别以确定其中是否含有人脸，如果是则返回人脸的位置、面部属性和质量信息。包括性别、年龄、表情、魅力、眼镜、头发、口罩、姿态及质量分等。

五官定位：对请求图片进行五官定位，计算构成人脸轮廓的90个点，包括眉毛（左右各8点）、眼睛（左右各8点）、鼻子（13点）、嘴巴（22点）、脸型轮廓（21点）、眼珠或瞳孔（2点）。

人脸比对：对两张图片中的人脸进行相似度比对，返回人脸相似度分数。

人员库管理：建立人员库，存储人员相关信息（人脸特征、ID等），用于人脸验证和人脸搜索。

人脸验证：给定一张人脸图片和一个PersonId，判断图片中的人和PersonId对应的人是否为同一人。和人脸比对不同的是，人脸验证用于判断“此人是否是此人”。“此人”的信息已存于人员库中，“此人”可能存在多张人脸照片；而人脸比对用于判断两张人脸的相似度。

人脸搜索：用于对一张待识别的人脸图片，在一个或多个人员库中识别出最相似的几个人员，识别结果按照相似度从大到小排序。单次搜索的人员库人脸总数量最多可达100万张。可针对该图片中的一张或多张人脸进行搜索。

二、图像分析

标签识别基于多元素场景分析技术，提供包括人物检测与分析、场景分析、物体分析等多种功能，提供高性能、高可用的标签识别服务。

下面就AI场景目标检测技术实现进行展开介绍。

通过使用卷积神经网络提取图像特征，然后再用这些特征预测分类概率，根据训练样本标签建立起分类损失函数，开启端到端的训练，但对于目标检测问题，对于整张图提取特征过程中并不能体现不同目标之间的区别，最终也就没法区分和标识每一个物体所在位置。

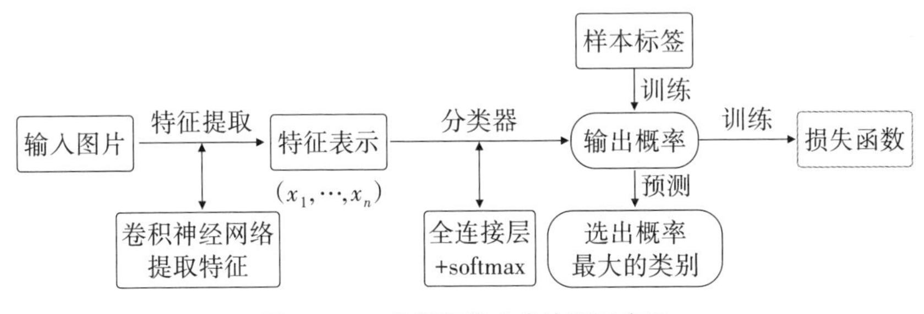

图 5.4-5　场景图像分类流程示意图

因此，假设现在有某种方式可以在输入图片上生成一系列可能包含物体的区域，这些区域称为候选区域，在一张图上可以生成很多个候选区域。然后对每个候选区域，可以把它单独当成一幅图像来看待，使用图像分类模型对它进行分类，看它属于哪个类别或者背景(即不包含任何物体的类别)。

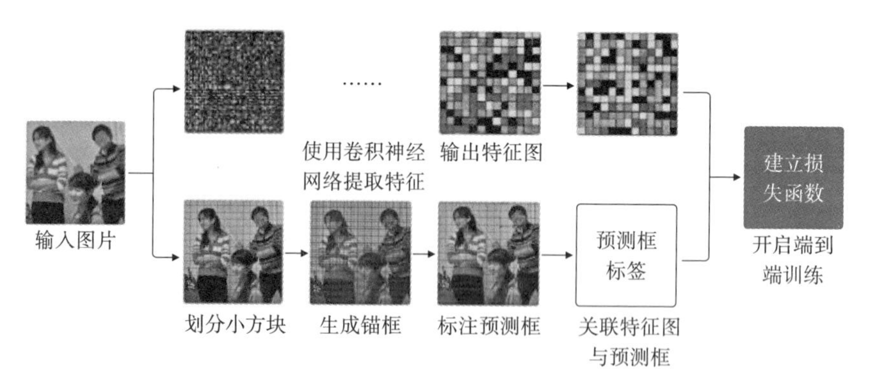

图 5.4-6　图片生成流程

按一定规则在图片上产生一系列的候选区域，然后根据这些候选区域与图片上物体真实框之间的位置关系对候选区域进行标注。跟真实框足够接近的那些候选区域会被标注为正样本，同时将真实框的位置作为正样本的位置目标。偏离真实框较大的那些候选区域则会被标注为负样本，负样本不需要预测位置或者类别。

使用卷积神经网络提取图片特征并对候选区域的位置和类别进行预测。这样每个预测框就可以看成是一个样本，根据真实框相对它的位置和类别进行了标注而获得标签值，通过网络模型预测其位置和类别，将网络预测值和标签值进行比较，就可以建立起损失函数。

再者开启端到端训练流程。如下图所示，输入图片经过特征提取得到三个层级的输出特征图P0(stride=32)、P1(stride=16)和P2(stride=8)，相应的分别使用不同大小的小方块区域去生成对应的锚框和预测框，并对这些锚框进行标注。

P0层级特征图，对应着使用32×3232\times3232×32大小的小方块，在每个区域中心生成大小分别为[116,90][116, 90][116,90]，[156,198][156, 198][156,198]，[373,326][373, 326][373,326]的三种锚框。

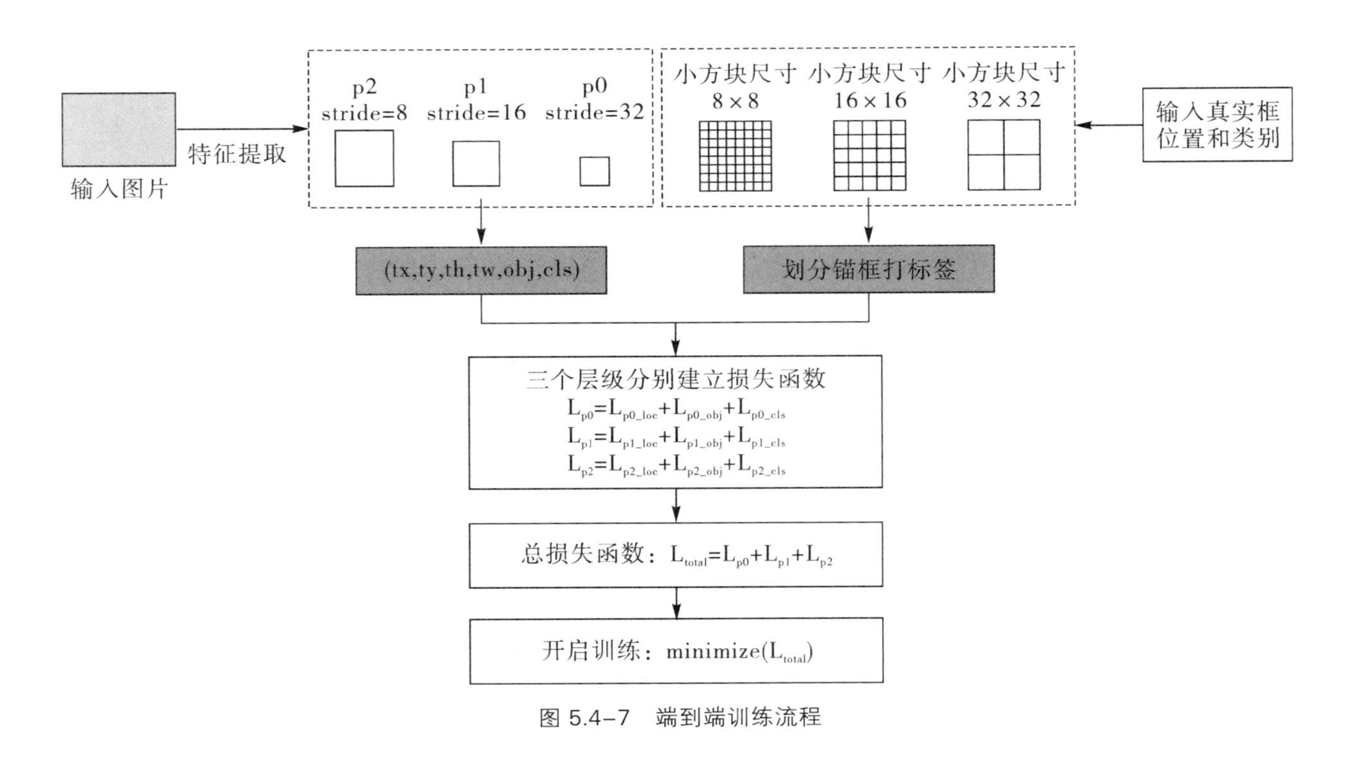

图 5.4-7　端到端训练流程

P1层级特征图，对应着使用16×1616 \ times1616×16大小的小方块，在每个区域中心生成大小分别为[30,61][30,61][30,61]，[62,45][62,45][62,45]，[59,119][59, 119][59,119]的三种锚框。

P2层级特征图，对应着使用8×88 \ times88×8大小的小方块，在每个区域中心生成大小分别为[10,13][10,13][10,13]，[16,30][16,30][16,30]，[33,23][33,23][33,23]的三种锚框。

将三个层级的特征图与对应锚框之间的标签关联起来，并建立损失函数，总的损失函数等于三个层级的损失函数相加。通过极小化损失函数，可以开启端到端的训练过程。

以趣看云拆条中的AI图像标签系统为例，说明上述技术的应用。在系统中可根据视频中检测到的标签类别提供数据，选择标签后实时分析标签对象出现的时间片段。

图5.4-8　图像分析界面

支持识别数千个图片标签，包含商品、日常用品、动物、植物等，支持根据需求定制标签。能够满足推荐系统、相册分类、商品推荐等使用需求；基于图像分析，还可以帮助客户完成去模糊、画质增强、图片质量评估等任务，适用于素材美感评价、平台内容质量提升、自拍娱乐等场景；

支持图像违规内容识别,可以分析图片中是否存在色情、政治敏感、暴力恐怖等元素,维护用户体验。

准确性高:基于多项行业领先的人工智能技术,支持数千个标签,可以实现一级标签平均精确率95%以上,二级标签平均精确率90%以上。

能力丰富:长期为各业务提供智能图像技术支持,积累了丰富、可靠的系列能力,会持续提供各种图像标签、物体识别、图像处理、图像审核服务。

拓展性高:基于智能的深度学习算法,具备迁移学习能力,可以通过不断训练使识别变得更智能,并且可以快速迭代以适应各种新场景。

准确读懂图片内容:由世界一流水平的深度识别引擎打造,基于语义树扩展的标签体系,依托社交生活场景海量图像数据挖掘,能够灵活支持更多自定义标签,具备迁移学习的能力,识别维度和粒度将不断扩展。可准确读懂图片内容信息,约覆盖95%的社交图片。

智能化图片管理:用户上传图片之后即可被智能分类,只需要输入或点击标签即可获取对应类别的图片。各大类如人物下有合影、女孩、男孩、聚会等小标签,方便对照片进行智能管理。

丰富的标签体系:图像分析支持社交领域的热词标签200多种,包含日常生活照片的各个信息维度,可实现全自动的图片分类。

三、语音识别

语音识别(Automatic Speech Recognition,ASR)为用户提供语音转文字服务的最佳体验。语音识别具备识别准确率高、接入便捷、性能稳定等特点。AI音频识别与翻译及合成技术的实现并不困难,核心基于PaddleSpeech,其涵盖音频分类、语音翻译、自动语音识别、文本转语音、语音合成、声纹识别、KWS等任务的实现。

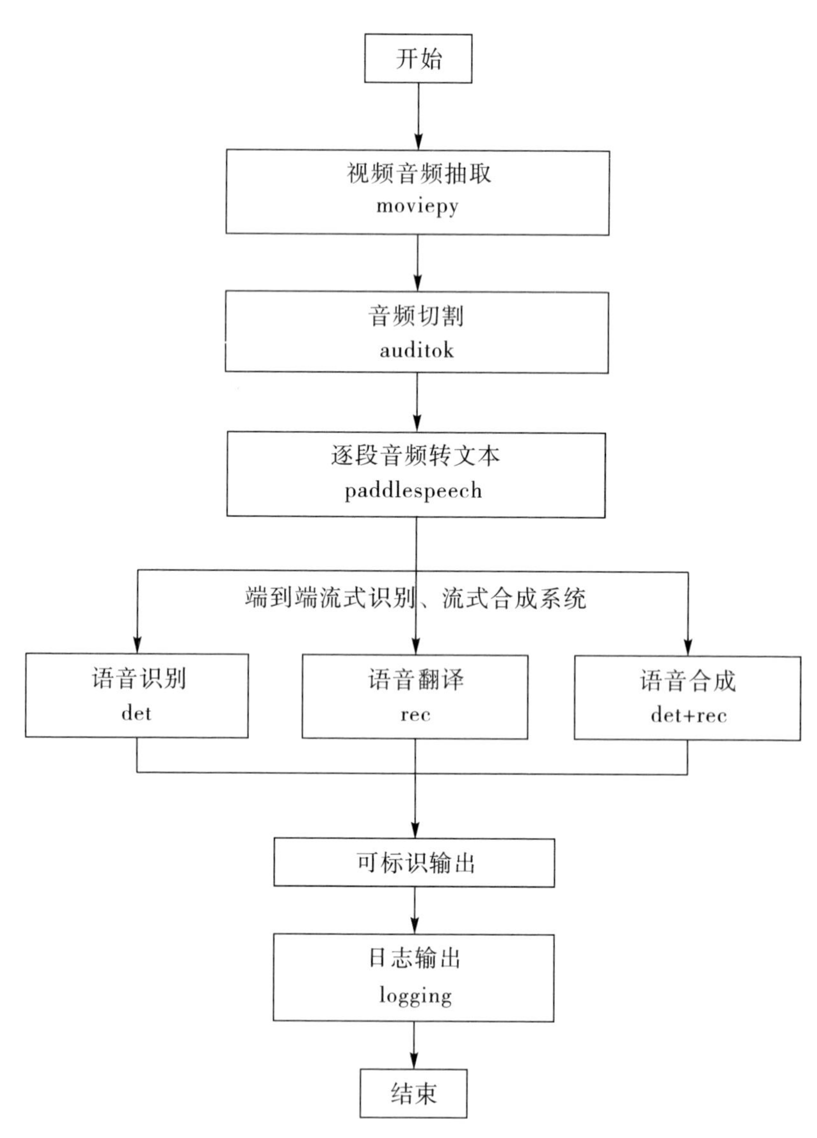

图 5.4-9 AI 语音分析处理流程

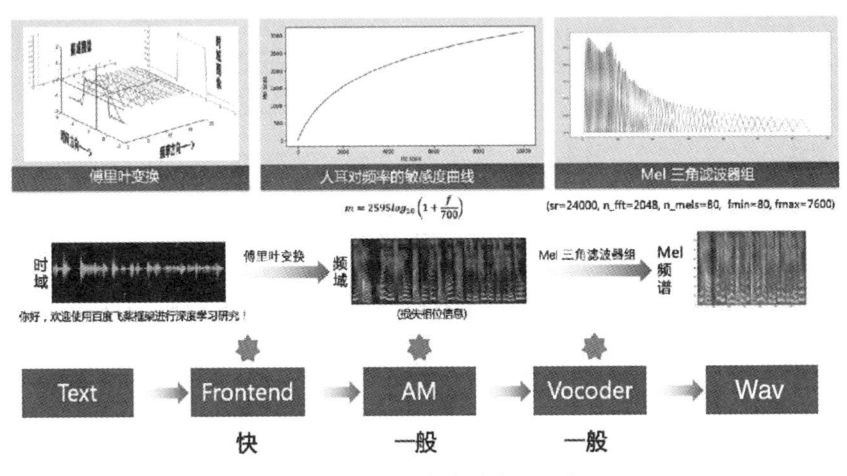

图 5.4–10　语音合成流程示意

语音合成流水线包含文本前端(Text Frontend)、声学模型(Acoustic Model)和声码器(Vocoder)三个主要模块：

通过文本前端模块将原始文本转换为字符或音素；通过声学模型将字符或音素转换为声学特征，如线性频谱图、mel 频谱图、LPC 特征等；通过声码器将声学特征转换为波形。

这里介绍的是基于 FastSpeech2 声学模型和 MelGAN 声码器的中文流式语音合成系统：

文本前端：采用基于规则的中文文本前端系统，对文本正则、多音字、变调等中文文本场景进行了优化。

声学模型：对 FastSpeech2 模型的 Decoder 进行改进，使其可以流式合成。

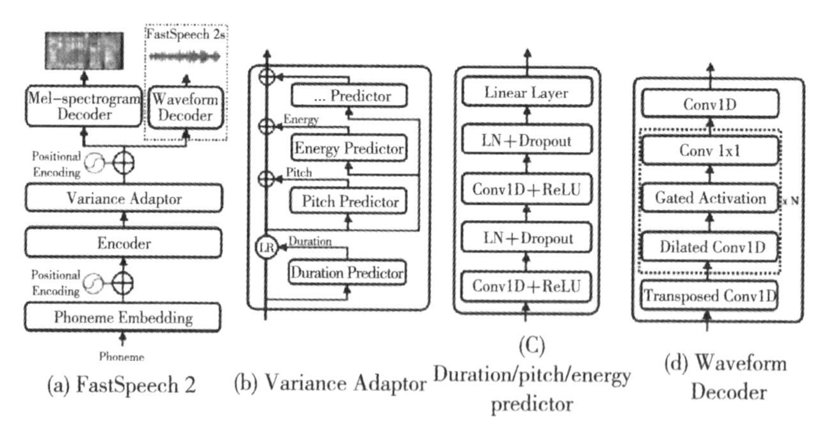

图5.4-11 FastSpeech2声学模型

PaddleSpeech TTS 实现的 FastSpeech2 不同的地方在于，使用的是 phone级别的 pitch 和 energy(与FastPitch类似)。这样的合成结果更加稳定。

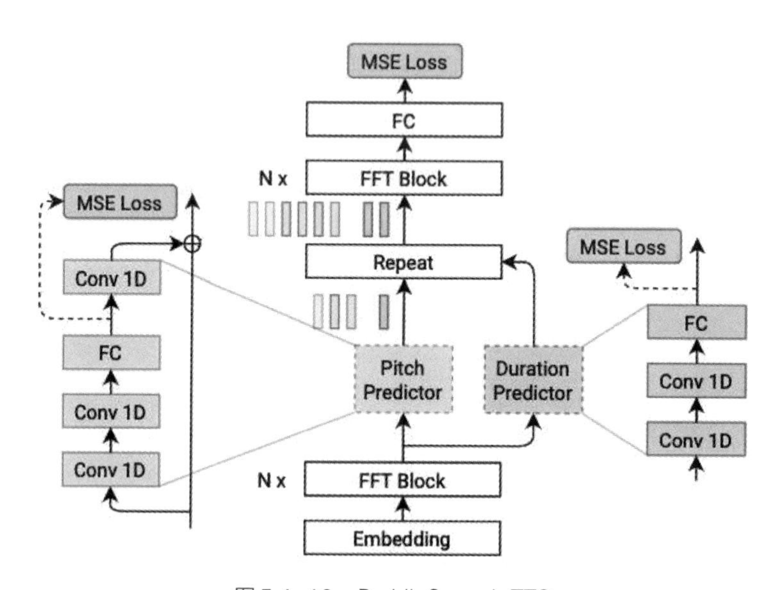

图5.4-12 PaddleSpeech TTS

声码器：支持对 GAN Vocoder 的流式合成。

推理引擎：使用 ONNXRuntime 推理引擎优化模型推理性能，使得语音合成系统在低压 CPU 上也能达到 RTF<1,满足流式合成的要求。

同样的,我们在云拆条里引用了智能媒资的语音识别服务,实现直播、视频文件的 ASR 服务。

图 5.4–13　语音识别界面

海量数据积累:积累了数十万小时的语音标注数据,拥有丰富多样的语料库,为高识别率奠定数据基础。

算法业界领先:基于多种序列神经网络结构(LSTM、Attention Model、DeepCNN),采用 Multitask 训练方法,结合 T/S 方式,在通用以及垂直领域有业内领先的识别精度。

支持语种丰富:支持中文普通话语音识别、英语语音识别和粤语语音识别,后续将陆续开发其他语种或方言的识别能力。

噪声环境识别佳:语音识别模型"鲁棒性"佳,识别精度高,抗噪声的干扰能力强,能够识别来自嘈杂环境的音频信息,不需要客户进行降噪处理。

实时语音识别:对实时音频流进行识别,实时识别为文字。适用于有一定实时性要求的场景,例如语音输入、语音机器人、会议现场记录、直播内容审核、视频实时添加字幕等场景。

语言和方言：目前支持中文普通话、英语、粤语。

音频属性：支持wav、pcm、speex、silk等音频格式，支持8k、16k采样率的单声道音频流，支持16bit的数据采样精度。

一句话识别：支持对60秒之内的短音频文件进行识别。适用于语音消息转写场景，例如语音短信、语音搜索等。

录音文件识别：支持对不超过一小时的录音文件进行识别。适用于语音时间较长、对实时性要求低的场景，例如客服质检、视频字幕生成、音频节目字幕生成等。

统计体系：实时语音识别和录音文件识别最低计费单位为秒，不足1秒的按1秒计。实时语音识别、一句话识别和录音文件识别如调用失败，均不计入费用。

四、OCR文字识别

通用文字识别（General Optical Character Recognition，General OCR）基于行业前沿的深度学习技术，提供通用印刷体识别、通用手写体识别、英文识别等多种服务，支持将图片上的文字内容，智能识别为可编辑的文本，可应用于随手拍扫描、纸质文档电子化、电商广告审核等多种场景，大幅提升信息处理效率。

图5.4-14　典型OCR识别技术路线

在各种文本检测算法中，基于分割的检测算法可以更好地处理弯曲等不规则形状文本，因此往往能取得更好的检测效果。但分割法后处理步骤中将分割结果转化为检测框的流程复杂，耗时严重。因此提出一个可微的二值化模块（Differentiable Binarization，简称DB，一种基于分割的文本检测算法），将二值化阈值加入训练中学习，可以获得更准确的检测边界，从而简化后处理流程。DB算法最终在5个数据集上达到了stateof-art的效果和性能。

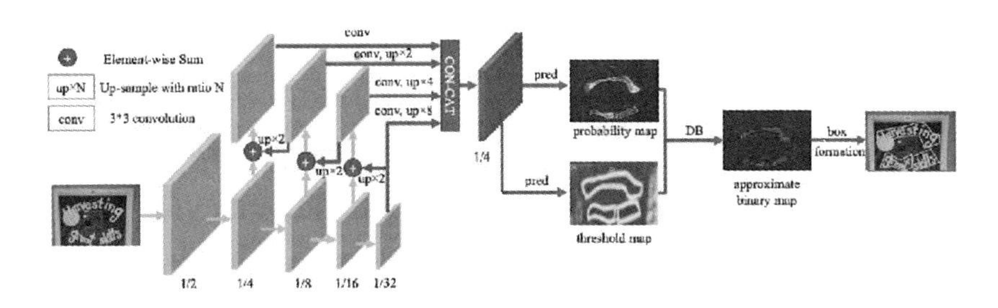

图5.4-15　DB算法结构图

接着，我们使用CRNN(Convolutional Recurrent Neural Network)即卷积递归神经网络，是DCNN和RNN的组合，专门用于识别图像中的序列式对象。与CTC loss配合使用，进行文字识别，可以直接从文本词级或行级的标注中学习，不需要详细的字符级的标注。

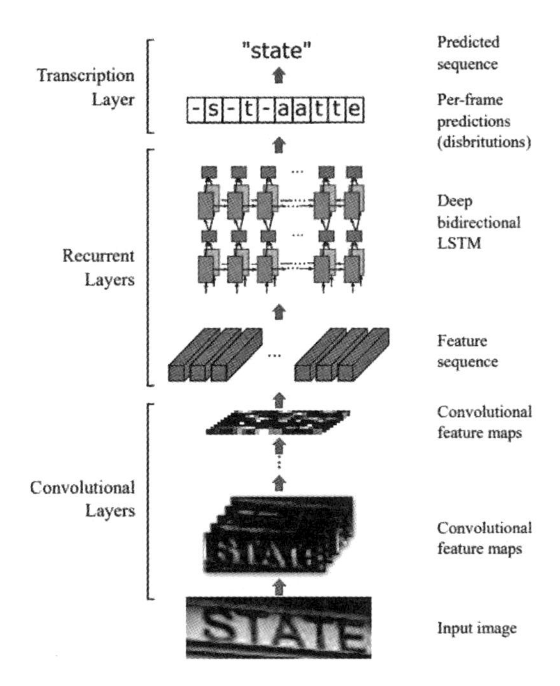

图5.4-16　CRNN的网络结构图

中英文模型使用：检测＋方向分类器＋识别全流程：--use_angle_cls true设置使用方向分类器识别180度旋转文字，--use_gpu false设置不使用GPU，详细代码：

```
paddleocr--image_dir./imgs/11.jpg--use_angle_cls true --use_gpu false
```

返回：结果是一个list，每个item包含了文本框、文字和识别置信度。

```
[[[28.0, 37.0], [302.0, 39.0], [302.0, 72.0], [27.0, 70.0]], ('纯臻营养护发素', 0.9658738374710083)]……
```

图5.4-17　OCR识别list结果

paddleocr默认使用PP-OCRv3模型(--ocr_version PP-OCRv3)，如需使用其他版本可通过设置参数--ocr_version，具体版本说明如下：

表5.4-4　版本对应表

版本名称	版本说明
PP-OCRv3	支持中、英文检测和识别，方向分类器，支持多语种识别
PP-OCRv2	支持中英文的检测和识别，方向分类器，多语言暂未更新
PP-OCR	支持中、英文检测和识别，方向分类器，支持多语种识别

多语言模型使用：PaddleOCR目前支持80个语种，可以通过修改--lang参数进行切换，对于英文模型，指定--lang=en。详细代码如下：

```
paddleocr--image_dir ./imgs_en/254.jpg--lang=en
```

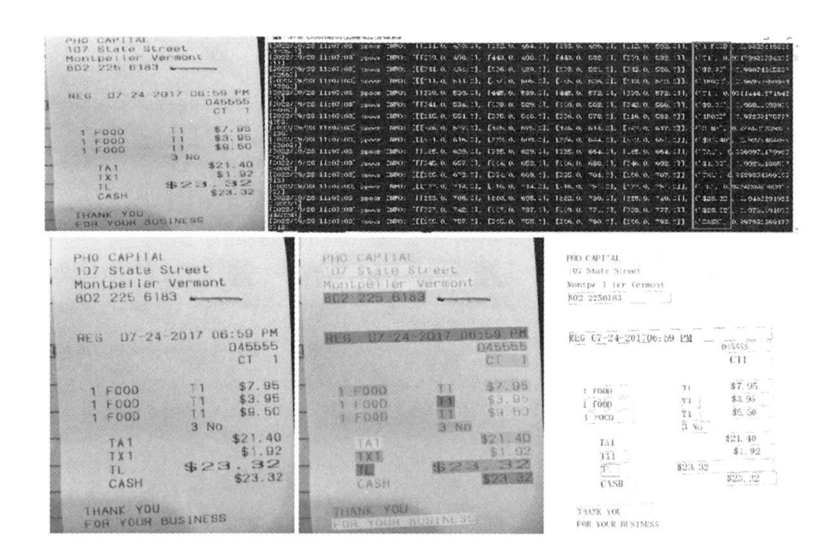

图5.4-18 OCR 英文模式下识别结果

结果是一个list,每个item包含了文本框、文字和识别置信度。

```
[[[67.0, 51.0], [327.0, 46.0], [327.0, 74.0], [68.0, 80.0]], ('PHOCAPITAL', 0.9944712519645691)][[[72.0, 92.0], [453.0, 84.0], [454.0, 114.0], [73.0, 122.0]], [('107 State Street', 0.9744491577148438)][[[69.0, 135.0], [501.0, 125.0], [501.0, 156.0], [70.0, 165.0]], ('Montpelier Vermont', 0.9357033967971802)]……
```

常用的多语言简写包括下表:

表5.4-5 常用语言简写表

语种	缩写	语种	缩写	语种	缩写
中文	ch	法文	fr	日文	japan
英文	en	德文	german	韩文	korean
繁体中文	chinese_cht	意大利文	it	俄罗斯文	ru

完整OCR识别实现及识别结果可信度测试：

```
1. from paddleocr import PaddleOCR, draw_ocr
2. # Paddleocr目前支持的多语言语种可以通过修改lang参数进行切换
3. # 例如`ch`, `en`, `fr`, `german`, `korean`, `
   japan`
4. ocr=PaddleOCR(use_angle_cls=True, lang="ch") = # need
to run only once to download and load model into memory
5. img_path='./imgs/cctv.jpg'
6. result=ocr.ocr(img_path, cls=True)
7. for line in result:
8. print(line)
9. # 显示结果
10. from PIL import Image
11. image=Image.open(img_path).convert('RGB')
12. boxes=[line[0] for line in result]
13. txts=[line[1][0] for line in result]
14. scores=[line[1][1] for line in result]
15. im_show=draw_ocr(image, boxes, txts, scores, font_ path
    ='./fonts/simfang.ttf')
16. im_show=Image.fromarray(im_show)
17. im_show.save('result.jpg')
```

识别结果对比如下：

图5.4-19 原图识别可视化示意

识别结果：

```
[[[53.0, 35.0], [167.0, 39.0], [166.0, 64.0], [52.0, 61.0]], ('CCTV13', 0.8438859581947327)]
[[[79.0, 69.0], [139.0, 66.0], [140.0, 87.0], [80.0, 90.0]], ('新闻', 0.8960503935813904)]
[[[357.0, 69.0], [565.0, 69.0], [565.0, 94.0], [357.0, 94.0]], ('9月25日0—24时', 0.843112170696258 5)]
[[[205.0, 119.0], [737.0, 119.0], [737.0, 140.0], [205.0, 140.0]], ('31个省（自治区、直辖市）和新疆生产建设兵团报告',
0.9266083836555481)]
[[[646.0, 188.0], [729.0, 188.0], [729.0, 230.0], [646.0, 230.0]], ('295', 0.8483319282531738)]
[[[368.0, 203.0], [640.0, 200.0], [640.0, 227.0], [368.0, 231.0]], ('新增新冠肺炎确诊病例', 0.9192449450492859)]
[[[729.0, 200.0], [756.0, 200.0], [756.0, 227.0], [729.0, 227.0]], ('例', 0.9998621940612793)]
[[[476.0, 253.0], [645.0, 253.0], [645.0, 273.0], [476.0,
```

```
273.0]], ('境外输入病例60例', 0.9564095735549927)]
[[[395.0, 288.0], [722.0, 288.0], [722.0, 305.0], [395.0,
305.0]], ('(上海19例,广东19例,福建5例,北京3例',
0.9601184725761414)]
[[[369.0, 314.0], [743.0, 314.0], [743.0, 331.0], [369.0,
331.0]], ('四川3例,天津2例,江苏2例,浙江2例,云南2例',
0.941322386264801)]
[[[447.0, 341.0], [669.0, 341.0], [669.0, 358.0], [447.0,
358.0]], ('山东1例,重庆1例,陕西1例', 0.9716847538948059)]
[[[59.0, 456.0], [131.0, 456.0], [131.0, 474.0], [59.0,
474.0]], ('新闻联播', 0.947864294052124)]
[[[169.0, 457.0], [640.0, 457.0], [640.0, 487.0], [169.0,
487.0]], ('国家卫生健康委通报最新疫情', 0.9559992551803589)]
[[[51.0, 475.0], [143.0, 475.0], [143.0, 488.0], [51.0,
488.0]], ('XINWEN LIANBO', 0.8543983697891235)]
```

在智能媒资中的OCR识别具有以下业务应用点：

图5.4-20　OCR文字识别

通用印刷体识别：支持多场景、任意版面下整图文字的识别。支持自动识别语言类型，同时支持自选语言种类（推荐），除中、英文外，支持日语、韩语、西班牙语、法语、德语、葡萄牙语、越南语、马来语、俄语、意大利语、荷兰语、瑞典语、芬兰语、丹麦语、挪威语、匈牙利语、泰语等多种语言。支持图像整体文字的检测和识别,返回文字框位置与文字内容,准确率和召回率高。

通用手写体识别:支持多场景、任意版面下整图文字中的手写中文、英文字母、数字、常见字符的识别。针对手写字体无规则、字迹潦草、模糊等特点进行了识别能力的增强。

英文识别:支持图像英文文字的检测和识别,返回文字框位置与文字内容。支持多场景、任意版面下的字母、数字和常见字符的识别,同时覆盖英文印刷体和英文手写体识别。

快速文本检测:通过检测图片中的文字信息特征,快速判断图片中有无文字并返回判断结果,帮助用户过滤无文字的图片。

算法领先:支持图片中文字的自动定位和识别,印刷体整体识别准确率达95%以上,手写体达90%以上,保证99.5%以上产品可用性。

“鲁棒性”强:支持多场景、任意版面、任意背景,可容忍透视畸变、光照不均等复杂场景,并可实现自动裁边、修正倾斜等。

第六章
视频新媒体内容营销应用

6.1 内容营销

内容营销，主体是营销，关键是内容。正如乔·普利兹所说的“内容营销是指通过创造、发布和传播有价值的内容来吸引、满足和激励受众，从而最终达到营销目标的一种营销策略”。内容营销的核心在于以目标受众为中心，关注如何提供对受众有价值的信息，并通过多媒介平台分发传播，实现品牌推广、销售增长等营销目的。

随着内容营销在营销领域的重要性不断增强，越来越多的营销人员开始熟悉并运用这一策略。伴随着新互联网营销思维的持续迭代，作为流量载体与价值传递的内容营销，早已从对产品的营销回归到了对人的营销。在这个过程当中，优质的内容营销也就逐渐被大众所认可，简单粗暴的硬广植入被目标用户所免疫。未来的内容营销必将更注重在确定目标、制订策略、生产方式和务实应用等方面加以思考并优化，只有这样才有机会在狭路相逢的内容营销战场中实现突围制胜。另一个观察角度便是关于营销预算，内容营销协会（CMI）调研显示，43%的B2B营销人表示，2021年的内容营销预算将超过2020年。而2022年则有66%的营销人表示，2022年的预算将超越2021年，其中有20%的公司营销预算增速超过9%。预算已不再是内容营销的最大阻碍。

那么究竟什么是真正的内容营销?

“内容营销(Content Marketing),是一种通过生产发布有价值的、与目标人群有关联的、持续性的内容来吸引目标人群,改变或强化目标人群的行为,以产生商业转化为目的的营销方式。”这是CMI给出的定义。

真正的内容营销不仅是以文字、视频等作为内容载体在微信、微博等各个平台上做营销,也不是内容和营销的简单相加。它实际上是一种系统性的营销方法,即内容营销通过创造和分发与目标受众相关、有趣、有用的(有价值)的内容,吸引目标受众主动关注,提高品牌知名度和认知度,增强品牌的信赖度、忠诚度,并最终推动营销和业绩的增长。它更注重与目标受众建立长期、稳定的关系,而不是简单地通过广告或促销活动来吸引消费者。如果说营销是为了吸引客户主动关注,那么内容营销则是该吸引力法则的核心所在。它区别于集客营销、文案与广告这几个概念。在内容创造方面,需要关注内容的价值性、相关性、独特性和持续性。有价值的内容可以提供帮助、解决问题、满足需求,同时也能建立品牌的可信度和忠诚度。在内容分发方面,需要选择合适的渠道和方式,将内容传递给目标受众。这需要了解目标受众的兴趣、需求和行为特点,以及他们所处的营销环境,从而制订相应的营销策略。

内容营销有何意义和价值?

2023年10月,小米公司在新品发布会前,联合知名歌手费翔重新演绎并推出了《故乡的云》短片。该短片获得数亿播放量、数万条评论。彼时费翔正火,尤其是他在影片《封神》中扮演的纣王,风靡一时。小米公司将这一形象与新品小米14结合,产生交相辉映的效果。该短片一方面为小米新品树立了品牌,更重要的是对小米新品的目标用户群体而言,《故乡的云》内容令人触动,贴近小米的社交化营销渠道和手段,最终成功获得了小米新品在用户中的认同感,并很好地实现了销售的转化。

图6.1–1　《故乡的云》短片截图及评论区

正如市面上众多成功的营销案例证明过的那样，内容营销的战略自诞生之始就再简单不过。首先，送他们一份礼物。这份礼物的目标不是直接卖货，而是传递价值，让消费者信赖和依赖，将它视为生活的指南，成为他们生活的一部分。

这就是内容营销的意义。

站在媒体业务角度考量。内容营销之所以受重视，主要是因为内容营销具有促进增长、收获信任、宣传品牌三大价值。

与我们传统认知不同的是：公司的规模大小对内容营销成功与否并无影响。营销的成功不会因公司规模而受到限制。如此，以内容营销拉动业务全盘成功的模式或许是当下小型企业规避规模劣势并实现弯道超车的有效方式。当下短视频备受青睐，但短视频营销的任务绝非是做一个几分钟的视频那么简单，为了满足不同层次的需求，业务部门往往要策划制作一系列视频，长期地循环投入。SaaS产品以及TO B的其他产品更是要复杂得多，因为找到它们更好的切入点，往往更费时费力。

有研究表示，在比较成熟的美国，SaaS企业或者TO B企业每年在视频营销上的花费金额经常是数百万美元，这还不算他们投放广告的费用。从某种角度来说，在未来，国内TO B企业持续稳定的“视频营销”也会成为企业成熟的标志之一。

Atomic的创始人和主旨演讲人Andrew Pickering和Pete Gartland认为，企业要想做好2023年的B2B内容营销，需要制订将“自媒体(其他社交媒体等)关注者转化为付费客户”的计划。

社交媒体将成为内容营销新渠道。

用户的爆发式增长和社交时长的不断增加，使得社交媒体在营销和商业中的价值将会极速增长，基于社交媒体的内容营销会成为更多企业的重点布局方向。

传统的“独白式说教营销”已经不再适用于把用户作为“人”去尊重的社交媒体。“互动型体验营销”在产品或服务的购买早期就和用户建立起极具影响力的品牌对话，通过专注于品牌对话和客户体验来建立客户信任感和忠诚度将会显得更为重要。

不可否认，每一个内容类型或是内容平台，都有着一些约定俗成的数据评判体系和监测体系，甚至其复杂程度完全可以与一门学科相媲美。对于企业而言，客户生命周期管理的战略优先级要高于内容的生命周期管理，内容是需要嵌套进客户生命周期管理中去的。但大部分企业无法解决这一点，这主要是由于缺乏一个整体化的市场运营体系。将客户运营和内容运营割裂开，是导致我们无法认清内容价值的最核心问题。

面对大众已然快餐式和碎片化的阅读习惯，为了让客户驻足产生更深度的阅读，许多B2B企业会建立一个内容中心库，集合展示其所有内容，让客户在丰富的内容中选择一些自己感兴趣的来查看，这样即便一次触达客户会错过对内容库全貌的了解，但是在下一次触达时还可以做到与上次打开时一样的效果。但这样的内容中心，绝不仅仅为了更好的用户体验，我们也要注意到它在管理上的价值。

再者，构建完整的内容营销精准分发体系，找到合适的内容受众，并在合适的平台把内容投递给他们，这就是企业内容营销最朴素的底层逻辑，并以此建立完整的B2B内容营销SOP（Standard Operation Procedure，标准作业程序）。内容营销并不是最快速的获客手段，而是一场长久之战。内容营销更像是一种信息的传达以及思想上的认同，而这种信息的传达已经悄然无息地渗透在客户的购买旅程当中。买家更喜欢自主搜索和研究，甚至可能从认知的过程中就对企业在心中进行了打分，从而影响最终的购买决策。

6.2　内容运营

当前媒体设立的互动运营中心，核心职责是做自有平台和端产品的运营，这种运营的核心聚焦在内容与平台、用户、政企、服务的关联关系，围绕内容的生产与消费，搭建一个良性的、可持续的循环，实现吸引流量、培养用户、实现商业与主流价值转化的目的。当前笔者也看到在不少媒体机构的招聘介绍中，大部分的内容运营岗位基于账户内容运营。其实，这种思路缺少一定的产品意识，特别是一些央媒、省级媒体的自有端、网台产品的运营。所以，当有足够的内容生产之后，我们需要思考的就是如何根据不同的发展阶段，运用不同的内容运营策略以实现商业价值。当然，对于主流媒体而言，还需要考虑价值现实的问题。

对于运营者而言，不管处于什么样的发展阶段，在进行内容运营时首先就需要先解决以下四个问题：

第一个问题：建立内容供应链框架。系统性解决内容从何而来、分发到哪里去的问题。需要明确内容供应链的结构与流程，包括内容的采集、整理、审核、发布等环节。

第二个问题：确定初始用户群。在内容运营初期，需要明确目标用户群体，并针对这些用户制订相应的运营策略。这些用户可以是有共同兴趣爱好的人，或者是同一领域的专业人士等。这里可以通过自由平台用户画像或第三方新媒体平台提供的账户粉丝画像得知,通过不断的用户画像清洗可以进一步清晰化种子用户对象。

第三个问题:确定各阶段所需内容类型。在不同的阶段,需要侧重于不同类型的内容,不同的产品阶段所需要的内容不同。比如新闻客户端新上线时,一般的内容运营策略是在保有基础数量的前提下,提供关键用户焦点内容,实现“单品、单篇”爆款。而在经历了初始化获客,面向新的增长时,则突出强调短平快的流量型、社交型内容。

第四个问题:梳理关键路径。从媒体内容的正常生产与传播角度,关键路径涉及“策、采、编、发、效”五大节点。站在数据驱动内容运营的角度,要重点关注数据的闭环,从数据中挖掘内容场景、策略输出,以确保内容运营的有效性和高效性。

面向内容运营,除了以上四个问题外,还需要考虑以下两个关键方面:

首先,内容消费者定位是内容运营中非常重要的一环,涉及平台定位、受众定位、运营目标。平台定位是指根据目标用户的需求和特点,选择合适的平台进行内容发布和推广。受众定位是指明确目标用户群体,了解他们的兴趣、需求和行为特点,以便更好地定位内容和运营策略。运营目标则是根据企业的战略目标和市场需求,制订相应的运营计划和内容质量评定指标,以衡量内容运营的效果和价值。

其次,确立内容标准和建立评判标准也是这一阶段的重要工作。这些标准包括哪些内容属于热门内容、如何展现这些内容以及如何评判内容质量等。通过明确这些标准,可以更好地规划和管理内容运营工作,提高内容的质量和影响力,吸引更多的目标用户并促进企业的发展。

此外,在这一阶段还需要考虑内容推送的渠道问题。选择合适的推送渠道需要考虑的因素包括渠道是否覆盖推送的目标用户及其兴趣点、推送内容的时效性以及过往推送数据的比较、竞品选择的渠道等。根据这些因素选择合适的渠道可以更好地推广内容,提高用户参与度和转化率。

当然,最后还需要分析推送效果,可以采取用户行为检测、数据表现两种方式来进行分析。基于用户行为的检测,重点关注用户的打开率、跳出率、转化率三个重要指标下的行为,来了解用户是否有点击行为及行为的相关时间维度、兴趣维度、转赞评的匹配情况等。再就是通过漏斗模型来就内容的推送数据进行细化分析,甚至还可以基于自检的用户大数据模型回溯某一类用户的数据情况。

最后,基于用户生命周期的内容运营策略,在内容运营中也是至关重要的。无论哪种形式的内容平台,都会经历一个生命周期,包括新手期—成长期—成熟期—衰退期—流失期。各个阶段的内容运营应该符合生命周期的逻辑,即针对用户的不同阶段,内容运营人需要采用不同的运营策略。

新手期:当一个新用户进入平台时,内容运营者需要通过启动页内容、热门优质内容推荐等方式,进行内容引导,帮助用户快速了解平台内容调性。

成长期:在用户使用一段时间后,通过数据分析对用户进行标签,然后进行分类推荐、阅读延伸等操作,增加用户黏性。

成熟期:在这个阶段,用户的使用频次和忠诚度等都相对较高。内容运营可以以互动为主,通过拓展用户兴趣、用户圈层等方式,加强用户之间的联系,同时搭建内容成长体系。

衰退期:对任何一款产品或者内容型平台,用户兴趣不可能永远保持高涨,所以在这个阶段,需要拓宽用户兴趣边际,通过热门内容的推送来激发用户新的兴趣点。

流失期:如果用户新的兴趣点激发失败,必然就会导致用户流失。优秀的内容运营人员需要去分析用户流失的原因,并制定不同的召回方案。根据召回结果,进一步的优化内容和机制。

互联网发展快速,没有哪一种内容可以保证让用户永远感兴趣,也没有哪一种内容运营框架或策略能永远有效,重要的是在这个过程中不断积累并且创新方法,洞悉用户内容消费需求。

6.3 电商直播营销

商务部监测数据显示,2022年重点监测电商平台累计直播场次超1.2亿场,累计观看超1.1万亿人次,直播商品超9500万种,活跃主播近110万人。单看这一组数据,或许还没什么概念,但如果把两年前的数据以及2023年上半年的数据放在一起比较,变化就很明显了。2020年,重点监测电商平台累计直播场次超2400万场。而在2023年上半年,直播场次就已经超过1.1亿场,累计直播销售额1.27万亿元,直播商品超7000万种,活跃主播超270万人。[①]

可以说,飞速成长的直播带货,已逐渐占据电商的重要位置。直播电商行业的火热,又吸引了越来越多的从业者,不断壮大着行业的影响力。

我们总能看到不断有新人主播登上头部梯队。

比如,抖音“顶流”疯狂小杨哥正式发力直播带货后频频霸占带货榜首,是全网首个粉丝破亿的达人;2022年6月,董宇辉“一战封神”,直接将东方甄选抬至头部梯队;2022年年底,张兰、陈岚带货先后爆火,开始角逐“抖音一姐”的地位……

当然,头部主播能为总场次做出的贡献有限。他们的作用,更多的是吸引后来者,以及为行业的演变起到表率作用。

---

① 参见中国计量科学研究院、中国海关科学技术研究中心等:《直播电商行业高质量发展报告(2022—2023年度)》。

我们换一个角度来看看，短短半年媒体电商直播的升级以及业务的拓展玩法变化。

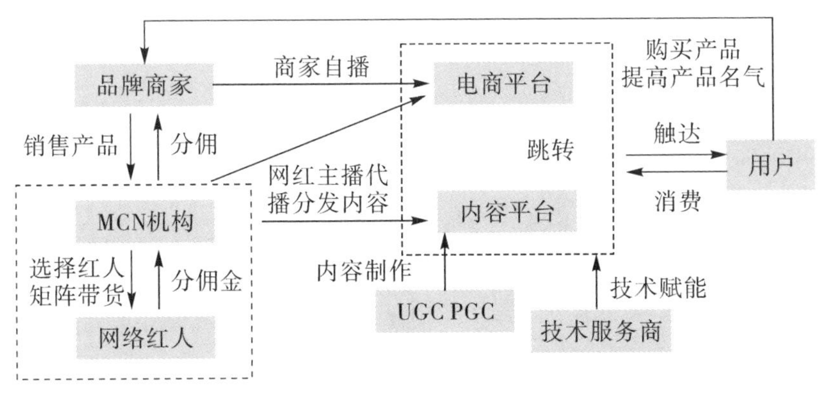

图6.3-1　电商直播营销生态全景图

电商直播是一种以直播为渠道的电商形式，它充分利用了直播的互动性和即时性的优势，让消费者能够更直观地了解商品，从而提高线上购物体验和转化率，是数字化时代背景下直播与电商双向融合的产物。它以直播为手段重构"人、货、场"三要素，但其本质仍是电商。与传统电商相比，电商直播拥有强互动性、高转化率等优势。

在直播电商产业链中，供应端主要包括商品供应方，如厂商、品牌商、经销商、原产地等）。这些供应商负责提供商品货源，对接MCN机构或主播，确定直播内容方案，引入直播平台进行内容输出，并通过与电商平台或直播平台合作，将商品推广给消费者，在电商平台实现变现转化。电商平台、直播平台、MCN/直播为主要受益者，其收益一般来自按成交额的一定比例收取的佣金。中游主要是直播服务商、渠道平台（电商平台、内容平台、社交平台等）以及主播（网红达人、明星艺人、企业家及其他主播）。直播服务商主要有谦寻、美ONE、宸帆等，主要负责提供直播技术服务和运营支撑。电商渠道平台主要包括京东、淘宝、拼多多、小红书、蘑菇街、唯品会、苏宁易购等电商平台，还包含内容平台如抖音、快手、哔哩哔哩、虎牙等。当然,社交平台像微博、微信等也包含在内。主播则以李佳琦、小杨哥等为代表。下游是消费市场,年轻女性为我国直播电商产品消费主力军。此外,还有支付宝、微信支付、顺丰物流等其他服务支持商,也为直播电商提供了重要支持。

从电商直播业务升级方向来看,精细化是必经之路。早些时候,有媒体报道,由某财经类知识主播直播带货的奶粉,商家支付了60万元坑位费,但在直播中仅售出了15罐,其中还有3罐退货。明星、名人效应从一定程度上确实会给行业带来更多的曝光度和关注度,但仅靠名人效应来提升销售额,并不是长久之计。想要提升销售额,不仅需要对产品谨慎选择,以有特色的方式进行销售,也需要通过提供较低的价格等方式增强用户吸引力,提高直播质量。同时,不同用户群体的需求特征也需要深度匹配和挖掘。大家常说的"直播带货"或"电商直播"的核心,已从单纯的赚吆喝和造IP逐渐回归常态产品带货中。具体体现在三点:一是从"一战主播"演变为"平战结合",二是从"产品电商"到"内容电商"的变化,三是转而为线上人、货、场三合一的新综合体营销平台。

那么专业电商直播业务建设有哪些要点呢?

专业电商直播业务的核心是要打造1个电商直播云平台+N个专业电商直播制播间,使得直播更能带货、更好看、更有趣。

"直播+视频+连线"是新电商直播的基本业务能力。

"直播+视频+连线"融合建设是面向新型电商平台的核心能力,要以建设融合且高效的视频直播、视频(短视频、小视频)、视频连线为基础能力,一体化的电商直播平台为落地点。

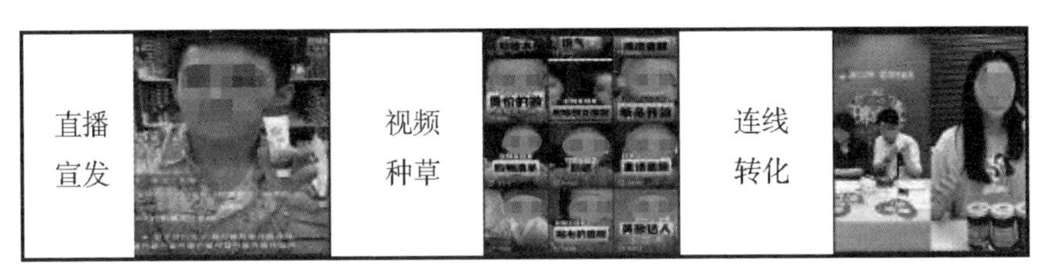

图6.3-2　直播＋视频＋连线的策略图

一般而言，直播面向的是实时带货转化，它本质上能通过直播减少退货率，在直播中通过产品溯源、产品释疑、营销促销、组合宣讲来实现最后一锤的购买。那么短视频则是要实现对产品的原始定位、精准营销点的提炼打磨上，俗称“种草”。那么什么是连线，我们常见的做法是和带货矩阵化运营一起来玩，一个原则，“连线”为丰富内容层次、产品内涵而生，不是为了连线而连线，同时所连的对象，不局限于明星，可能要反其道而行之，“素人主播或老百姓”何尝不可，让货品具有信任度。

专业电商直播制播平台，将成为硬实力。

与用一部手机做一场直播完全不一样，如今的直播场所、直播语境、直播环境、直播链路已然复杂化。如今，直播已从之前简单的单机位手机直播，转为面向多机位、高清机位、多音视频终端外设接入、CG包装、外显输出的制播，甚至要扩展到对科技型产品的AR、VR呈现制播。

图6.3-3　专业制播平台

分发营销矩阵，带货矩阵助销。

五大直播阵地联动，助阵电商直播销售转化。头部主播主打就是要实现打爆单。红人主播则是新业态结合红人粉丝属性，重推（单品、爆品）品牌调性。那么在垂类主播这侧主要就是为可走量铺量。再就是官方直播，不管是天猫、抖音、淘宝等平台站台旗舰赋能，还是以乡村振兴角度，不少政府官媒也直接直播露面，增强政府体感，巩固正宗原产地官方阵营。最后是商家自播，能够对多方资源进行联动，主推整体营销声量。

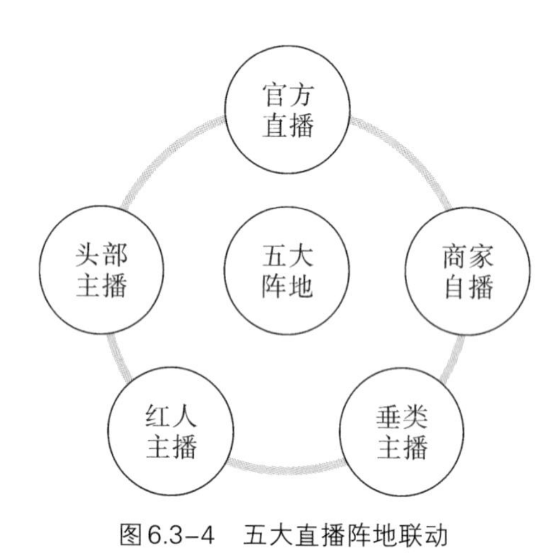

图6.3-4　五大直播阵地联动

电商直播运营的最高形态是消费媒体社区。

以内容赋能产品，实现电商直播在公域流量和私域流量的社区化转化。社区化转化的能力决定产品的最终销售增长力。

监管播控调度，安全问题不容忽视。

在面向多场次的直播带货营销活动中，最不容忽视的就是内容的安全性。

核心电商业务流程应该是线上人、货、场三合一。

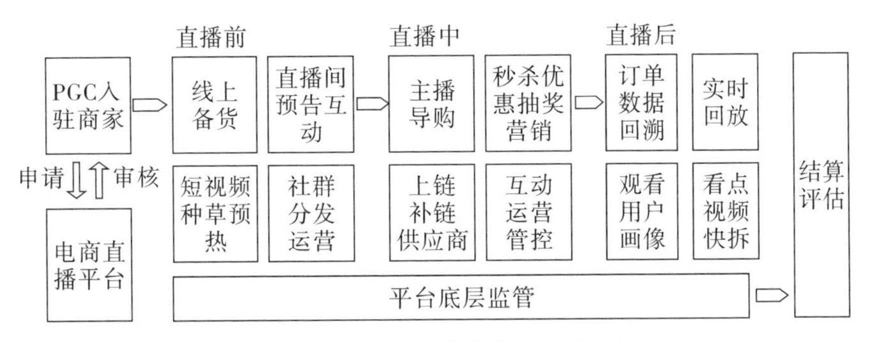

图6.3-5　新综合体视频电商营销平台

基于趣看电商直播内容营销及运营,可实现全流程可追溯。

H5电商运营系统集编辑创作、互动运营为一体,以视频内容为核心承载,实现跨平台内容传播,适用于微信、微博等社会化媒体平台分享。H5制作运营系统涵盖单页H5、聚合H5的建设。

"H5直播商品售卖功能"是建立在趣看直播H5基础上的功能,满足了用户"互联网销售本地特产""电商直播边看边买"等多种新型直播卖货业务场景。最典型的电商能力三大模块:商品录入、营销配置与订单管理。

商品录入:在H5电商运营系统中,提供商品录入功能,录入商品参数,如商品名称、商品图片(商品图片支持本地素材上传以及云素材库上传)、商品总库存、商品价格、商品介绍等,通过录入商品,可针对商品进行管理;提供发布、取消发布、编辑、删除、查看订单等管理操作功能。

H5商品配置:H5商品配置功能提供H5直播画面中对外商品展示的方式;本方案提供两种展示方式,秒杀商品以及普通商品展示。秒杀商品展示需要配置参数包括开启方式(定时、手动)、定时时间(如选择定时,则要设置定时秒杀时间)、限时方式(开启、关闭)三项配置。普通商品展示,需添加商品以及设置排序权重("排序权重"为普通商品清单中的排序依据，数字越大展示位置越靠前）即可。商品售卖还提供商品管理功能，针对普通商品以及秒杀商品可执行下架、订单查看、编辑、删除等管理操作功能。

订单查看：可查看所有H5直播商品售卖的订单，订单信息列表支持手动、自动刷新，支持按照订单ID、直播/视频ID、下单时间、买家姓名、买家电话、买家地区的组合筛选，并可在筛选后导出表格用于物流配送。

典型案例：浙江广电云帮扶电商直播

电商直播不仅在棚内，2023年3月，湖州市长兴县农户也遇到了因疫情农产品滞销的困境。长兴传媒联合趣看科技，推出一档“云帮扶”战疫助农公益活动融媒体直播，采取前方9路记者与演播室主持人互动连线的方式。演播室主持人连线现场记者和滞销农产品的经营者和农户，通过展示现场情况，推介农产品，寻找云买家，完成战疫助农的公益直播活动。此次直播总播放量超101万次，云买家遍及长三角周边城市，有效解决了农户的燃眉之急，减轻了疫情带来的损失。可以看到，在专业的媒体电商模式下，决胜之道还得是内容电商的创新。

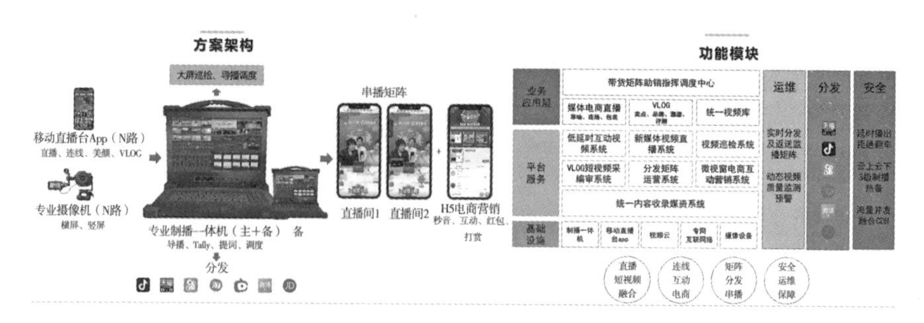

图6.3-6 “云帮扶”电商直播

因而，媒体定位于内容电商则可以有更多的想象力：

1.视频连线，带货新常态

无论是“小朱配琦”还是”祖蓝夏丹“，主持人嘉宾远程连线，共同助力成为此次电商直播的新形态。

“云帮扶”利用趣看的直播互动连线的解决方案，开创9路多屏同步云端联动的模式，同时，主持人可以在直播中连线爱心助农大使进行互动对话，也可以与各个基地或配送点通过大屏切换进行互聊互看。

同样的，5月8日21:00，浙江卫视《王牌对王牌》迎来第五季收官，与此同时，作为浙江卫视“蓝莓台”入驻淘宝直播的首秀，《王牌对王牌》收官公益直播之夜同步开启。“春雷助农　王牌送到”这场在电视端看综艺、在手机端买买买的大小屏互动、横竖屏同播的节目，通过电商带货，公益助力湖北农产品销售。

图6.3–7　浙江卫视《王牌对王牌》“云帮扶”直播

这是浙江卫视“蓝莓台”入驻淘宝直播后第一次开张，开张2小时+，收获了播放量750万+的喜人成绩，并创新为湖北助农扶贫。这虽是“蓝莓台”第一次尝试淘宝直播，但在直播过程中，作为专业电商带货的淘宝头部主播，烈儿宝贝多次发出感叹，“你们的设备好专业呀”，那么这场淘宝直播是怎么搭建的呢？

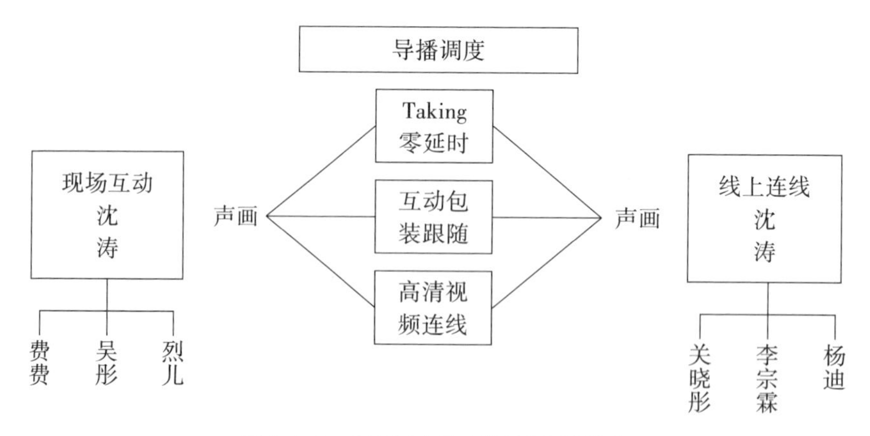

图6.3-8　浙江卫视“云帮扶”直播架构

其实，浙江卫视“蓝莓台”这次使用的由趣看承建的浙江广电视频平台，利用趣看的新媒体直播解决方案，将“电视＋电商”以及“大屏＋小屏”的线上互动模式在电商直播场景中进行应用。

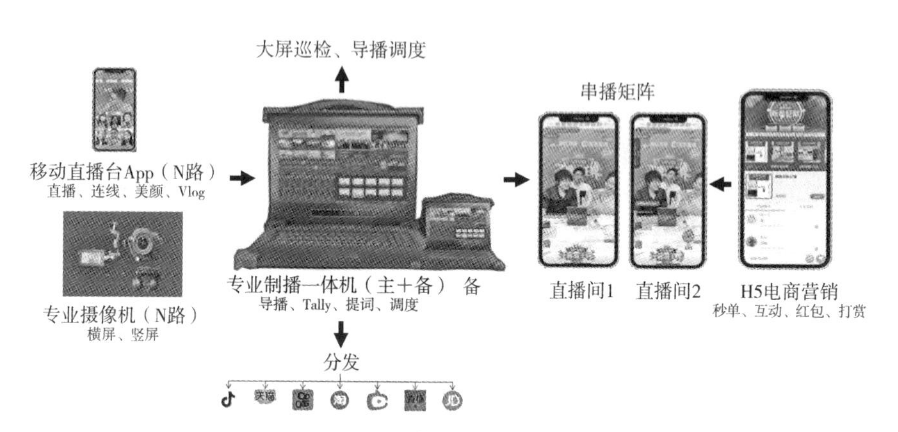

图6.3-9　趣看承建的新媒体直播解决方案

图6.3-10 趣看承建的专业媒体电商直播技术方案架构

2. 串播矩阵,私域流量营销

让多个直播间播放同样的内容,实现直播间串播助力,这样把王牌家族广域流量、淘宝直播广域流量、烈儿私域流量、蓝莓号私域流量、春雷窄带流量、浙台窄带流量有机地串联到一起,进而对流量池进行聚合,最大化产品的曝光和销售转化。这也带来了两个技术问题要解决,首先是双房间低延时内容同步,其次是要避免多个直播间有延时。

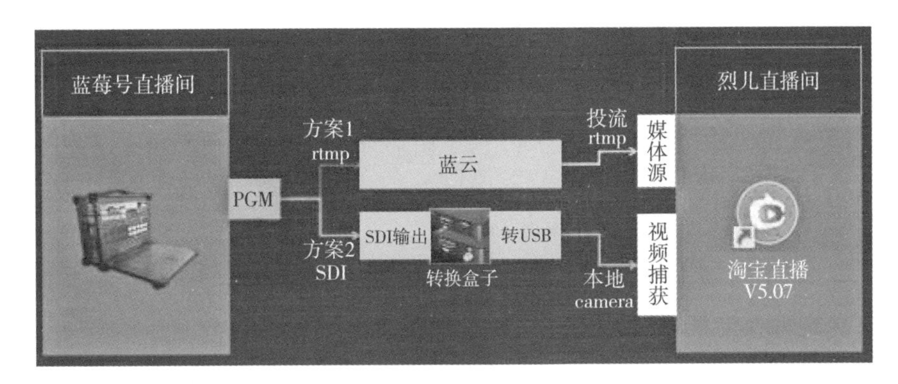

图6.3-11 直播间串播助力

最终的效果：

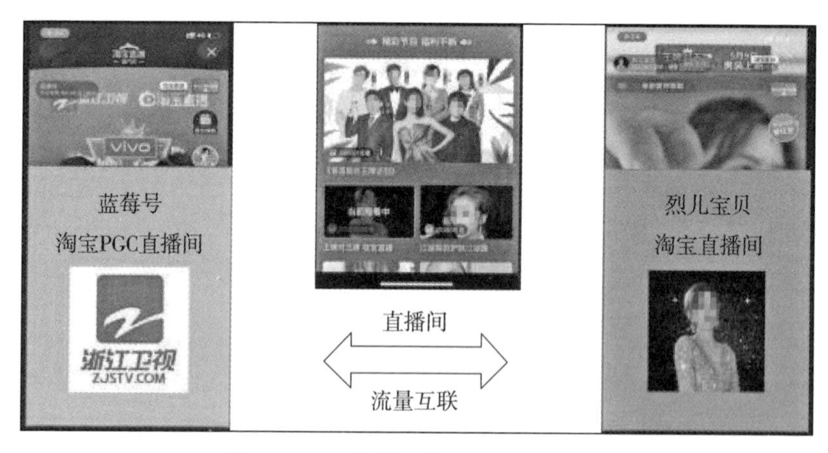

图6.3-12　直播间流量互联最终效果

3. 大小屏同播、横竖屏同源

趣看的电商直播场景应用，主要采用竖屏视频，以垂直视角突出重点，强调信息的轻量化输出，用简洁快速的叙事方式向网友传递信息。趣看的采编录播一体化系统以及趣看云导播均支持快速部署“竖屏直播”，满足各类云端和本地进行“竖屏直播”需求，包括横屏转竖屏、竖屏CG包装、大屏摇一摇、多机位、声画同步、返送播出、横竖屏同源录制。

图6.3-13　大小屏同播、横竖屏同源

4.边直播边卖货 流量成为自来水

趣看视频云电商模块帮助卖家直播间轻松实现“边看边买”功能，卖家可以在直播前在后台商品管理中进行相关商品设置，直播的时候进行展示售卖，支持观众一键下单，无须退出直播间，方便购物消费；限时秒杀可以让爆款商品获得开屏流量加持。H5的菜单栏还支持外链接入，可以对京东、微店等企业店铺进行引流。

“抽奖＋红包”提高了直播活跃度。为了让长时间的直播聚拢人气，在线抽奖和发红包是直播间的必备功能。卖家可以设置抽奖礼品和不定时的红包派发，从而牢牢抓住直播间的观众。

品牌广告投放能提升品牌知名度。趣看视频云的H5直播间常设预告片、页面装修、页面引导图、播放器封面、广告位投放等功能，通过密集广告位的展示，增强品牌曝光度，加深用户对品牌的记忆。

6.4　直播营销的关键

直播营销之所以被重视，根本原因在于能够以一种更直接、更真实、更互动的方式连接大众消费者与产品。对媒体或企业而言，直播营销能够建立更具亲和力且真实的品牌形象。通过直播，企业可以实时互动回答观众提出的问题，解决疑虑，传递信息。在当前的内容营销大背景下，直播营销还是一种低成本的、创新的营销方式，可以通过直播展示产品的特点、使用方法，甚至可以实时进行产品演示。这种直观、生动的展示方式能够更好地吸引消费者的注意力，提高销售量。更重要的是，由于直播不受地域限制，通过互联网可以覆盖全球范围的观众，这使得企业能够将自己的信息传播给更多潜在客户，拓展市场份额。

下面就直播营销基本流程、关键要素、常见方式以及全程工作、话术进行梳理如下。

一、直播营销的基本流程

在当今数字化时代，直播营销已成为企业提升品牌知名度、促进产品销售和增强社交媒体关注度的重要手段。但要想直播营销实现这些目标，企业需要从目标定位、内容策划、平台选择、直播策划、推广策略、直播执行及效果评估等方面进行全面考虑和精心策划。

首先，企业要根据自身的产品类型和品牌定位，明确直播营销的目标。例如，是为了增加品牌知名度，还是为了提高产品销售量，或是为了增加社交媒体关注度等。目标的设定将为企业后续的直播营销策略指明方向。

其次，需要根据目标群体的特征和喜好，策划符合自身特色的内容。这些内容可以是特定产品的演示或体验、行业话题的讨论或专业知识的普及等。

选择一个合适的直播平台是成功的关键。企业需要考虑直播间粉丝数、用户活跃度、直播媒体属性等方面因素，甚至基于商业直播平台自己搭建私域直播间。

灵活且固化的直播策划是成功的保障。企业需要针对不同目标和不同产品，制订不同的直播策划方案和灵活变通的应对方案，提前制订想要推荐的产品、内容和互动方式。

还需要重视直播推广的精准度。在直播前，通过社交媒体、短视频以及其他广告手段提前宣传直播内容和时间，这将有助于吸引更多用户前来收看。

稳定的直播开播是成功的基础。主播需要提前制订好内容提纲，并注意字幕、画面等一系列细节，以营造良好的用户体验。同时，还可以适当安排礼物、红包等互动环节，提高直播用户黏性。这些措施将有助于增强观众的参与度和互动性。

最后,通过实时数据收集和分析直播效果,包括观看数据、收到礼物数量、互动效果等,以了解观众行为和需求,为后续直播营销做出调整和改进。

直播营销的方式可以不一样,但关键细节和流程都需要在实战中不断打磨。

二、直播营销的要素

直播营销的要素包含场景与内容、人物、创意与流量、产品互动、推广与数据这五个关键模块。

场景与内容:直播营销核心要素是内容,好的内容能够吸引更多的用户,增强用户的黏性和转换率。但这里有一个小误区,那就是场景与内容关联性是非常紧密的。比如俞敏洪的一系列抖音直播基于户外的各个地区的风景,进行走播的方式远比坐在演播室与大家侃风景更具有沉浸式体验感和吸引力。核心就是内容与场景搭。

人物:主播或嘉宾是直播营销的主要要素,其素质、风格和形象,都会对观众的印象、信任和购买决策产生重要的影响。因此,要选择有担当、有口碑的主播或嘉宾,或自行培训成优秀的主播。当然,也可以基于直播内容的策划,实现反差萌的多重人物组合。

创意与流量:流量是直播营销的关键,拥有足够的流量,才能将产品介绍给更多的人群。但流量并不是越多越好,选择具有相关性、活跃度高的平台海量粉丝,才能更好地推广品牌和产品。那么使流量更多的方法是需要有一个狗子去引流过来,也可以通过平台加热或推广的方式。这里我们仅讲创意,创意可提高直播效果,吸引观众观看,如明星访谈、互动提问等形式就比简单的表演直播更加吸引观众。我们经常看到的一些主播PK就是很好的创意,往往创意是决定直播胜负的关键要素。

产品与互动:产品要与直播中的道具或互动有关,以软注入的方式达到营销的目的。且直播营销仅仅只是在直播时向用户推广产品和品牌是不够的，可设定问答、抽奖等，通过强化与观众之间的互动，互相提高信任度，以便更好地加强与观众之间的黏性。

推广与数据：直播营销还需要配合适当的推广策略，将直播内容保存并推广给未来用户。

三、直播营销全程工作

直播营销的全程涉及直播的前中后三个关键流程需要进行关注。

1. 直播前，把准备工作压实

在进行直播营销之前，需要进行一系列准备工作，包括：

平台选择：首先需要了解不同的直播平台的特点和受众，根据产品类型和目标消费者选择合适的直播平台。例如，如果目标群体是年轻人，可以选择一些流行的社交直播平台。

主播选择：选择合适的主播是非常重要的，因为主播的形象、口才和人气都会直接影响到直播的效果。可以选择有影响力的主播，或者根据产品特点选择有相关经验和专业的主播。

内容策划：准备直播内容是关键的一步，需要仔细策划直播的主题、话题、讲解内容等，确保内容能够吸引观众并满足他们的需求。同时，也需要考虑直播的节奏和互动环节。

设备测试：在直播前需要对直播设备进行测试，确保摄像头、麦克风、灯光等设备能够正常工作，以保证直播的质量。

选品准备：根据产品特点和市场需求，选择适合在直播中推广的商品，并准备好相关的宣传资料和演示道具。

预热宣传：在直播前可以通过社交媒体、广告等方式进行宣传，引导观众进入直播间。同时，也可以通过预告视频、图片等方式吸引观众的注意力。

观众通知：将直播的开播时间、主题等信息发送给粉丝和社交媒体上的关注者，提醒他们观看直播。

提前互动:可以事先和观众进行互动,了解他们的需求和反馈,以便在直播中更好地满足他们的期望。也可以提前透露一些直播内容,引发观众的兴趣和期待。

2. 直播中,保持有节奏的“律动”

开场白:在开始直播时,简洁有力的开场白可以帮助观众立即了解直播的主题和内容,同时吸引他们的注意力。

实时互动:与观众进行实时的互动是直播的关键部分。这可以包括回答观众的问题、解决他们的疑惑,以及与他们进行轻松的对话。这种互动可以拉近与观众的距离,提高他们的参与度。

讲解产品:详细地讲解产品特点、功能和使用技巧等是非常重要的。这可以让观众更清楚地了解产品,并激发他们对产品的兴趣。

引爆讨论:通过提出话题来引发观众的讨论,可以增强直播的交互性。例如,可以鼓励观众分享他们的用户体验、意见或建议,这样不仅可以提高直播的参与度,还可以收集到用户对产品的真实反馈。

数据监测:为了确保直播的效果,需要对一些关键数据进行监测。这包括人气趋势与互动趋势的监测。当直播间的人气达到峰值的时候,可以提示主播介绍利润款产品,或者在主播憋单的时候,提醒主播及时释放库存。再就是互动趋势中的粉丝互动率,即粉丝互动人数与粉丝 UV 之比。可以通过观看直播的粉丝中,有多少人与你产生了互动,例如点赞、评论或转发等任意互动行为来衡量。如果这个数值较低,说明直播没有调动粉丝的积极性,需要思考更有创新的玩法和互动方式。

在直播中,保持有节奏的律动的最佳状态,需要根据实时数据灵活制订、调整计划。如定时爆款返场、宠粉产品及时补位、弱势时段补强。其中定时爆款返场是指如果之前的爆款产品在直播间表现良好,当直播间的流量增大时,可以考虑让主播再次介绍该产品。而宠粉产品是吸引观众进入直播间的关键。当直播间的流量下降,代表当前的实时权重不高,在线人数减少。此时需要采取措施来提升在线人数。这涉及调整直播内容、增加互动环节或改进主播表现等。

3. 直播后,抓细节不放松

直播活动结束后,后续工作同样重要,包括:

内容整理:对直播过程中的内容进行整理,包括主讲嘉宾的讲解内容、互动环节、观众反馈等,确保关键信息得到记录和整理。

用户反馈跟踪:积极与观众进行互动,跟踪他们的反馈和建议,了解他们对直播活动的看法和感受。

数据分析:对直播活动进行数据分析,包括观看人数、观看时长、互动次数、转化率等关键指标,以评估直播活动的成功程度和效果。

此外,还可以采取以下措施:

加强互动:通过直播间留言、社交媒体等方式与观众保持互动,增加观众的参与度和黏性。

促销引导:利用直播活动的影响力,扩大产品的曝光度和销售量。可以通过推出优惠券、限时折扣等活动来吸引观众购买。

复盘分析:①人货场复盘。对直播中的人(主播)、货(产品)、场(直播环境)进行复盘,总结各自的表现和效果。例如,主播需要关注转化数据、脚本和话术、控场能力以及对自己的表现进行总结;场控需要关注整个流程设置、视觉效果和重要数据维度;运营需要关注引流视频发布、投放效果等。除了每个角色进行自己职责范围内的复盘外,还需要整个团队一起进行开会复盘,共同讨论整体配合中出现的问题。同时,对直播间的粉丝提出的问题进行汇总,再根据问题共同对话术进行优化。②数据复盘。对直播间的人气变化数据和付款率的变化进行总结,分析不同时间段内的人气和购买转化情况,以便更好地优化直播策略。

直播复盘的目的就是把实践经验拿出来分析，找到做得好和不好的地方，来进行持续的优化。为下一场直播做好准备，宁愿少播1小时，也不能不复盘。

四、直播营销话术

直播营销话术是指在直播过程中，主播或营销人员用来吸引观众、推销产品或服务时使用的话语。这里重点就直播催单、追单、互动、问答、感谢五大类话术进行介绍。

1.直播催单话术

主播催单有两个关键点：一是充分吊足用户胃口，在他们对产品展现出浓厚兴趣的时候，找准时机宣布价格，让用户觉得“物超所值”；二是强调促销政策，包括限时折扣、现金返还、随机免单、抽奖免单等，这些优惠活动可以进一步激发用户的购买热情，让用户热情达到高潮，催促用户集中下单。

下面给大家分享一个30分钟催单话术：

这个30分钟催单话术非常有效，可以帮助你吸引和留住观众，并激发他们的购买欲望。以下是这个话术的详细解释：

0—5分钟：目标是吸引观众的注意力，并让他们对产品产生兴趣。可以通过展示产品的外观、功能、使用效果等方式来实现这一目标。同时，可以使用一些有趣的语言和演示方式，如使用幽默的口吻或示范一些新奇的使用方式，来吸引观众的注意力。

5—7分钟：利用一些抽奖活动或优惠政策来留住观众。例如，可以宣布一些限时折扣、现金返还、随机免单或抽奖免单等优惠政策，让观众感到购买产品可以获得更多的好处。

7—16分钟：需要对产品进行详细的解说和演示，让观众了解产品的特点和优势。可以通过亲身试用、详细讲解产品的功能和使用方法等方式，来让观众了解产品的质量和效果。

16—22分钟:可以通过与竞争对手的对比来凸显自己产品的优势。可以选择一些同类产品进行比较,从产品的性能、价格、质量等方面进行对比,让观众了解到产品在这些方面的优势。

22—27分钟:再次强调促销政策和优惠活动,来进一步催促观众下单。可以宣布一些限时促销、特别优惠等政策,同时提醒观众这些政策是有时间限制的,让他们感到如果不抓紧时间下单就会错过机会。

最后3分钟:反复提醒观众下单,并营造出抢购的氛围,迫使用户下单。可以使用一些催促的话语,如“最后三分钟,抓紧时间下单!”或“现在下单还有限时优惠哦!”等,来激发观众的购买欲望。同时,也可以通过一些倒计时或抢购提示来营造出紧张的抢购氛围,让观众感到如果不抓紧时间下单就会错过机会。

以上催单话术仅作参考,你可以根据实际情况调整、修改。同时要注意,不能过度催促观众下单,以免让他们心生反感。

2. 直播追单话术

很多粉丝在下单时会犹豫,主播需要使用一些追单话术来刺激用户购买的欲望并下单。一般来讲,不断提醒用户即时销量,营造出畅销局面,并通过强调价格优势、提及超值礼品、强调促销力度、反复用倒计时等方式,让他们不再犹豫,迅速下单。

笔者整理了一些常用的追单话术:

宝贝们,虽然活动已经接近尾声,但仍然可以下单哦!而且优惠券仍然有效哦!

库存有限,看中的宝贝们要立即下单,否则会错过机会哦!

抢到就是赚到,秒杀单品数量稀少,各位宝贝们抓紧时间哦!

先付先得,只剩最后2分钟了!只剩最后2分钟了!宝贝们抓紧时间哦！

活动即将结束,要下单的宝贝们抓紧时间哦！

这次优惠活动的力度以后都不会再有了,销量也一直非常好,喜欢的宝贝们一定不要错过这个机会哦！

还剩最后1分钟,还没有下单的宝贝们赶紧哦！

现在直播间有1000人,我们将会为前100名下单的粉丝赠送等价礼品。倒数10个数,10(让助理配合说,还剩60单),9(让助理配合说,还剩30单),8(让助理配合说,没了没了)

……

追单话术的关键在于营造一种抢购的氛围,让观众感到现在不买就再也没有这么好的机会了,由此产生紧迫感,从而快速下单。为了达到这个目标,主播需要具备构建场景的能力,能够把产品优势和卖点转化为一个个具体的使用场景,让粉丝更好地理解产品并激发他们的购物行为。

主播需要对自己的粉丝负责,让粉丝只跟着你买东西,并产生复购。在直播过程中,主播需要关注粉丝的需求和反馈,了解他们的购物心理和需求,从而更好地推荐产品并提高销售转化率。

3. 互动话术

想要留人促转化,就必须让直播间粉丝参与进来,与主播产生互动。所谓互动话术是指在直播过程中,主播与观众进行互动交流时所使用的话语。以下是一些常见的互动话术。

提问式互动,比如:“这种桃子你们吃过吗?”

选择题互动,比如:“想了解底价的扣‘1’,想看演示效果的扣‘2’。”

刷屏式互动,比如:“想要的宝宝在评论区扣‘666’。”

“感谢大家的提问和参与,我们会在第一时间回复大家的问题。”

“大家可以在弹幕或评论区留言,参与话题讨论,我们会抽取幸运观众送出小礼品。”

“欢迎大家加入我们的直播间,今天将为大家介绍一些有趣的新产品,希望大家能够喜欢。”

“大家对于我们推荐的产品有什么看法?欢迎在评论区留言分享。”

“我们将会在稍后的直播中为大家带来更多惊喜,敬请期待!”

“如果你对我们的产品或服务有任何问题,都可以在直播间留言,我们会尽快回复。”

“非常感谢大家在直播间与我们互动,我们会持续为大家带来更好的直播内容。”

“今天的直播就到这里,如果你喜欢我们的直播内容,请关注并订阅我们的频道,以便下次直播时能够及时收到通知。”

4.问答话术

当粉丝们进入直播间,他们可能会对各种问题产生兴趣,无论是关于主播本身,比如“主播多高、多重?”等,还是关于产品的,比如“这件外套主播能不能试穿一下,是什么效果?”“这条裤子小个子能穿吗?”等。这些问题的出现,往往表明他们对产品产生了真正的兴趣。

比如,当被问到关于个人身材的问题时,主播必须耐心回答,可以提到自己的身高体重,以及对应的衣服尺码。这不仅是对粉丝的直接回答,也是为他们提供参考。同样,当有粉丝反复询问相同的问题时,主播也要耐心回应,尽可能地帮助粉丝解决问题。

当粉丝们提出问题而主播未能及时回答时,他们可能会感到被忽视或被冷落。此时,主播需要及时安抚他们的情绪,比如解释说:“没有不理哦,弹幕太多刷得太快,你可以多刷几遍,我看到了一定会回复的。”这样的回应可以让粉丝们感到被重视和被理解。

在直播间进行问答互动时，最重要的是保持耐心。虽然有时候需要反复回答相同的问题，或者需要通过引导才能完全解决用户的问题，但只要主播始终保持耐心和热情，就一定能够更好地与粉丝进行互动，提升他们的满意度和参与度。

5. 感谢话术

无论是那些慷慨送礼物的观众，还是那些默默观看直播的观众，每一位都应该被看作是你直播间中的“真爱”。他们在直播中留下了独特的痕迹，也为主播带来了无数的欢乐和感动。

在每次下播之前，不要忘记向他们表达感激之情。一句简单的“感谢你们来观看我的直播，谢谢你们的礼物，陪伴是最长情的告白，你们的爱意我收到了”，就能让他们感到被重视和被理解。

这种感谢类的话术不仅可以帮助主播与观众建立更紧密的联系，也能让观众感受到你对他们的真挚感情。它不仅可以延续粉丝对你的不舍之情，也是对自己直播表现的简单总结。

有了这些话术的助力，你就能更好地吸引更多的观众进入你的直播间，从而快速增加你的粉丝数量。同时，这些话术也能帮助你更好地实现流量变现，为你的直播事业带来更多机会和可能。

五、典型应用：趣看视频技术公开课——规范化企业直播营销SOP

随着公司业务在各大行业的开拓，以市场部为主导策划的《趣看视频技术公开课》视频IP栏目，已开展了数百场直播，投放了数百条短视频，从业务、技术、产品多维度构建与用户在线链接的渠道。

图6.4-1　部分公开课截图

1. 定位“全程陪伴式深度业务运营服务工程建设”

目标：对外成为客户“更可信赖、更为紧密、持续陪伴”的好伙伴；对内提高服务客户的能力。含六大模块的建设：

（1）业务与技术咨询：核心解决用户视频直播、演播室、融媒体基础建设业务技术咨询、产品服务匹配问题。

（2）技术方案提供：基于建设需要，提供立项申报策划方案、可验方案、技术建设方案、招投标方案。

（3）建设与交付：演播室建设与交付（含交钥匙交付工程）、平台建设与交付（含定制平台交付、基础功能配置交付）。

（4）系统培训与人才培养：含管理、运行、干事三类人的系统培训与培养。管理人员紧跟公司前沿业务推进，运行成员能提供公司业务驱动力，干事能提升产品驱动力和满意度。

（5）主干业务运营策划与协同执行：面向媒体的市场合作、媒体对外宣传、招商、活动策划的共同参与；突破口在媒体的市场部、活动部、商业部、创新部。

（6）技术与业务资源共享：基于社群、小趣连接客户，共享话题、流、媒资、人际资源。共享分发联盟平台。

为了支撑该工程的建设，首要任务就是从内部组织与人才方面进行保障，以当前两大工程拟定接下来两个季度的内部组织协调。

表6.4-1　组织协调示意表

类　别	市场	三维设计	技术支持	售前	产品	外部	目标状态	过程管理
策　划	√	√	√	√		√		
全程服务框架搭建	√	√	√	√				
高校联动方案	√		√	√		√		
内容营销策划	√	√						
技术支持协同机制			√	√		√		
三维设计任务排期		√						
市场战略合作						√		
外部项目及知识产权申报					√			

2.公开课直播运营过程管理

基于现有直播规模和人员组织情况，公开课直播运营过程按直播前、中、后三个阶段划分，并“条目化”过程中的每个关注点与绩效点。

表6.4-2　公开课直播运营过程

阶段	关注点	绩效点
直播前	直播目的明确 前期问题收集 关键内容概述和预演 关键环节设计	预期客户量
直播中	关键用户推送 关键环节的用户活跃和留存 关键内容的产出	直播互动情况
直播后	关键资料规整与二次传播制作 线索留资复盘统计 直播数据统计 直播环节和流程复盘	二次传播情况 线索留资情况
线索运营阶段	线索转化和活跃度持续激活能力	

3.公开课完整业务闭环实操Check

为保证公开课的每一处关键点的执行,我们拟定了业务闭环实操Check List,每完成一个便画上钩,减少人为纰漏。

表6.4-3　业务闭环实操表

直播主题	第×期××主题		
主播	×	时　间	2023年　月　日
阶段	关注点	Check List	说明
直播前	直播目的明确	□内容主题:虚实融合沉浸式互动演播室建设 □传播范围:公开 □线索预期客户量:200人 □招商:做到集成商/招商目标	
	前期问题收集	□收集感兴趣的点 □收集技术方案重点 □收集销售口子的客户意向	

续表

阶段	关注点	Check List	说明
直播前	关键内容概述和预演	□直播演示效果 □直播环境准备	演示 虚实融合的效果 场景穿越 数字人:多人差异化 AR效果(坦克、飞机)
	关键环节设计	□海报设计:销售海报、小趣海报、公众海报、引流海报 □先导资料:短视频、图片、引流图 □直播预告发起:大咖群、朋友圈、销售、公众号、视频号(H5创建、信息核校) □直播资料准备(PPT)/激活资料:部分PPT	先导短视频,引导用户来留守直播间,甚至有部分的营销推广。
直播中	关键用户推送	□销售直推加小趣的客户 □大咖群	直播互动情况
	关键环节的用户活跃和留存	□推礼包 □推资料 □推互动:红包	红包提前充值
	关键内容的产出	□观点 □爆点内容	
直播后	关键资料规整与二次传播制作	□直播短视频剪辑:拆条 □资料:促活手段 □社群传播:即时传播 □视频号传播:即时传播 □公众号传播	二次传播情况 线索留资情况
	线索留资复盘统计	□数据量情况 □手段有哪些 □线索闭环	
	直播数据统计	□PV □UV □人群画像(地区、角色) □在线观看量	

续表

阶段	关注点	Check List	说明
直播后	直播环节和流程复盘	□流程流畅度 □引流环节 □涨粉环节 □福利环节 □互动环节	
线索运营阶段	线索转化和活跃度持续激活能力	□销售线索转化	
经办(签字): 日期:		审核(签字): 日期:	

4.关键内容策划

以公开课第122期的内容策划为例说明。

全业务场景轻量化专业视频直播:

话术点:“新媒体视频直播怎么做?这几年我们面向专业视频直播赛道,每天和各类媒体机构打交道,深度参与各类重大新闻时间的视频策划、制作、保障。负责任地讲,如果您正在搭建专业视频化团队或者正在往专业化视频直播路线上走,那么可以完整复制我们梳理出来的这16个典型专业化视频直播业务场景提炼包含的技术方案和业务流程,快速打造视频化团队。关注趣看,周三,我们直播间拆解16式!”

虚实融合沉浸式互动演播室:

话术点:“很多初次接触演播室的朋友会有一个疑问,明明我有设备、有环境,却用不起来。这里的底层逻辑是,搭建好一个演播室很简单,但怎么在演播室做好内容并不简单。购买设备很简单,有钱就行,但如果不会用,或要花半年时间去熟悉、磨合,那么我们的ROI肯定不会好看。所以最好的做法是:第一,看别人怎么做,做得好的可以为我所用;第二,内容和技术升维,进入新的内容赛道,寻求内容差异化;第三,找一家靠谱的技术服务商,他能帮你解决设备、系统、流程、策划、设计等各种难题。关注趣看,周三直播间,我们一起来深度讨论虚实融合沉浸式互动演播室的建设与运营。"

从业务需求、形态展开分析,到技术架构,再到效果演示:

话术点:"想不想让飞机、坦克出现在你的演播室,想不想让数字人互动起来,AR/VR/MR,要实现这样的效果超简单,来我直播间,我们一起探讨、玩转虚实融合沉浸式互动演播室,带你体验元宇宙,不见不散。"

最后,本期留资引导与下一期引流。

5. 市场运营话术脚本制订

表6.4-4　市场运营话术脚本制订流程

适用时机	话术脚本	目的
直播前	本周三趣看将带来一场直播分享。主要关于虚实融合沉浸式互动演播及全业务场景轻量化视频直播技术,由趣看副总经理/技术专家贺波进行主讲。诚邀各位老师收看直播,私信我预约哦! 本海报欢迎转发	邀约留资
直播当天上午(直播间H5二维码)	今日下午4点,趣看视频技术公开课副总经理/技术专家贺波将与大家分享虚实融合技术经验。 诚邀各位老师共聚直播间,一起探讨元宇宙、虚实融合、虚拟数字人等相关问题,欢迎大家踊跃提问哦!	收集互动提问

续表

适用时机	话术脚本	目的
直播前10分钟（放宣传小片）	主题：虚实融合——打开元宇宙沉浸式演播室制播的大门 讲师：趣看科技副总经理/技术专家　贺波 内容提纲：一、如何玩转虚实融合沉浸式互动演播室；二、全业务场景轻量化专业视频直播有哪些必备要素；三、虚实融合演播室效果展示。 观看链接：【××】 视频号趣看科技同步播出 课程资料（微信号Prof_Quk领取）： 本节课PPT课件	观看提醒
直播后	感谢老师收看直播，这是本场直播分享相关资料。如有对直播形式的意见或建议，欢迎告诉我们，下一次直播期待再次与您相见。	

6. 直播流程脚本制订

直播流程脚本根据不同内容可以采用两种模式制订，一种模式是自播，另一种模式是传统节目流程（访谈或演讲）。

这里介绍自播的模式，核心内容搭建、主播直播环节的注意事项，前文基本已述及。过程大致如下：

首先，直播开场暖场。主要是直奔主题出些干货提升直播间的活跃度，并留下“钩子”，比如，提问哪些场景你会感兴趣，待会儿直播互动，我们可以细说。

其次，引导用户加“小趣”关注公众号，提示更多解决方案在“小趣”和公众号这边。

再次，互动评论。引导互动、引导发红包、抽奖。

最后，引导大家留资获取方案资料。

7.直播线索流转流程机制

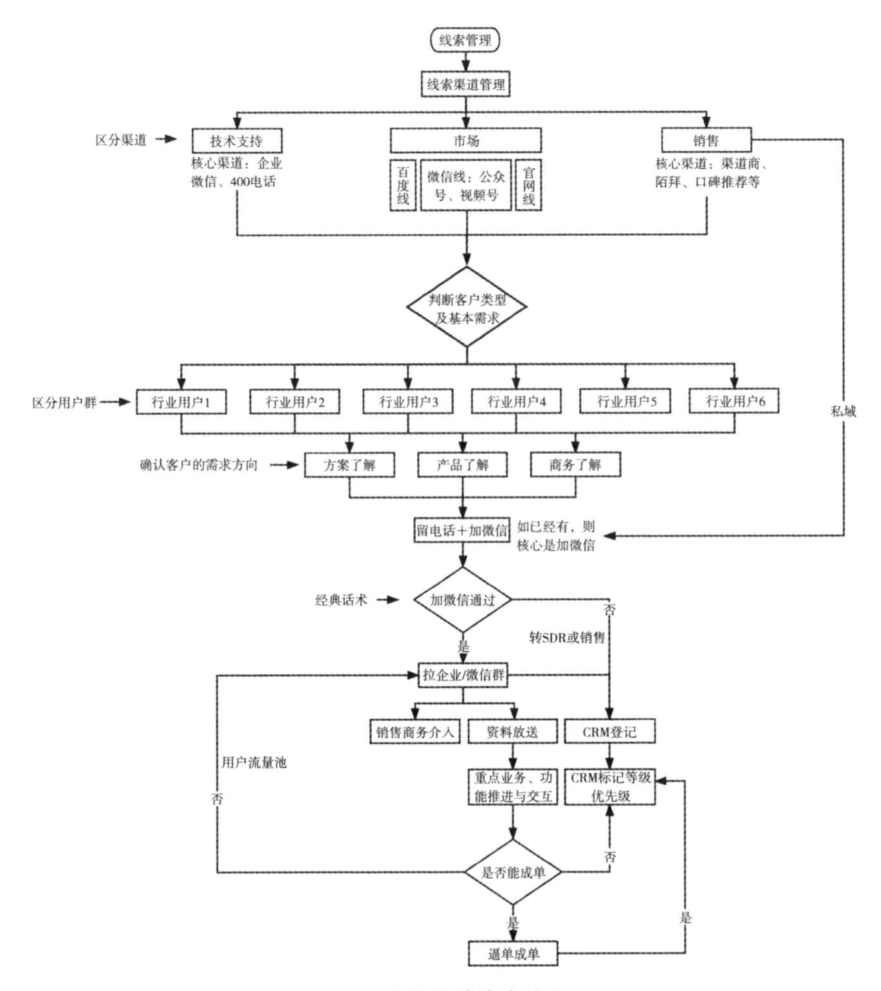

图6.4-2　直播营销线索转化SOP

8.公开课落地复盘

通过数百场公开课活动策划与落地执行，通过创新直播活动营销全业务流程的落地，完整打造视频直播营销SOP机制，并创新了在直播大众传播和私域传播双模式下的直播技术解决方案和营销解决方案。通过探索短视频、微信、视频号营销推荐，研究线索和流量的平衡指标，优化线索质量和流转效率。更重要的是从市场角度关注趋势,但不止于市场,也是连接销售、客户和产研团队。

后续优化:加强在内容频次、效果展示上的呈现;加强在先导、长尾SEO的配套营销的产出;推出小团课(5人成团),私享交流。

6.5 短视频营销的关键

要让创作的短视频成为爆款,需要注重内容和营销两个方面。首先,要制作优质的视频内容,具有吸引力、独特性和价值性,能够引起观众的共鸣和兴趣。其次,要对短视频进行全面的营销推广。这包括在短视频的封面、标签、标题和文案上做好设计,以吸引观众的注意力并提高点击率。此外,需要找到适合短视频的引流方法,如社交媒体推广、广告投放等,以扩大短视频的曝光度和传播范围。同时,做好用户运营也是关键,通过与观众的互动、回复评论等方式,提高观众的满意度和黏性,让短视频的热度持续发酵并逐渐扩散。

一、短视频封面的设计

封面是短视频给用户的第一印象,其制作方式对于吸引用户注意力至关重要。以下是封面的制作方式及要点。

直接选取视频截图作为封面:这种方式能使用户一眼看到视频的主题内容,提高点击率。选取的截图应清晰且与主题内容契合,以便准确传递信息并激发用户点击观看的欲望。

使用固定统一的模板封面图:为使短视频形成统一的风格和IP形象,让观众养成习惯并留下深刻印象,应设计一套固定统一的模板封面图并加上标志性元素。

给视频添加流量元素:在封面中添加一些有趣且流行的元素,如表情包、流行语等,能增加趣味性。但要注意避免过度使用造成审美疲劳,同时保证画面整洁，避免出现二维码、马赛克、黑边等影响用户对封面第一印象的元素。

此外，为了在第一时间抓住用户注意力，封面还应满足以下要求：

具有吸引力：与广告界著名的“三秒五步法则”类似，短视频封面需要在3秒钟内、5步之遥吸引用户的眼球，否则将失去吸引力。

突出主题：封面应突出短视频的主题，呈现主要内容或亮点，使用户能快速了解视频并产生兴趣。

与平台风格相符：不同的短视频平台具有不同的用户群体和风格特点，应根据平台特点制作符合平台风格的封面，以增加用户的点击率和关注度。

简洁明了：封面应简洁、清晰明了，避免过多复杂的设计和元素堆积，以免干扰用户的注意力。

色彩搭配得当：封面的色彩搭配应与视频内容及平台风格相协调，使用户一眼就能感受到视频的主题氛围。

为了吸引用户的注意力，封面制作也需要运用一些技巧。

首先，顺应用户的注意力本能。人的大脑存在一种过滤机制，这是生理上的一种自我保护的本能。如果没有这种过滤机制，任何信息都涌入大脑，将会导致大脑陷入崩溃。因此，要抓住用户的注意力，需要顺应这种过滤机制，提供能够刺激用户感官的信息。

其次，要打破用户的机械反应。封面中平淡无奇的人物图片往往无法引起用户的兴趣，而夸张的表情、对比的效果、引发好奇的元素以及增强戏剧性的表现方式等，都是打破用户机械反应的有效方法。

具体来说，以下是一些技巧：

表情夸张：夸张的表情可以传递丰富的情绪信息，相比封面中表情平淡的人物图片，更容易引发用户的“吐槽”和互动。

制造对比：对比是打破用户机械反应的有效方法，对比效果越大，就越容易刺激用户点击观看。

引发好奇:好奇心也是人类的一种本能,在好奇心的驱动下,用户大多会产生期待、快乐、欢欣等积极情绪,从而产生进一步行动的动力。

增强戏剧性:戏剧性是人物的内心活动通过外部动作、台词、表情等直观地表现出来,直接刺激用户的感官。戏剧冲突越剧烈,越能刺激用户的大脑,使其产生点击观看的欲望。

综上所述,要想在封面上吸引用户的注意力,就需要运用一些技巧来顺应大脑的过滤机制并打破用户的机械反应。通过运用夸张的表情、制造对比、引发好奇和增强戏剧性等技巧,可以有效地提高短视频的点击率和关注度。

当然,封面还需要与内容相关。

短视频封面一定要与内容保持一致,具有高度关联性,让用户快速、精准地了解短视频的主旨。例如,创作母婴内容的短视频时,可以用婴儿图片作为封面;创作美妆内容的短视频时,可以用某个品牌的化妆品图片作为封面。如果封面与内容无关或关联性不大,即使用户点击进去观看短视频,其黏性也不会大。

原创性封面是短视频IP化的标志。

在设计短视频封面时,短视频创作者可以选取短视频内容中的某一个画面进行修饰,建立一种独具个性的封面,或者专门设计一个封面图,并打上个人标签,形成个人特色。这也要求短视频封面图一定要完整。如果封面上有文字,要把文字放在最佳展示区域,不能被标题或播放按钮等遮挡。封面的比例要合理、美观,不能拉伸变形。通过调整图片的清晰度、亮度和饱和度,使用户可以轻松识别,提升用户体验感。另外,封面布局要简洁,层次要分明,以便用户迅速抓住重点。

总而言之,短视频的封面最好原创,结合视频内容以及品牌调性设计封面,会给观众形成一种精致的感觉,提升观众的好感度。

二、为短视频设置高流量的标题

俗话说“题好一半文”，意思是好的标题能对文章起到事半功倍的助力。在短视频领域，一个好的标题同样至关重要。一个好的标题能够吸引用户的注意力，提高点击率，从而为短视频带来更多的流量。标题是影响短视频播放量的关键因素之一。有时候，标题的微小差异可能导致播放量的大幅增长或下降。因此，在为短视频命名时，需要仔细考虑和斟酌。

为短视频设置标题时，可以重点考虑以下几个方面。

1.精准定位受众群体

要明确短视频的目标受众群体，并针对性地增加与受众相关的标签，以提升代入感。这些标签可以是多元化的，如地区、职业、年龄、性别、兴趣爱好等。例如，以“地区”为标签的标题可以是：“住在杭州的朋友，你还不知道这里有啥好玩的？”

2.明确用户痛点，抓住用户心理

用户痛点是短视频创作者进行短视频制作的前提，只有摸清了用户的痛点、人性本身的一些特点并加以利用，才会让人不自觉地想要点开。

利用人性特点：人性中的一些特点可以用来吸引用户的注意力。例如，恐惧、与我相关、好奇心等。利用这些特点，可以更好地创作短视频，吸引用户的关注和点击。

找到共鸣点：通过找到与目标用户共鸣的点，可以增强用户的代入感和归属感。例如，针对某个特定群体或话题，制作相关的短视频，让用户感到自己是其中的一部分，从而提高用户的黏性和观看率。

创造新奇有趣的内容：人们天生对未知和新奇的事物充满好奇心。通过创作新奇有趣的内容，可以吸引用户的注意力和点击率。同时，将内容与用户的兴趣爱好、生活场景等相结合，可以更好地满足用户的需求。

提供实用价值：短视频不仅要有娱乐性，还要具备一定的实用价值。通过为用户提供实用的信息和技巧，可以增加用户黏性，提高忠诚度。例如，制作一些与生活息息相关的健康养生、美食制作等类型的短视频。

3.提出疑问或反问

使用疑问句或反问句，可以吸引用户的注意力并激发他们的好奇心。在标题中提出一个问题或两个相互对立的事实，可以引起用户的兴趣和好奇心，让他们想要了解更多。疑问句和反问句可以制造神秘感，引发联想，引导用户点击视频并观看具体内容，以满足好奇心和求知欲。

对于科普、动漫介绍、生活小知识等类型的视频，使用疑问句或反问句作为标题可以更好地吸引用户的关注。例如，“你知道吗？原来手机还有这个功能！”或者“难道你不知道吗？这个动漫角色竟然是这样的！”

4.进行数据化表述

使用带数字的标题可以增强标题的逻辑性和可读性，使读者轻松理解内容要点，提高阅读效率。例如，“六个要点教你如何选择移动端短视频标题”。这种标题能够让读者快速了解内容的重要性和要点所在。同时，通过数字的表达方式，能使内容更加形象生动，激发读者的兴趣和好奇心。

引用数据可以为内容提供权威性，增强可信度，使内容更易获得读者的认可和理解。例如，“研究发现超六成的人有患 HPV 的风险”会比“患 HPV 的风险有多大？”更容易吸引读者的注意力。因为前者的数据提供了更加具体的信息。

5.引发用户共情

在短视频标题中融入情绪共鸣点，可以引发用户的情感共鸣。通过一些易引发情感共鸣的场景或表达，可以让用户在观看短视频之前就感受到强烈的情感氛围，从而更容易与视频内容产生共鸣和情感连接。

抖音上曾有一条视频标题为“平凡的我，命运的齿轮开始旋转”，通过这个标题表达了一种普遍的情感共鸣——面对生活中的困境和坚持，每个人都希望能够得到改变。这种情感共鸣点可以吸引用户的关注和情感投入，让他们在观看短视频的过程中感受到一种强烈的情感共鸣和情感连接。

6.找准关键词

推荐算法被广泛用于各短视频平台的内容分发。这种算法通过一系列步骤来将内容推送给相关用户，其中包括机器解析、提取关键词、按标签推荐、推送给相关用户以及用户点击观看。

在推荐算法中，机器解析是第一步。在这一步中，机器会读取文本、图片或视频等内容，并尝试理解其含义。然而，相较于长篇的图文内容，机器在短视频中获取相关信息的难度较高。因此，短视频的标题、描述、标签和分类等成了机器提取有效信息的重要途径。

在进行推荐分发时，短视频平台会根据用户输入的关键词给出搜索列表。如果短视频的标题中恰好包含了用户搜索的关键词，那么该短视频便会被平台推荐给相关用户。因此，短视频创作者在设置标题时，可以通过添加一些流量高的关键词来提高短视频的推荐量和播放量。

为了更好地选择关键词，短视频创作者可以利用一些工具进行辅助，帮助创作者查看关键词的相关热度指数，以及进行关联分析、用户画像分析和评论分析等。通过这些分析，创作者可以对短视频的播放量有一个初步的判断，从而更好地调整策略以提高播放量。

7.追热点

在短视频创作中，蹭热点和借势营销是一个非常重要的策略。当热点事件或热门话题出现时，相关的词汇会得到更高的关注度和曝光机会。因此，如果短视频内容与当前热点相关，那么在标题中就应该尽量使用相关词汇，这样可以增加短视频被用户发现和分享的机会。

同时,好的内容选题也是影响短视频传播量的关键因素之一。一个好的选题应该具备简单易懂、能引起共鸣和具有讨论价值的特点。在选择选题时,你可以问自己三个问题:这个内容是否有吸引力和价值,会让用户想要转发分享?这个视频内容是否易于理解,不会让用户感到困惑?这个视频讨论的话题是否能够引起用户的共鸣和讨论兴趣?

8.给出确切利益点

提供观众感兴趣的利益点是吸引他们继续观看的关键。如果观众无法从你的视频中获得相应的利益或满足需求,他们就会离开。因此,在标题中明确承诺视频能提供的利益点是非常重要的。

例如,你可以承诺观众在看完视频后能够解开某些谜团、学会AI作画、制作一道本地菜,或者掌握如何运营管理的方法等。这些承诺可以引发观众的兴趣,并激发他们的好奇心,促使他们继续观看视频。

提取利益点的方法在广告写作中非常常见,我们可以从中学习如何进行承诺。要掌握这种方法,需要培养提取用户痛点的能力,了解你的观众真正关心的问题和需求。只有深入了解观众,才能准确把握他们感兴趣的内容,并抓取相应的利益点,吸引他们的关注。

9.争议性观点

使用争议性观点是一种吸引观众注意力的有效方法。这种方法涉及对现有认知进行挑战,或对社会上存在分歧的议题进行讨论,从而引发争议双方的讨论。然而,它的使用场景具有一定的局限性,仅适用于确实存在争议的内容。

比如:“宇宙中是否存在外星文明?墨西哥公开的外星人事件,你信吗?”;讨论粽子是甜的好还是咸的好;等等。

10.挖掘平台特点

平台都有自身特点和受众群体。针对不同的平台,我们需要根据其特点进行有针对性的优化。例如,今日头条旗下的西瓜视频覆盖了较为大众化的受众，因此受推荐算法机制的影响，符合大众生活喜闻乐见的内容会更受欢迎。哔哩哔哩是一个面向年轻一代、偏向二次元视频的平台。在这个平台上，游戏、动漫、科技和鬼畜类的视频更具特色。哔哩哔哩的首页推荐受编辑和算法共同影响。抖音是一个泛生活短视频平台，刘二豆的萌宠配音、笑园团队的搞笑视频以及海草舞等都是其中的热门内容。

因此，我们发布同样的视频内容和标题时，需要根据不同平台的特点进行有针对性的优化。每个视频平台都需要优质的内容，选择与自己潜在观众群体相符的平台进行深入合作，可以让内容更易引爆。

11. 确定标题句式

在创作短视频标题时，应多使用短句，合理安排句子长度，避免使用过长的句子，以保持文字的节奏和吸引力。除了使用陈述句式，还可以尝试使用疑问句、反问句、感叹句或设问句等句式，以引发用户的思考和增强代入感。如用短句，则可以更好地控制标题的节奏和表达方式。短句的优点在于能够快速传达信息，使标题更加简洁明了。同时，合理安排句子长度可以避免标题过于单调或冗长，保持读者的兴趣和关注度。疑问句可以引发用户的好奇心和探究欲，反问句可以强调观点并增强语气，感叹句可以表达强烈的情感和感受，设问句则可以通过自问自答的方式引导用户思考和关注内容。

12. 标题字数要适中

短视频标题的字数要适中，不宜过多，应将字数控制在适中范围内。字数过多会使标题显得冗长，不利于用户快速了解短视频的主要内容；字数太少则会降低算法提取信息的准确性。

一般而言，短视频标题的字数控制在20—30个为宜。具体字数的多少需依据各平台的规范和标准来确定。在保证简洁明了的同时，应确保标题能够充分概括和提炼短视频的核心信息，以吸引用户的关注，引发兴趣。

为了在有限的字数内传达尽可能多的信息,可以尝试使用短句和关键词来突出重点。通过合理安排句子结构和用词,使标题达到简洁明了、富有吸引力,并能够准确传达视频主要内容的目标。

三、做好短视频标签的设置

在短视频领域,标签是短视频创作者定义的用于概括短视频主要内容的关键词。对短视频平台而言,标签就相当于用户画像。标签越精准,就越容易得到平台的推荐,直接到达目标用户群体。而对用户而言,标签是用户搜索短视频的通道,很多标签会在短视频下方展示,用户能够通过点击标签直接进行搜索。

标签是短视频非常重要的流量入口,标签能带来可观的流量,很多短视频播放量过低,很大程度上是因为没有给短视频打上合适的标签。合适的标签要注意这样四点:

合理控制标签个数和字数:标签应控制在合理范围内,避免过多或过少。一般来说,3—5个标签是比较合适的数量。同时,也要注意标签的字数,避免过长或过短。

标签要精准:标签应准确地概括短视频的内容和主题,避免使用模糊或宽泛的词汇。只有精准的标签才能更好地将短视频推荐给目标用户。

标签范畴要合理:标签的范畴应与短视频的内容相关且合理,避免使用与内容无关或过于特殊的标签。这样可以避免标签对用户搜索的引导产生误导。

紧跟热点:利用热点事件或流行趋势来制订标签是一种有效的策略。通过紧追当前的热点话题或流行趋势,可以吸引更多用户的关注和点击。

四、撰写极具感染力的短视频文案

优质的短视频文案往往具有以下特点:

抓住用户痛点:优秀的文案能够敏锐地捕捉到用户的痛点和需求,从而引发用户的共鸣,引起关注。

营造场景:通过描绘具体场景,可以让用户在脑海中形成具体的画面,增强代入感和沉浸感。

描述细节:细节是让文案更加生动、形象的关键。通过细腻的描述,可以让用户更好地感受到文案所传达的情感和信息。

引导用户:好的文案应该能够引导用户采取行动,例如点击链接、关注账号等。

通俗易懂:好的文案应该简单明了,避免使用过于专业或难以理解的术语,以确保更多的用户能够理解和接受。

在短视频领域,常用的文案类型如下:

互动类:这种类型的文案通常以提问或挑战的形式出现,鼓励用户参与互动,例如"你能做到吗?"或者"你敢挑战吗?"。

叙述类:这种类型的文案以故事的形式呈现,通过讲述一段情节或故事来吸引用户的关注。

悬念类:这种类型的文案通常会设置一个悬念或谜题,吸引用户的好奇心和探究欲。

段子类:这种类型的文案通常是一些有趣的小段子或者幽默的句子,目的是让用户感到轻松和愉悦。

正能量类:这种类型的文案通常以鼓励为主题,鼓励用户积极面对生活、追求梦想等。

6.6　内容营销互动工具

面向内容营销与互动业务场景需要,H5制作运营系统毫无疑问是非常有价值的一个工具,集编辑创作、互动运营为一体,以视频内容为核心承载，实现跨平台的内容传播，适合用于微信、微博等社会化媒体平台分享。H5制作运营系统涵盖单页H5、聚合H5两大模块。

一、单页H5工具

在单页H5中，有一个多样化的百宝箱，它提供了数十种H5轻应用能力模块。这些模块涵盖了互动能力、广告投放能力、页面装修能力、数据统计等功能，让用户可以快速构建出功能丰富的视频H5轻应用。百宝箱中的互动工具和页面配置工具非常丰富，用户可以通过积木式搭建方式进行创作，实现可视化运营，让H5运营有数可依。在预览工作区，用户可以实时预览直播或视频，同时还可以对用户数据进行智能分析，实现传播分析可视化运营。在运营工作区，用户可以进行互动评论运营、图文直播运营、直播简介运营等运营操作。H5观看页自定义页签运营也是一项重要的功能。用户可以通过自定义页签运营来提高页面的吸引力和可玩性，同时还可以提高用户的参与度和黏性。

图6.6-1　内容互动与营销H5

以趣看单页H5系统为例，详细介绍页面配置如下：

支持观看设置开关、页面引导图上传、播放器封面设置、直播倒计时开关。

支持多机位配置：支持多机位信号直播或自定义关联视频源ID的直播。

互动打赏：可设置打赏功能开关，支持道具打赏或现金红包打赏两种方式，支持打赏记录的查看。

支持自定义互动投票。

支持文字和图片两类广告的投放。

录像替换：可以替换原直播录像。

预告片添加：在直播未开始前，可以开启该功能，实现相关宣传片和暖场视频的提前预热。

微信分享设置：可以设置分享到微信好友、朋友圈的标题、内容。

观看权限配置：可以设置公开、邀请码观看、付费观看三种观看模式。其中，付费观看可以设置观看费用；邀请码观看可以批量生成邀请码。

数据查看：可以查看浏览数、点赞数、直播时长、打赏金额以及观看终端分类、实时观看人数。点击“数据刷新”按钮进行数据更新。

数据修订：与上面的数据查看匹配起来，可以修订浏览数、点赞数以及执行修订的时间。

通过设置执行时间，实现无缝的模拟真实的数据累加。

WEB页面装修：可以配置一张背景图，图片大小在2M内，支持png、jpg、jpge格式图片尺寸建议1920×1080。还可以配置一个页脚信息。

H5移动观看页换肤：提供活力橙、土豪金、科技蓝三套基本皮肤。

观看二维码：可以点击二维码进行扫一扫或直接分享。

二、聚合H5工具

聚合H5基于内容聚合、品牌系列化的设计思路，把单页H5通过多样式的聚合页面进行组合传播,来提高用户黏性和传播效果。

聚合H5页编辑制作:整体支持通过样式自选、品牌Logo上传、数据内容源关联实现聚合H5页面的快速制作。支持标题、Slogan的设定,支持微信分享头图、标题、概要设置。

栏目H5管理:可以快速添加直播源、点播源,支持通过ID、名称、时间快速检索源;支持栏目H5的二维码分享及链接复制。

三、专题H5工具

专题H5功能模块满足了新自媒体宣传的用户需求,现阶段的H5页面内容多是以专题的形式呈现的,它是由多个垂直内容的H5版块组成。专题H5功能就是专门提供专题的新建以及专题H5的编辑等操作流程。

新建专题:新建H5专题作品可以编辑专题界面,包括专题名称、顶部图片、Logo等;也可以添加建好的H5,将其添加进H5专题中;并且可关联视频源到H5,视频源支持直播和点播。

专题作品维护:支持H5专题进行状态查看以及编辑、发布、预览、二维码、删除等操作,并显示作品状态。

作品预览:支持手机扫一扫或者电脑预览两种方式。

四、门户H5工具

H5门户主要针对视频直播门户的添加、设置、编辑、门户素材的管理及维护,并提供了对直播门户广告植入的全面设置功能。它支持多种广告类型,包括H5轮播广告、单卡片广告、底部应用广告、门户轮播广告及门户浮层广告等。通过这些功能,用户可以轻松地管理和维护自己的直播门户,同时根据需要插入合适的广告,提升门户的收益和用户体验。

图6.6–2　微门户

门户H5提供以下服务：

门户新建：新建H5门户作品、可以直接上传添加视频。

作品维护：支持H5门户的数据查看，以及编辑、发布、预览、二维码、删除等操作，并显示作品状态。

作品预览：支持手机扫一扫或者电脑预览两种方式。

五、H5营销分发工具

H5页面是一种快速分发直播和短视频的方式，非常适合新媒体场景中的短平快生产发布。H5制作运营系统集编辑创作、互动运营于一体，以视频内容为核心承载，具有操作便捷迅速、功能丰富完善的特点。它能够实现跨平台内容传播，适用于微信、微博等媒体平台分享。

此外，该系统还支持微信定制，可以关联微信公众号进行配置，打通信息发布渠道。通过这种方式，用户可以轻松地将直播和短视频分享到微信平台，并利用微信平台的特点进行推广和互动。

第七章
视频新媒体策划与创意

7.1 选题策划的定义与重要性

在全媒体时代,内容生产者们齐齐冲入视频战场,传统媒体与传统媒体、传统媒体与新媒体之间的竞争愈演愈烈。不论如何竞争,只有少数人能够在细分领域中脱颖而出。综观视频各领域头部账号内容,不管是电视、广播、报纸,还是网站、客户端、公众号等,其新闻报道都以选题策划为基础。那些所谓的爆款内容,无一不是有着优质的策划、包装与运营。策划作为后续创作的基础及受众注意力的关键抓手,在视频创作过程中起着至关重要的作用。所谓"内容为王",优质内容是赢得受众注意力与喜爱的首要法宝。

一、定义选题策划

"策划"一词最早源于《后汉书·隗嚣传》中的"是以终申,策画复得",意为计划、打算。在新闻领域,选题策划指挖掘值得报道的新闻或事件,包括在采写开始之前进行策划的新闻、记者报备的选题以及部门主任正在采写的新闻。

定义一:选题策划是根据栏目编辑思想、对栏目报道领域的现实状况及其发展趋势的认识预测而做出的未来一定时期的具体规划并组织

实施。(广播电视的、预见性的)

定义二:选题策划是指利用现有的新闻线索和背景材料,策划出一套行之有效的材料挖掘的办法,从而更好地利用新闻线索进行有效采访。(全媒体的、突发性的)

定义三:选题策划是新闻编辑选择某些报道选题,并为使这些报道获得预期的传播效果,对新闻传播活动进行规划和设计,并且在报道实施的过程中不断地接受反馈,修正原先设计的行为。(全媒体的、预见性的)

选题策划是新闻媒体根据新闻传播活动的需要"事先"或"事中"制订的报道策略与计划的统称。

随着媒体深度融合逐步推进,传统的报纸、广播、电视的媒介手段正以数字化形态介入全新的新闻生产与传播活动。

"事先""事中"构成了报道策划的基本类别:关于突发性新闻事件("事中")的报道策划和非突发性新闻事件("事先")的报道策划。此外,还有重大报道与一般报道、宏观报道与微观报道、各个领域的报道等分类方式。

选题类别主要分为四个类别:突发性事件、正在发生的重大事件、重大典型报道和问题性事件。一般来讲这四类新闻选题策略各有侧重,如突发性事件新闻,最重要的是消息来源、时效性和编排得体,同时尽可能深挖其内在原因,预测其发展方向。正在发生的重大事件新闻,要超前策划,挖掘背景,通过综合运用融媒手段,深化报道,引发观众深层次的思考。至于典型报道,切入点要小,既要报道其做法和成果,更要挖掘典型成功的深层次原因。问题性事件新闻,需要遵循重大、紧迫、适时、独特、本质五大原则。

二、选题策划的重要性

"好新闻评选,七分看选题,三分看采写。"这句话说明了选题策划对新闻报道活动的重要性。选题策划是对报道活动的一种理性规划和设计行为，它基于对新闻的真实报道，深入挖掘客观事物的新闻价值，对现有的新闻资源和线索进行创新，然后选择最恰当的方式，在最适当的时机将报道推出，从而使新闻传播实现预期的效果。全媒体时代，选题策划更加重要。一个优秀的新闻选题需要全媒体的推广、策划、设计、组织等多个环节以及媒体各部门的通力合作，才能实现最优的媒体传播效果。

首先，从热点到热点，引导社会舆论。

目前广大用户都能通过各种途径了解新闻事件，而大多数网络上的新闻都是通过碎片化自媒体短视频的形式呈现，受众对新闻的完整性缺乏认识。新闻报道则基于专业的选题策划活动，精准化热点切入点，将新闻完整地呈现给观众以及对新闻进行深度剖析。例如2022年8月2日晚，美国众议院议长佩洛西窜访我国台湾地区。随着佩洛西的落地，国人的愤怒情绪瞬间被点燃。针对这一“爆点”事件，“浙江宣传”公众号基于该选题，发表《历史不会浓缩于一个晚上》，文章一上来就点出国人的愤怒来自最朴素的爱国情绪，然后层层深入，揭示了事件背后大国博弈的本质所在——佩洛西窜访是一颗“棋子”，中美大国博弈是一盘“棋局”。中国既不会落入圈套成为棋子，也不会为了一颗棋子掀翻整个棋盘。通过对网上热议的新闻进行深度报道，将新闻事件客观地呈现给大众，在提高内容传播力的同时，还能引导形成正确的社会舆论，提升公信力。该文在朋友圈形成现象级刷屏，微信阅读量达到270万，相关话题的微博阅读量超过4亿次，讨论次数超过5万。

其次，质量决定深度。

新闻深度报道是指通过对各种新闻事件进行筛选、整理和分析整合，选出最有代表性和深度报道价值的题材，并对其进行深入剖析和预测的一种报道方式。新闻选题的质量好，新闻报道就具深度性。深度报道类的新闻将新闻事件的发生情况和社会背景联系起来，通过分析新闻事件,深化报道的主题,从而对新闻事件进行深度剖析。这种报道方式不仅向公众展示了新闻事件的完整面貌,还通过对新闻背景的分析和对新闻事件的深度解读,帮助公众更好地理解新闻事件的重要性和意义。

三、如何做好选题策划

做好选题策划是一项重要的任务,因为它关系到新闻报道的质量和影响力。为了确保选题策划的常态化,媒体机构需要建立一套完善的制度和流程。

首先,用制度确保选题策划常态化。

紧抓"会议制度、报题制度、策划项目计划制度"这三项基本制度,以确保选题策划的常态化。

国内大部分媒体自全媒体改革、融媒体中心改革后,就开始实施全媒体选题策划报道机制,制订了选题策划报道流程。一般以"一次采集、集中加工、多端发布"为基础,设立"策划会"。由当天的值班总监、总策划各栏目值班主编、新媒体值班编辑、后期值班人员等集中参加,根据近期的宣传重点,对重要的策划进行详细布置安排。

同时,中心应建立新闻报题制度,由编辑、跑线记者分组划定行业范围,对此行业范围内的新闻线索负责。

另外,每年年尾年初可根据当年的宣传重点,制订本年度的重点新闻策划项目,并将项目任务分解到具体的个人,确保按质按量完成。如时政类题材、民生话题,为全年的重点新闻选题做好了谋划。

其次,保证有主流价值观以及正能量。

选题策划是一项注重创意、具有系统性和理想性的工作。这就要求新闻工作者对社会热点新闻和百姓关注的新闻保持高度敏感性,并能够从多个角度切入进行新闻策划,将新闻策划的切入点放置在社会的方方面面中,并且符合当前阶段政府部门工作的主流要求。对时政类的新闻策划选题,需从民生角度出发,关注百姓所关心的重要内容,确保新闻内容与人民生活及根本利益息息相关。同时不断优化和更新新闻报道模式,以更深层次地丰富新闻选题的内容。而社会类新闻的选题可从社会热点入手,选择一些具有代表性和典型性的人物与事件进行新闻策划。在处理这类内容策划时,应该保持理性态度,不添加私人情感,保证新闻的准确和公正性。由于全媒体时代各类新闻层出不穷,观众在查阅信息时会有眼花缭乱的感觉,这就需要在彰显新闻主体立意的同时,注重报道角度的创新,激发观众的正能量,弘扬主流价值观。

7.2 视频的选题策划

发现好新闻的能力对记者和编辑来说至关重要。这种能力可以称之为新闻发现力,它要求能够从大量庞杂的新闻事实、线索、材料、报道中,敏锐觉察并判断出其新闻价值的大小。新闻发现力不仅是新闻工作者的核心能力,也是衡量其是否优秀的重要指标。

在进行视频新闻报道时,首先要保证新闻的真实性。无论进行何种策划,真实性的底线绝对不能突破。这是新闻报道的基本原则,也是对观众的责任。其次,选题策划要遵循国家和政府的基本方针,与国家的宣传主基调、主旋律保持一致。这是确保新闻报道具有正确舆论导向的重要保障。另外,选题策划要注重服务性和贴近性。无论新媒体还是传统媒体,其使用者都是一个个鲜活的个体。因此,抓住用户的需求和兴趣是关键。具备贴近性和服务性的选题能够更好地满足用户需求,提高新闻报道的传播效果。最后,选题策划要具备创新性。新闻工作者要善于从新闻线索中挖掘更深层次的信息,采用新颖的报道方式,推出别开生面的新闻,才能在激烈的新闻竞争中脱颖而出。创新是新闻竞争中最有力的武器,也是吸引观众的重要因素。

一、视频新闻选题的原则

做视频新闻选题的时候一定要掌握好以下几个选题原则。

原则一:接地气。

选题内容要贴近用户粉丝的需求和痛点,以用户粉丝为导向,考虑他们的喜好和需求,以提升内容的完播率。

原则二:价值感。

选题内容要有价值,为目标用户粉丝提供干货,满足他们的需求,解决他们的痛点,使内容具有传播性,提高用户互动和转发等行为,实现裂变传播。

原则三:匹配度。

选题内容要与我们的定位相关联和相匹配,保持垂直度,提升在专业领域的影响力,塑造IP形象,吸引精准用户粉丝,提高用户黏性。

原则四:新闻视觉点。

视频新闻选题与其他文字类选题的区别在于视觉化的呈现。因此,在原始新闻素材中能否发现视觉对冲画面(帧)是选题的关键点。

其他原则:

用户中心原则:保证内容垂直度,提供针对目标用户的内容。

互动性原则:将选题内容与运营相结合。

正确导向原则:保证价值输出,确保内容传递正确的价值观和导向。

有趣性原则:通过创意和有趣的方式呈现内容,吸引用户的注意力。

创意性原则:多结合行业或网络热点。

远离平台的敏感词汇:通过创意和有趣的方式呈现内容,吸引用户的注意力。

而要想成为爆款选题,就需要深挖下面三个方面:

第一,选题受众范围足够广。视频内容生产者在进入市场时,通常会选择一个特定的细分领域,并确定好内容定位和目标受众。然而,对爆款选题来说，单纯细分受众可能会限制短视频内容的覆盖面。因此，在选择选题时，需要从垂直领域切入，同时融入大众化的元素，确保内容能够吸引更广泛的受众群体。

第二，选题角度足够切中痛点。即使视频的受众范围很广，但如果选题角度不够切中痛点，也无法吸引足够多的观众点击和观看。换句话说，要让观众感到共鸣并激发他们的兴趣，选题角度必须切中他们的痛点。

第三，选题节点足够巧。好的选题节点并非简单地追逐热点，而是要把握好热点的时间节奏与切入角度。只有这样，才能避免内容同质化，让自己的视频在众多竞争中脱颖而出。如果内容足够出色，不仅可以打造出爆款短视频，还可能引领新的热点趋势。

总之，找选题时，既可以从大处着眼，也可以从小处着手。关键是要把握好受众范围、选题角度和选题节点三个关键要素，从而制作出能够吸引观众的优质短视频内容。

二、寻找选题的几个维度

在面向视频选题策划时，记者需要具备类产品经理的思考方式，将新闻视为一个产品，从“人物（特点、身份、立场、情感等）、工具和设备（捕捉关键信息）、精神食粮（传达的信息、价值观和情感）、方式方法（如何呈现新闻故事）、环境（新闻发生的背景、场景和情境）”等各个层面和角度展开发散性的思考。里奇·高登（Rich Gordon）教授就认为，产品思维的确可以拯救新闻业。

在具备了产品思维之后，记者还需要在以下几个方面进行考虑。

1.保持新闻的敏感性——眼力

记者、编辑是需要随时保持新闻敏感性的，无论是在值班还是不值班的时候。毕竟更多的新闻是发生在办公室外的生活中。可能你在逛街、购物时的一个新发现，就能为你带来一个精彩的选题。

在竞媒报道中尝试寻找第二落点。作为媒体人，应当养成每日看报、看电视、上网的习惯。这不仅是了解自己的竞争者们做了什么？如何做的？也是在给自己寻找新闻线索。毕竟——网络、报纸、电视是记者、编辑寻找新闻线索的重要途径。不要因为人家已经报道过了，就轻言放弃。因为很多看似不起眼的消息，很可能是被对方编辑误处理的宝藏，通过你的分析和判断，没准就能找到精彩的第二落点。因此请不要轻言“这事报过”，在媒体采编过程中，编辑、记者经常会遇到一些似曾相识的选题。不要急于说：“这事报过了。”而应认真判读这个选题究竟是旧闻，还是在老事件的基础上有了最新发展，亦可是对前面事件的彻底颠覆。在判读过程中，很可能孕育一则大新闻。

再是全媒体时代，要善于从大数据中找到选题。每年的两会都是新闻报道的重点。两会新闻众多，这几年数据新闻成为很多媒体乐于制作的内容之一，将数据单拎出来做新闻，重点清晰，让人一目了然。同时，不少媒体还会结合网友投票、网友关注热点等数据进行新闻的再加工创作。另外，还可以与互联网公司合作，掌握大数据分析和处理的核心技术，实现有效的跨界合作，“用数据说话”，使新闻更准确、更全面，增加报道的可信性和权威性。这也是媒体新闻报道内容创新的契机。

关键词：随时想想——这事能做什么题。

2. 馅饼专砸勤快的人——脚力

西方人讲：“自助者天助。”中国人道：“功夫不负有心人。”

勤跑动有两层含义：一是在接获选题后在各事发现场间有目的的跑动；二是在没有明确选题时，在新闻高发区“扫街”，寻找挖掘新闻。根据众多社会新闻记者的实践证明，只要你到了现场，而且肯动脑子思考选题，天上掉馅饼这样的好事就会降临。

再就是多交几个朋友，多个朋友多条路，在负责的方向、社区或领域广交朋友，将会给你带来用之不竭的消息源泉。甚至可以组建记者朋友圈，囊括拍客、企业、同行、政府等各类“朋友”。

另外，对于动态事件要一追到底。我们常常忽略身边的一类新闻资源——我们曾经报道过的新闻人物或事件现在怎样了。很可能以前你做的一则常规报道，现在已发展成为重大的事件。因此，无论编辑还是记者，都应当在留存报道资料的前提下，经常回顾，看哪些似乎陈旧的选题，在今天能否生成一个新的主打。这也便是勤跑出奇的最落地的方法了。

3. 不要放过每个细节——脑力

从某种意义上说，新闻记者要有“福尔摩斯”的观察力。新闻现场往往有很多关键细节能反映出新闻的本质，找到它，并挖掘下去，就能把事件的脉络捋出。

比如，在杭州西兴大桥上城往滨江方向桥面有一女子跳江，31岁的外卖小哥彭清林跳下12米高桥面施救。记者在现场走访，观察到12米桥面的高度，如果未经过专业跳水训练，一般人是无法承受这么大冲击力的，这个细节的加入，使一个普通突发事件多了一层人性的深度。

此外，扩充知识勤于思考很有必要。记者、编辑是杂家，知识面窄是“吃不开”的。平时勤于丰富自己的知识，培育社会责任感，一旦新闻线索来到身边，才能准确判断它的价值，正确地予以利用。

4. 学会逆向解析现象——笔力

很多现象，从正面看平淡无奇，但反过来向源头一追踪，却能发现重大选题。同时要避免扎堆相互串题，在一个新闻发布会场或突发事件现场，经常会遇到其他媒体的同行，其中不乏曾经的同事或朋友。虽然共同采访可以借助彼此的专业知识和经验，挖掘出更多消息，但也要注意不要过于依赖他人，忽略了自我思考和独特视角。

在集体采访时，要保持警觉，不要被他人思路所影响，同时也要开动脑筋，从不同角度思考问题，设计出与众不同的独家问题。即使面对最熟悉的朋友,也存在竞争关系,只有通过独立思考和创意,才能脱颖而出,写出与众不同的报道。

三、做视频选题的时候需要考虑到的五个“看”

第一“看”,看频率。选题内容是否在用户粉丝的需求和痛点上具有高频发生率。换句话说,就是目标用户粉丝群体的大众话题,只有用户粉丝的高频关注点才能引发更多的播放量。

第二“看”,看难易。还需要考虑选题后的制作难易程度,自己或团队的创作能力是否能够支撑选题背后内容生产和内容运营。选题、内容、形式都是需要考虑的因素,用户粉丝现在对内容的质量要求越来越高。

第三“看”,看差异。无论是什么种类的选题或者话题,在短视频领域都有着不少的竞品账号,可以说是一片红海,甚至一些垂直细分领域已经有了头部大号。此时还需要考虑如何与竞品账号建立差异化,帮助用户粉丝识别。

第四“看”,看视角。选题视角关系到给用户粉丝带来的感受。那么应该站在哪个角度来看待呈现选题?是站在用户粉丝的第一视角的运动员角色,还是站在第二视角的裁判角色,还是站在第三视角的观众席角色。在不同的选题上也需要根据实际情况来变换视角。

第五“看”,看行动成本。主要是针对用户粉丝在接收到选题内容之后的动作。选题内容是否能够让用户粉丝一看就知道、一学就能会。只有真正满足用户粉丝需求和痛点,才能触发用户粉丝的更多动作。

四、爆款选题策划三大步

选题策划本质上是为了达到预定目标,利用知识进行创造、精心安排的过程,其公式是(Planning+Innovate)×Design→Purpose。换言之,爆款选题的策划是在计划、创新的基础上进行设计包装的结果。

1.Planning:建立选题库、内容素材库

视频内容生产者想要保持定期定量的内容输出,工作量与强度都是

不容小觑的。仅靠灵感或者临时查找组织资料,不仅效率低,而且难以保证产出质量。因此,建立选题库和内容素材库是十分有必要的。内容素材库主要包括标题库、选题库等。

标题是吸引观众点击率的关键因素之一。好的标题能够引起观众的兴趣,提高点击率。积累各种类型的优秀标题,不断模仿、分析和学习,是内容生产者必须储备的技能之一。

那么,爆款标题的来源有哪些呢?除了自己的爆款内容标题外,竞争对手、行业KOL打造的爆款标题以及经典案例中的标题都应该进行记录。这些标题不仅限于短视频标题,图文内容的标题也需要进行积累。积累的方式可以是摘抄、记在手机备忘录里或者简单地将标题放入微信收藏夹中。

除了积累之外,更重要的是通过分析总结,掌握标题的普适性规律,以便在工作中灵活运用。因此,平时要经常回顾标题库,进行总结分析。当灵感枯竭时,可以通过标题库激发灵感。

建立选题库可以帮助内容生产者更好地持续生产内容。选题库可以分为以下三种:

爆款选题库:包括自己爆款选题的整理及相关、相似选题的裂变;竞争对手爆款选题的整理及相关、相似选题的裂变;刷屏级爆款选题;受众最近关心的热点;以及平台上大家比较关注的话题等。关注各大热播榜单,如抖音热搜、微博热搜、头条指数、百度指数等,以及第三方平台的各类热度榜单,掌握热点话题和热门内容,选择合适的角度进行选题创作和内容生产。热度越高的内容选题越是容易引起用户的兴趣进行观看。

常规选题库:内容比较宽泛,包括日积月累的重要性和价值筛选整理到自己的常规选题库中。还可以通过专业线和资源性来进行筛选整理到选题库中。可以记录一闪而过的灵感,比如一个好的标题、选题可以怎么操作、视频如何包装等;平时上网看到的好玩的东西、搞笑的段子、一段引起共鸣的话等都可以放在常规选题库之中。常规选题库在保证常规内容的输出的同时,偶尔也会成为爆款的灵感来源。

活动选题库:包括节日类活动选题,可以提前布局,如中秋、国庆、春节、情人节等大众关心的节日话题;另外一个活动选题来源是各短视频平台,平台官方会不定期地推出一系列话题活动,比如习惯的国风力量等;根据自身的情况参与平台话题活动,可以得到流量扶持和现金奖励。

总之,建立选题库的最终目的在于帮助我们学会做选题分析,思考每一个选题中有什么是值得我们学习、借鉴的。

2.Innovate:打造差异化

在视频领域,爆款选题的差异化打造是成功的关键之一。要实现差异化,需着重突出两个定位:受众定位和特色定位。前面讲到,爆款选题的第一个判断依据即受众范围要足够广,但并不是说受众范围就可以漫无目的地放大,爆款选题同样需要服务特定目标人群,只是人群数量远高于细分目标受众。

特色定位主要指创新选题角度,实现差异化。在视频细分领域内容同质化现象日益严重,要真正实现创新并不容易。但通过避开同一主题的主流角度、同一选题中的常见角度,便可以找到新的生长点。

思维决定出路,学会从积累的选题中捕捉新的选题生长点。

3.Design:包装选题

选题的包装指选题的提出及落地、分发等多个流程。

一个选题在最初可能只是一个微小的想法,或者是由社交媒体热搜、朋友圈刷屏文章或知乎热议的热点所引发的灵感。将这个选题发展成为爆款需要经过细致的策划和打磨。

首先,我们要考虑选题的可行性,以及是否适合以短视频的形式进行传播。这个过程不是一个人能够完成的,需要团队成员集思广益,反复进行论证。

在此基础上,我们要全面、周密地构思如何执行这个选题:选择什么样的呈现方式?是进行简单的人物采访还是讲述一个故事?片头和片尾的包装风格和形式是什么?等等。最终,我们将所有的思路汇总,并以脚本的形式呈现出来。这样,在视频采编时,记者可以更加关注细节,确保视频的质量;在剪辑视频时,剪辑师可以根据脚本进行剪辑,尽可能地实现策划选题时的想法。

视频制作完成后,平台分发和运营也是非常重要的选题包装手段。想象一下,如果你的内容优质的视频在各个平台上发布后,点击量却寥寥无几,仅仅因为标题和封面的包装不到位,那将是一件多么遗憾的事情。反之,良好的运营手段也可以为爆款短视频的打造提供助力。

五、打造高品质的视频内容

高品质视频的定义首先是坚持内容的原创性。原创性意味着它具有独特的视角和创新的表达方式,能够引起观众的共鸣和情感共振。这类视频通常充满个性和特色,能够让观众感受到作者的独特见解和独特视角。高品质视频的内容是有情、有趣、有热点的。它不仅提供了有价值的信息,还融入了作者的智慧和创意,使得内容更加生动有趣。同时,这类视频也能紧密结合时事热点,以引起观众的关注和讨论。

为了吸引用户的兴趣,高品质视频需要抓住"黄金前三秒"。这意味着在视频的前几秒钟内,需要用简洁、吸引人的方式呈现内容的核心价值,使得观众愿意继续观看下去。其核心价值有以下体现:为用户提供知识:实用的、专业的、易懂的;为用户提供娱乐;为用户提升生活质量;激发用户的积极情感。

要实现进一步的内容品质提升,则需要触动用户的痛点,"深度、细度、强度"则是三个核心要素,它们共同决定了短视频的质量和吸引力。

首先,深度是指对用户需求的深入理解和挖掘。在创作短视频时,我们需要从用户的本质需求出发,注重内容的深度和细节的体现。

其次，细度是指将用户的痛点进行细分和精准定位。在垂直领域内进行一级细分，然后再根据目标人群和具体痛点进行二级、三级细分，有助于我们更准确地把握用户需求，提供更加精准的内容和服务。例如，对于摄影领域，我们可以将其细分为纪实摄影、风光摄影、人像摄影等不同类型，然后再对人像摄影进行细分，如婚纱摄影、个人写真、儿童摄影等，从而更好地满足用户的个性化需求。

最后，强度是指用户解决痛点的急切程度。高强度痛点是指用户主动寻找解决途径，甚至愿意为此消费的痛点。短视频创作者要及时发现这些痛点，给予用户反馈的渠道或是在短视频评论区仔细分析用户评论，从中寻找其急切需要解决的需求痛点。

附　录

名词术语

■ 云直播

云直播基于领先的融合CDN技术，提供便捷接入、高清流畅、低延迟、高并发的音视频直播服务。基于不同的业务场景，云直播分为事件直播、长时直播、电视直播、电台直播等类型。

关键词：推流地址、拉流地址、直播录像、录像替换、直播时间、禁播。

■ 云导播

云导播是基于云端强大处理能力的节目导播制作工具。利用云端能力对传统视频生产工具进行云端再造，通过浏览器即可完成传统导播工作。具有低延时、低成本、多种内容源支持、弹性使用、无需硬件、随时使用等特点。

关键词：云端导播、最高18通道、云端连线、横竖屏、实例分布。

■ 云连线

云连线是基于RTC技术实现的实时音视频连线系统，支持手机、Web网页、微信小程序多端接入，全球均可互通，随时随地进行互动连线播出。

关键词：全球互通、多端互联、超低延时、无缝接入导播。

■ 云拆条

云拆条是一种基于云端实时、高效、快速的直播视频生产工具。能够将正在播出、已播出的节目快速拆成独立短视频，下载到本地或发布至各大媒体平台。

关键词：快、实时拆条、无需额外硬件、一键发布。

■ 全时播控

全时播控是基于云端技术的24小时自动播出平台。实现N×24小时自动播出功能，常用于“慢直播、长时直播”相关场景中。

关键词：N×24小时全时播出、无需本地网络、安全预警、断流自动切换。

■ 电视直播

电视直播在云直播基础上，结合了传统电视直播的需求，节目只根据节目单进行定时播放及收录，并且增加了广告与空档时间以及H5发布，方便用户更好地实现电视直播的线上播出。

关键词：节目单、自动收录。

■ 电台直播

电台直播在云直播基础上，结合了传统电台直播的需求，节目只根据节目单进行定时播放及收录，并且增加了广告与空档时间以及H5发布，方便用户更好地实现电台直播的线上播出。

关键词：节目单、自动收录。

■ 云非编

非编即非线性编辑。有别于传统视频剪辑流程，云非编利用云服务的强大处理能力，所有数据处理均在线完成，用户无需专用的硬件资源，只需借助浏览器进行访问，实时线上进行多轨剪辑、变速、蒙版、滤镜、气泡、唱词等操作并快速生成短视频。除此之外，还结合了AI语音识别、智能云媒资等，让视频制作更轻松、更丰满。

关键词:线上编辑、AI大数据结合、智能云媒资。

▩ Vlog快剪

Vlog是针对目前Vlog视频拍摄过程中经常出现的无效片段进行智能分析处理的工具,通过手势识别技术与静音识别技术快速对拍摄素材进行自动分析整理,还支持素材手机云传、背景音乐一键添加、转场、字幕等编辑能力。同时与云非编无缝连接,帮助客户快速高效地进行视频产出。

关键词:线上编辑、智能分析。

▩ 云媒资

云媒资包含构建基于公有云的云媒资系统,实现对在线资源的综合型管理,以及基于私有云的本地化媒资系统,还支持借助智能大数据及AI能力,形成合媒体内部数据、全网数据、异构政务数据、异构行业数据、本地数据的智能大数据系统,通过构建统一媒资检索系统,实现对平台媒资的可管可用。

关键词:智能AI大数据、永久保存、线上线下互通。

▩ H5

H5(HTML5)是一种新型的网页形态。通过H5可以实现问卷、投票、页面装修、广告投放、互动打赏、抽奖、红包等互动方式。也是目前最主流的一站式直播互动营销方式。

关键词:互动直播、一键转发。

技术术语与缩略语

清晰度

清晰度指影像上各细部影纹及其边界的清晰程度。在码率一定的情况下，分辨率与清晰度成反比关系：分辨率越高，图像越不清晰；分辨率越低，图像越清晰。在分辨率一定的情况下，码率与清晰度成正比关系：码率越高，图像越清晰；码率越低，图像越不清晰。

直播清晰度由多方面因素决定，包括视频源清晰度、编码方式、编码码率、编码后尺寸等。码率跟被编码图像的分辨率、帧率以及色彩丰富度有关系，在固定配置的分辨率和帧率条件下，码率虽然可以在设备中设置，但实际是一个波动值，同时不同的观看设备，对视频清晰度要求也稍有区别，参考标准见表8.2-1：

表8.2-1　清晰度、分辨率、帧率、码率推荐值表

清晰度	标清	高清	超清	4k
分辨率	854×480	1280×720	1920×1080	3840×2160
帧率(Fps)	25	25	25	25
推荐码率(kbps)	800	900—1500	2000—3000	10000—20000

分辨率

分辨率可以从显示分辨率与图像分辨率两个方向来分类。显示分辨率(屏幕分辨率)是屏幕图像的精密度，是指显示器所能显示的像素有多少。由于屏幕上的点、线和面都是由像素组成的，显示器可显示的像素越多，画面就越精细，同样的屏幕区域内能显示的信息也越多，所以分辨率是个非常重要的性能指标之一。可以把整个图像想象成是一个大型的棋盘,而分辨率的表示方式就是所有经线和纬线交叉点的数目。显示分辨率一定的情况下,显示屏越小图像越清晰,反之显示屏大小固定时,显示分辨率越高图像越清晰。图像分辨率则是单位英寸中所包含的像素点数,其定义更趋近于分辨率本身的定义。分辨率影响图像大小,与图像大小成正比:分辨率越高,图像越大;分辨率越低,图像越小。

■ 帧率

帧率(Frame rate)是用于测量显示帧数的量度。所谓的测量单位为每秒显示帧数(Frames Per Second,简称FPS)或"赫兹"(Hz)。影响画面流畅度,与画面流畅度成正比:帧率越大,画面越流畅;帧率越小,画面越有跳动感。如果码率为变量,则帧率也会影响体积,帧率越高,每秒钟经过的画面越多,需要的码率也越高,体积也越大。一帧代表的就是一幅静止的画面,连续的帧就形成了动画。高的帧率可以得到更流畅、更逼真的动画,例如电视图像等。我们通常说的帧数指的是在1秒钟时间里传输的图片的帧数,每秒钟帧数愈多,所显示的动作就会愈流畅。

■ 码率

码率又叫作比特率,是指每秒传送的比特(bit)数。单位为bps(Bit Per Second),比特率越高,传送数据速度越快。声音中的比特率是指将模拟声音信号转换成数字声音信号后,单位时间内的二进制数据量,是间接衡量音频质量的一个指标。视频中的比特率(码率)原理与声音中的相同,都是指由模拟信号转换为数字信号后,单位时间内的二进制数据量。码率可以理解为取样率,单位时间内取样率越大,精度就越高,处理出来的文件就越接近原始文件,但是文件体积与取样率是成正比的,所以几乎所有的编码格式重视的都是如何用最低的码率达到最少的失真。对于一个音频,其码率越高,被压缩的比例越小,音质损失越小,与音源的音质越接近。码率影响体积,与体积成正比:码率越大,体积越大;码率越小,体积越小。

一般来说同样分辨率下，视频文件的码流越大，压缩比就越小，画面质量就越高。码流越大，说明单位时间内取样率越大，数据流、精度就越高，处理出来的文件就越接近原始文件，图像质量越好，画质越清晰，要求播放设备的解码能力也越高。

当然，码流越大，文件体积也越大，其计算公式是文件体积＝时间×码率/8。例如，网络上常见的一部90分钟1Mbps码流的720P MP4文件，其体积就为5400秒×1Mb/8＝675Mb。

通常来说，一个视频文件包括了画面及声音，例如一个MP4的视频文件，里面包含了视频信息和音频信息，音频及视频都有各自不同的采样方式和比特率，也就是说，同一个视频文件音频和视频的比特率并不一样。而我们所说的一个视频文件码流率大小，一般是指视频文件中音频及视频信息码流率的总和。

■ 带宽

带宽在直播参数的定义中，通常指的是上行网络带宽。数字信号系统中，带宽用来标识通信线路所能传送数据的能力，即在单位时间内通过网络中某一点的最高数据率，常用的单位为bps（又称为比特率，Bit Per Second，每秒多少比特）。在日常生活中描述带宽时常常把bps省略掉，例如，带宽为4M，完整的称谓应为4Mbps。一般来说，带宽是以bit（比特）表示，而电信、联通、移动等运营商在推广的时候往往忽略了这个单位，并且大部分普通宽带环境上行实际带宽远低于下行实际带宽。正常换算情况如下：1Mbit＝128KB、1Byte＝8bit、1Mb＝8Mb、1Mb＝0.125Mb。数据传输率的单位一般采用MB/s或Mb/s。在数据传输率上，官方数据中（电信部门）一般采用Mb/s为单位。而直播所需的带宽速率单位一般采用Mb/s为单位。宽带最高下载理论值：1Mb/s＝0.125Mb/s＝128Kb/s。电信部门说的1M宽带的M是指Mb/s。网络上下行传输速率是Mb/s，也就是1M宽带下载速度最快128Kb/s，按这个说法10M的宽带最快下载速度是1.25Mb/s，100M的宽带最快上下行速度是12.5Mb/s。根据既定码率配置带宽，通常按照码率的2倍选择网络带宽，例如配置1080P、3000kbps码率视频时，需求的最低上行带宽为6Mb/s的速率。

对于普通观众，带宽通常指的是下行网络带宽。例如该直播活动配置1080P、3000kbps码率视频时，对于普通收看直播的观众，如果希望可以流畅观看，则需要稳定的3Mbps的速率，尤其对于4k以及VR直播，推流码率通常超过10Mbps，则对于普通观众流畅观看建议拥有10Mbps下行带宽网络环境。

■ 关键帧间隔

一帧就是视频中的一个画面。视频编码是按“组”进行的，每一组也叫一个GOP，GOP与GOP之间是没有联系的，编码关系只在GOP中间产生。每一个GOP组都从一个关键帧开始。关键帧是一幅完整的画面，GOP中间的那些帧都是不完整的，需要由关键帧、前面的帧或者也包括后面的帧一起，经运算后得到。对于普通视频文件，加大GOP长度有利于减小体积；从原理上可知GOP长度也不能过大，太大则会导致GOP后部帧的画面失真。一般建议GOP长度在250帧以下为宜。

由于PAL制式每秒有25帧（N制为30帧），如果是用于实时视频，如电视、网上视频等，一般建议关键帧间隔为2秒，GOP长度应在50左右。

■ 编码

所谓视频编码方式就是指通过压缩技术，将原始视频格式的文件转换成另一种视频格式文件的方式。目前通行的是H.264的编码格式，同时，市面上也已经有了成熟的H.265/HEVC的编码技术，同等画质和码率下，H.265/HEVC比H.264占用的存储空间理论上要节省50%。但同时由于解码技术应用面的限制，例如网页播放常用的flash播放方案，目前还不支持H.265解码。H.265/HEVC常见于区间传输，通过居间格式转换后，适用普通观众的终端播放。因此，当前商务直播中，通行的是H.264

编码格式。

■ H.264编码

H.264是新一代的编码标准,以高压缩、高质量和支持多种网络的流媒体传输著称,在编码方面,它的理论依据是:一段时间内图像的统计结果表明,在相邻几幅图像画面中,一般有差别的像素只有10%以内的点,亮度差值变化不超过2%,而色度差值的变化只有1%以内。所以对于一段变化不大的图像画面,我们可以先编码出一个完整的图像帧A,随后的B帧不编码全部图像,只写入与A帧的差别,这样B帧的大小就只有完整帧的1/10或更小!B帧之后的C帧如果变化不大,我们可以继续以参考B帧的方式编码C帧,这样循环下去。这段图像我们称为一个序列,当某个图像与之前的图像变化很大,无法参考前面的帧来生成,那我们就结束上一个序列,开始下一段序列。

I帧是内部编码帧(也称为关键帧),P帧是前向预测帧(前向参考帧),B帧是双向内插帧(双向参考帧)。简单地讲,I帧是一个完整的画面,而P帧和B帧记录的是相对于I帧的变化。

■ RTMP

RTMP(Real Time Messaging Protocol)是由Adobe公司提出、基于TCP的实时传输协议。RTMP能够为数据的传输提供可靠保障,因此数据在网络上传输不会出现丢包的情况,是比较通用的直播协议。直播平台、编解码硬件多以rtmp作为主要传输协议,以适应网页端的flash视频播放。PC端网页视频播放一般建议采用rtmp推流及解码格式。(rtmp推流地址:以“rtmp”为开头的地址串,例如:rtmp://rtmp-w11.quklive.com/live/*****)

■ HLS

HLS(Http Live Streaming)是一个由苹果公司提出的基于Http协议的流媒体网络传输协议。当媒体流正在播放时,允许流媒体会话适应不同的数据速率。这表现在使用HLS流播放时，不同观看终端会有不同的延时表现，这跟Ts切片大小有关系。苹果公司建议是接收3个切片后开始播放。比如，Ts时长是10秒，HLS传输的延时就会到30秒。并且HLS会累计缓存，例如由于网络限制出现了10秒的卡顿，直播会从发生卡顿的时候开始计算，从而整体延时会增加10秒。HLS具有适应性强的优点，可以支持在iOS、Android、浏览器的通用适配，因此是在移动端，或者要求通配性的场景中，推荐使用HLS信号。

（hls观看地址：以“http”为开头，以“m3u8”为结尾的地址串，例如：http://hlsv2.quklive.com/****/.m3u8）

▩ 直播流量

流量是流媒体服务器的传输数据量，是直播平台的成本消耗单位。直播中消耗的流量和直播的音视频比特率、直播时长相关。计算公式为：流量=（视频比特率+音频比特率）/ 8×直播时长。例如，一场2个小时的直播，直播过程中平均视频比特率为2000kbps，音频平均比特率为96kbps，则直播过程中消耗的流量为（2000+96）/ 8×3600×2=1886400K=1842M=1G 818M（或1.79G）。

表8.2-2 码率、流量对照表

码率（kbps）	分辨率	时间（h）	流量（G）
1000	720	1	0.43
2000	1080	1	0.86
3000	1080	1	1.29
10000	2160	1	4.3

注：计算数据未包含音频码率，仅供参考。

视频直播技术，就是将视频内容的最小颗粒（I、P、B帧等），基于时间序列，以高速进行传送的一种技术。

简而言之，直播就是将每一帧数据（Video、Audio、Data Frame），打上时序标签（Timestamp）后进行流式传输的过程。发送端源源不断地采集音视频数据，经过编码、封包、推流，再经过中继分发网络进行扩散传播，播放端再源源不断地下载数据并按时序进行解码播放。如此就实现了“边生产、边传输、边消费”的直播过程。

■ SRT传输协议

安全可靠传输协议（Secure Reliable Transport）简称SRT，是一种基于UDT协议的开源互联网传输协议。Haivision和Wowza合作成立SRT联盟，是管理和支持SRT协议开源应用的组织。这个组织致力于促进视频流解决方案的互通性，以及推动视频产业先驱协作前进，实现低延时网络视频传输。

SRT是时下非常受欢迎的开源低延迟视频传输协议，解决了复杂的传输时序问题，可以减少延迟，消除中心瓶颈，并降低网络成本。

SRT协议关键特性是允许直接在信号源和目标之间建立连接，这与许多现有的视频传输系统形成了鲜明对比。这些系统需要一台集中式服务器从远程位置收集信号，并将其重定向到一个或多个目的地。基于中央服务器的体系结构有一个单点故障，在高通信量期间，这也可能成为瓶颈。通过集线器传输信号还增加了端到端信号传输时间，并可能使带宽成本加倍，因为需要实现两个链接：一个从源到中心集线器，另一个从中心到目的地。通过使用直接从源到目的地的连接，SRT可以减少延迟，消除中心瓶颈，并降低网络成本。

■ NDI协议

NDI协议技术是美国NewTek基于局域网研发的视频编码传输协议，NDI是一种网络接口协议，是由NewTek开创的高质量、低延迟、多通道的IP视频传输标准。音视频信号在进行NDI编码后，能实时通过IP网络对多重广播级质量信号进行传输和接收，同时具有低延迟、精确帧视频、数据流相互识别和通信等特性。

现如今，NDI有两个版本，全NDI和NDI|HX。全NDI 是I帧高比特率协议，具备超低延迟（1帧或更少）和质量几乎无损的优势特点，可取代复杂的SDI/HDMI连线，但是需要占用一定带宽，比如单个1080p60的NDI流可能需要140Mbps，单个4kp60的NDI流则需要250Mbps。对于视频传输有高质量要求的，需采用全NDI进行编码和传输。如果想同时流式传输多个NDI源，则受本地网络带宽的限制，如千兆以太网仅能同时传输数个NDI源。

NDI|HX是NDI的低带宽版本，是一种压缩版的长GOP H.264变体，优点是低带宽要求，允许简单千兆网络承载多个视频流，而不会占用大量网络流量，如单个1080p60的NDI流仅需10 Mbps左右。低带宽的优势允许NDI|HX采用WiFi无线连接，或速度低于千兆位的网络链路，部署十分方便。需要注意的是，与全NDI相比，NDI|HX会产生一点延迟，但仍然可以接受，仍优于现有的RTSP传输延时。延时大小取决于所采用的设备、帧速率、视频分辨率和网络条件。随着NDI技术的火热应用，很多实时流媒体制作软件及设备均已支持NDI。趣看采编录播一体化系统已支持NDI协议推流。

市场上也有很多NDI编码传输前端产品可供选择（将SDI/HDMI信号转换为NDI流），帮助您快速、有效地加入视频IP化制作和传输系统。比如NewTek Spark编码系列、长沙千视NDI无线视频编码器（NDI| HX版本）和4k NDI编解码器（全NDI 版本）等都可以支持NDI协议，还有更多支持NDI的摄像机可供选择，如Lumens、NewTek、Panasonic和PTZOptics摄像机均支持NDI| HX。

NDI技术优势可以将HDMI或SDI视频信号传输到IP工作流，同时支持将IP工作流中的信号转换为传统的HDMI或SDI视频信号，甚至可以将信号转换为高质量的NDI流都可以，NDI技术给用户提供了一种以低成本切换到IP工作流的解决方案。

■ NVI协议

NVI协议是趣看科技独立研发拥有自主知识产权的局域网通信协议,使用该协议可以通过局域网实现趣看移动直播台App到趣看采编录播一体化软件的多链路直播推流,并且延迟低于200毫秒。

■ VR、AR、MR、XR

VR(Virtual Reality,虚拟现实)、AR(Augmented Reality,增强现实)、MR(Mixed Reality,混合现实)。

XR是什么?目前业内对XR并没有一个标准的定义,较常用的描述为"未知现实"也有称之为"扩展现实",其中原因分别是:X在26个字母中代表未知和XR即Extended Reality(拓展现实)。虽然描述有所差异,但是XR出现本质是由于对常规VR、AR厂商来说,他们逐渐发现仅通过单一VR、AR技术无法满足日益增长的行业需求及解决方案需求,这迫使他们在原基础上做出改变和衍生。故XR是目前行业发展需要多技术融合的产物,即XR=VR+AR+MR。由此也可以看出目前行业解决方案已经逐步告别单一的虚拟现实方案或增强现实方案,正稳步走向XR融合性方案。

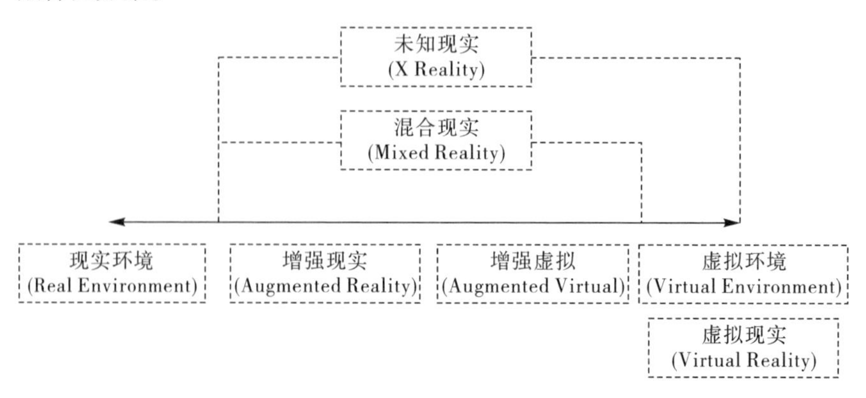

图8.2-1　VR、AR、MR、XR关系图

通俗理解:

VR:你可以通过VR设备(手机)360度观看视频或者游戏。

AR:可以通过AR设备(手机)360度观看摄像头的场景,同时增加特殊的场景覆盖到你的画面中。

MR:可以实时读取现实场景并且基于现实场景增加其他场景进来,且叠加的场景具备深度感应算法,跟随实际移动展示不同的位置。

XR:VR+AR+MR。

■ Tally

在电视演播室和转播车的节目制作中,Tally系统是视频系统工作时的一种辅助系统,通过指示灯颜色显示或字符来提示摄影记者、主持人、编导制作人员和技术人员当前所切出的信号,又称"讯源指示系统",在节目制作过程中起到协调各岗位人员相互配合、及时了解工作状态的作用。不管是在演播室还是转播车系统中,Tally系统都是十分重要的组成部分。

在ESP(电子演播室制作)和EFP(电子现场制作)系统中,Tally灯可以在摄像机的寻像器内部和顶上看到。红色的Tally灯用于指示哪台摄像机信号正在被切出,它有助于演播人员面对镜头、保证视线正确,也提醒摄影记者该摄像机信号已经被导播切出,此时不可随意调整。同时,在制作区的监视墙和摄像机控制面板上也会有Tally指示,提示制作人员和技术人员当前所切出的画面是哪路信号。有些Tally灯也会显示黄色,提示该摄像机信号已经被预选,马上会被切到。当导播进行划像或叠加等切换特技时,两个机位的Tally红灯会同时亮起,此时摄影记者需要按照导播意图操作。若要重新调整摄像机,必须等Tally灯熄灭以后。

Tally系统的发展:最早的Tally系统中,在制作区监视墙上的每个监视器上方,都有一个采用背光打亮的有机玻璃刻字的提示牌。提示牌字符内容是固定的,即为该监视器所显示的讯源名称。而背光灯通过外来的通断触发信号点亮或熄灭,以此实现Tally提示。这种Tally系统是单色显示（常灭/红灯），缺点是一旦需要更改源名显示，必须更换提示牌。后来又发展出了可设置字符的LED发光点阵。这种Tally灯所提示的字符内容可以通过软件进行修改，它的工作状态仍旧是通过外来通断信号触发，亮灯方式变为双色，未被选中的信号源显示绿色，PGM切出的信号显示红色。随着UMD字符显示模块的出现，Tally系统变得更为复杂，可以进行智能动态源名显示。UMD（Under Monitor Display），是在电视演播室、转播车的监视屏幕墙上用于动态指示信号源名称和状态的显示模块，在使用中能够根据当前矩阵交叉点的变化，动态显示信号源名称和状态。它接收的信号是串行数字信号，所显示的内容可以实时改变，具有很大的灵活性。这种Tally系统为三色显示，未被选中的信号源显示绿色，PVW预选的信号显示黄色，PGM切出信号显示红色。趣看移动直播台App已具备移动Tally功能。

■ TCP协议

TCP（Transmission Control Protocol，传输控制协议）是面向连接的协议，即在收发数据前，都需要与对面建立可靠的链接，TCP的三次握手以及TCP的四次挥手。

■ UDP协议

UDP（User Datagram Protocol，用户数据报协议），非连接的协议，传输数据之前源端和终端不建立连接，当需要传送时就简单地去抓取来自应用程序的数据，并尽可能快地把数据扔到网络上。在发送端，UDP传送数据的速度仅受应用程序生成数据的速度、计算机的能力和传输带宽的限制；在接收端，UDP把每个消息段放在队列中，应用程序每次从队列中读一个消息段。相比TCP，UDP无须建立链接，结构简单，但无法保证正确性，容易丢包。

■ HTTP协议

HTTP（超文本传输协议）是用于传输诸如HTML的超媒体文档的应

用层协议。该协议被设计用于Web浏览器和万维网服务器之间的通信，也可以用于其他目的。HTTP遵循经典的客户端—服务端模型。客户端打开一个链接以发出请求，然后等待收到服务器端响应。HTTP是无状态协议，意味着服务器不会在两个请求之间保留任何数据（状态）。

■ 部分缩略语清单

AI人工智能（Artificial Intelligence）

AIGC人工智能生成内容（AI Generated Content）

AVS音视频编码标准（Audio Video Coding Standard）

AAC高级音频编码（Advanced Audio Coding）

App移动应用（Application）

AMR自适应多码率编码器（Adaptive Multi-Rate）

AR增强现实（Augmented Reality）

ASF高级串流格式（Advanced Systems Format）

AVC高级视频编码（Advanced Video Coding）

AVI音视频交错格式（Audio Video Interleaved）

B/S浏览器/服务器（Browser/Server）

CDN内容分发网络（Content Delivery Network）

CG图形包装（Computer Graphics）

CMS内容管理系统（Content Management System）

CMOS互补金属氧化物半导体（Complementary Metal Oxide Semiconductor）

DDR硬盘资源文件目录（Disk Directory Resource）

DP数字式视频接口（Display Port）

dB分贝，声音强度单位（decibel）

FLV视频格式（FLASH VIDEO）

GPU图形处理器（Graphics Processing Unit）

HDR 高动态范围(High Dynamic Range)

HDMI 高清多媒体接口 (High Definition Multimedia Interface)

HLS 基于 HTTP 的现场流媒体传输协议(Http Live Streaming)

HTTP 超文本传输协议(Hyper Text Transfer Protocol)

HTTPS 安全套接层超文本传输协议(Hyper Text Transfer Protocolover Secure SocketLayer)

H5 超文本标记语言第五版(HTMLv5)

HD 高清(High Definition)

HDL http 分发资源的流失式协议 HTTP-FLV (HTTP-FLV Distribution Live Streaming)

HLS 基于 HTTP 的流媒体网络传输协议(HTTP Live Streaming)

IP 互联网协议(Internet Protocol)

NDI 网络设备接口协议(Network Device Interface)

OCR 光学字符识别(Optical Character Recognition)

PGM 节目(Program)

PDF 便携式文档格式(Portable Document Format)

RTC 即时通信协议(Real-Time Communication)

RTMP 实时消息传输协议(Real Time Messaging Protocol)

RTSP 实时流传输协议(Real Time Streaming Protocol)

SDI 串行数字接口(Serial Digital Interface)

SDR 标准动态范围(Standard Dynamic Range)

SRT 安全可靠传输协议(Secure Reliable Transport)

UDP 用户数据报协议(User Datagram Protocol)

VR 虚拟现实 (Virtual Reality)

VPN 虚拟专用网络(Virtual Private Network)

XR 扩展现实(Extended Reality)